KB066768

엑셀과 파워포인트

문서작성 실무와 프레젠테이션

신효영, 정환익, 이원호, 염성주 공저

ITC
INFO-TECH COREA

머리말

　컴퓨터와 인터넷 기술의 눈부신 발전으로 거의 모든 산업 분야에 컴퓨터 기술이 접목되어 활용되고 있다. 정보 가치가 중요한 정보사회에서 개인의 능력은 수집된 정보를 얼마나 빠르게 가공하고 처리하여 생산성을 높이느냐에 달려 있다.

　사무실에서 발생하는 업무에는 회계처리, 전표계산, 그래프, 차트 작성, 데이터 관리, 제안서나 보고서 작성 등이 많은 부분을 차지한다. 이러한 업무는 가장 널리 사용되고 있는 마이크로소프트 사의 '엑셀 2003'과 '파워포인트 2003'을 이용하여 손쉽고 편리하게 처리할 수 있다.

　'엑셀 2003'은 워크시트에 데이터를 입력한 후 사용자가 원하는 계산 처리, 검색 및 관리, 도표 작성 등을 손쉽게 하도록 개발된 응용 프로그램이다. 각종 통계 자료를 표나 그래프 형태로 출력할 수도 있으며, 데이터베이스로 관리할 수도 있다. '파워포인트 2003'은 여러 사람 앞에서 자신의 생각을 발표하거나 공동 작업을 할 때 시각적 보조 자료로 활용할 수 있도록 프레젠테이션을 도와주는 소프트웨어이다. 보고회, 세미나, 화상교육 등을 할 때 파워포인트를 이용해 만든 화면을 빔 프로젝트를 사용해 스크린에 띄워 사용할 경우, 프레젠테이션의 효과를 높일 수 있는 장점이 있다.

　이 책은 엑셀과 파워포인트를 사용자가 쉽게 배울 수 있도록 실습 예제를 따라 해보며 학습할 수 있게 구성하였다. 1부에서는 계산 및 자료 관리 목적으로 이용되는 엑셀을 다루고 있는데, 간단한 수식 및 문서 작성부터 복잡한 자료 처리까지 처음부터 따라하는 것만으로도 고급 수준의 자료 처리가 가능하도록 예제를 중심으로 실습 문제를 다루었다. 2부에서는 프레젠테이션 용도로 사용하는 파워포인트를 다루고 있는데, 발표 자료를 만들 때 이용하는 기본적인 편집 방법뿐만 아니라 현업에서 이용될 수 있는 다양한 예제를 수록하여 사용자가 자연스럽게 고급 기술을 연마할 수 있는 기회를 제공하였다. 이 책은 엑셀과 파워포인트를 처음 배우는 학생이나 직장인들에게 좋은 지침서가 될 것이다.

　이 책이 나오기까지 많은 도움을 주신 아이티씨(ITC) 출판사 관계자 여러분께 심심한 감사를 드린다.

2007년 1월
저자 일동

차 례

EXCEL

Part I

엑셀

1.1 엑셀 시작하기 / 종료하기

MS 엑셀은 Microsoft 사에서 만든 스프레드시트(spread sheet)의 한 종류이다. 시트란 경리나 회계 업무에서 사용하는 일정 형식의 계산 용지를 뜻하는 말로, 스프레드시트란 '용지가 펼쳐져 있다'라는 의미이다. 즉, 이렇게 수작업으로 하던 것을 컴퓨터로 수행하기 위해 제작된 프로그램들을 스프레드시트 프로그램이라 부르며 이런 종류의 프로그램은 Lotus, Visicalc 등 여러 소프트웨어 회사에서 제작된다. 사실 MS 엑셀은 Microsoft 사에서 만든 스프레드시트 프로그램의 상품명이지만 현재 가장 널리, 일반적으로 사용되고 있기 때문에 MS 엑셀은 스프레드시트 프로그램의 대명사처럼 사용되고 있다.

이처럼 '계산 용지'의 개념에서 출발한 프로그램이기 때문에 표와 장부 스타일의 문서 작성이나 계산 등에 매우 유용하며 컴퓨터로 이를 수행하므로 여러 가지 특별한 기능들을 사용할 수 있어서 차트, 가계부, 표, 고객관리, 금전계산 등의 업무에서 매우 유용하게 활용된다. 지금은 엑셀을 사용하지 않고서는 업무가 불가능할 정도로 널리 사용되고 있기 때문에 워드프로세서와 간단한 그래픽 편집 도구와 함께 현대 사회에서 살아가기 위해 필수적으로 배워야 할 중요한 요소가 되었다.

본 책에서는 MS 엑셀 2003을 '엑셀'로 간단히 칭하기로 한다. 그리고 엑셀의 기본 설치 과정은 소프트웨어 설치 사용서를 참고하면 되며 그리 복잡하지 않기 때문에 생략하기로 한다. 자, 그럼 엑셀을 시작해보자.

엑셀을 시작하는 방법은 두 가지이다. 하나는 바탕화면에 있는 엑셀 아이콘을 더블클릭(마우스 왼쪽 버튼을 두 번 연속해서 누르기)하는 것이고 또 한 가지 방법은 시작 메뉴에서 엑셀을 찾아 클릭하는 방법이다. 시작 메뉴에는 보통 [시작] → [모든 프로그램] → [Microsoft Office] → [Microsoft Office Excel2003]에 위치해 있는 것이 기본이다.

엑셀을 실행하면 다음과 같은 화면이 나온다.

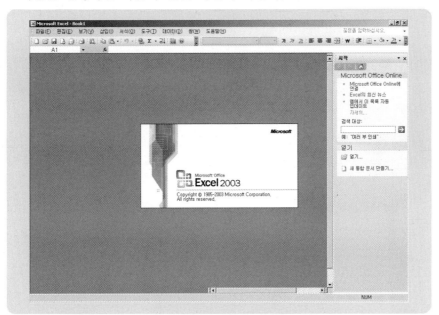

엑셀 시작시 나오는 엑셀 로고

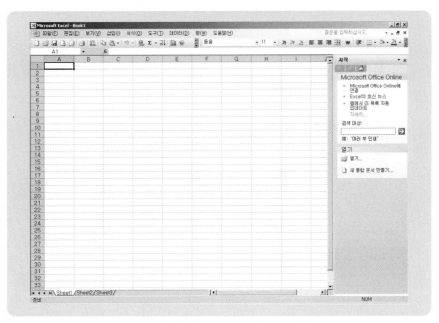

엑셀 시작 완료, 엑셀의 기본 화면

엑셀을 종료하기 위해서는 상단 메뉴 중에서 [파일] → [끝내기]를 누르면 된다.

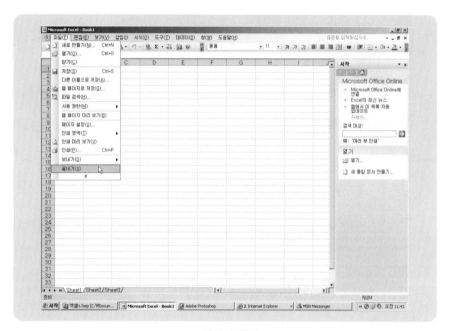

엑셀의 종료

물론 화면 오른쪽 맨 위의 종료 아이콘을 누르거나 〈Alt〉+〈F4〉를 눌러도 된다.

오른쪽 상단의 종료 버튼

1.2 화면 구성과 명칭

01 메인 메뉴

[편] 파일(F) 편집(E) 보기(V) 삽입(I) 서식(O) 도구(T) 데이터(D) 창(W) 도움말(H)

메인 메뉴

엑셀 화면의 맨 위쪽에 위치한 메인 메뉴는 풀다운 메뉴 방식으로 구성되어 있으며 엑셀의 모든 기능을 여기서 실행할 수 있게 해준다. 각 메뉴는 마우스로 클릭해도 되고 키보드를 사용한 단축키를 써도 된다.

키보드 단축키는 각 메뉴 이름 옆에 붙어 있는 괄호 안의 알파벳을 〈Alt〉와 함께 누르면 되는데, 예를 들어 '파일'일 경우에는 '〈F〉'가 옆에 붙어 있으므로 '〈Alt〉+〈F〉'를 누르면 마우스로 클릭한 것과 같은 결과가 된다.

파일 메뉴

메뉴를 선택하면 각 메뉴에 포함된 항목들을 볼 수 있으며 역시 마우스 또는 단축키로 원하는 항목을 정할 수 있다.

메뉴 중에서는 두 단계 메뉴로 구성된 것들이 있다. 위 그림에서 **[사용**

권한], [인쇄 영역], [보내기] 등의 항목이 바로 그것이다. 이들은 항목 오른쪽에 작은 검은색 삼각형이 표시되어 있고, 이는 내부에 또 다른 부가 항목들을 가지고 있다는 의미가 된다.

엑셀의 메뉴 방식은 거의 모든 윈도우즈 프로그램의 표준 방식을 따르고 있어서 한번 익혀 놓으면 다른 프로그램을 사용할 때도 편리하다.

02 표준 도구 모음

일반적으로 메인 메뉴 바로 아래에 위치한다. 표준 도구란 자주 사용되는 메인 메뉴의 기능을 따로 밖으로 빼서 사용자가 좀 더 빠르고 편하게 사용할 수 있도록 아이콘 형태로 만들어 놓은 것이라고 보면 된다.

표준 도구 모음

표준 도구 모음의 위치는 언제든지 변경할 수 있다. 도구 버튼의 맨 오른쪽 빈 공간을 마우스로 클릭하여 드래그하면 위치와 크기를 사용자가 원하는 대로 변경할 수 있다.

03 서식 도구 모음

서식 도구는 엑셀에서 사용되는 글자의 여러 가지 속성을 제어하는 메뉴이다. 예를 들어 폰트의 크기, 색깔, 종류 등 모양과 관련된 것들은 물론 정렬 등과 같은 제어 기능을 가진다.

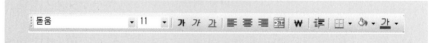

서식 도구 모음

04 작업 영역

이 곳은 화면의 가장 많은 부분을 차지하며 여기서 각종 문서를 작성
하게 되므로 일종의 '새 문서'라고 보면 된다.

작업 영역

작업 영역은 맨 위와 맨 왼쪽에 각각 줄과 행을 나타내는 회색 부분
의 영역이 있고 나머지 부분은 여러 개의 칸으로 이루어져 있다. 여기서
각 칸에 해당하는 하나의 영역을 '셀'이라고 부른다. 셀은 엑셀의 가장
기본적인 작업 단위가 된다.

화면상의 특정 셀을 칭할 때에는 보통 칸과 열의 좌표와 함께 부른다.
예를 들어 위의 그림처럼 현재 맨 위 왼쪽에 위치한 셀의 좌표는 'A1'
이라 한다.

05 셀 주소 상자

셀 주소 상자는 보통 편집 영역 바로 위에 위치한다. 셀 주소 상자에
는 현재 선택된 셀의 위치가 표시되는데 앞에서 언급한대로 칸과 열의
좌표로 표시한다.

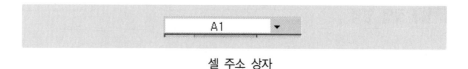

셀 주소 상자

06 수식 입력줄

사용자가 셀에 값을 입력할 때 나오는 곳이고 또한 이곳을 통해 값을 입력할 수도 있다. 그리고 나중에 배우게 될 엑셀 수식을 입력하는 곳이기도 하다.

수식 입력줄

07 시트 이름 탭

엑셀은 동시에 여러 개의 문서를 다룰 수 있다. 시트 이름 탭은 작업 영역 바로 아래에 위치하며 그림에서처럼 기본적으로는 3개의 문서가 표시된다. 물론 이 문서 탭의 수는 오픈되는 파일의 수만큼 자동으로 늘어난다.

시트 이름 탭

위 그림에서 왼쪽에 위치한 화살표 버튼들은 탭이 아주 많을 때 시트 간의 이동을 도와주는 이동 버튼들이다.

08 작업 창 도구 모음

현재 작업 상태, 도움말, 최신 정보 온라인 검색 및 클립 아트와 클립

보드 등의 기능을 제공하는 창이다. 기능에 따라서는 인터넷과 연결되어
야 동작하는 것들도 있다.

작업 창 도구 모음

09 문서 크기 조절 버튼

문서 크기 조절 버튼은 엑셀의 맨 위 오른쪽에 위치하며 바로 위로는
윈도우 창 [최소화], [최대화], [종료] 버튼이 있다. 그림에서 굳이 한번에 이
두 가지 모습을 보여주는 것은 윈도우 조절 버튼과 문서 조절 버튼을 혼
동하지 말라는 의미이다.

문서 크기 조절 버튼

문서 크기 조절 버튼은 문서를 엑셀 상에서 전체 또는 창으로 나오게
해주며 해당 문서만 닫을 수 있게 해준다.

엑셀 사용 첫걸음

2.1 기본 입력 방법

엑셀은 셀 단위로 데이터를 입력하게 되는데 먼저 자신이 원하는 위치의 셀을 선택해야 한다. 입력 방법은 워드프로세서와 크게 다르지 않으나 엑셀의 특성상 몇 가지는 일반적인 문자 입력 상황과 다르니 주의해야 한다. 이제 간단히 엑셀에 데이터를 입력해 보자.

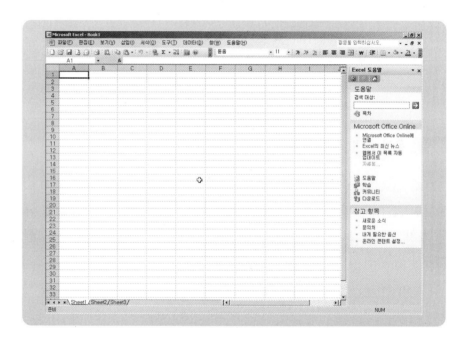

먼저 자신이 입력하고자 하는 셀을 마우스로 선택하자. 화면에서는 A1셀이 선택된 상태이다.

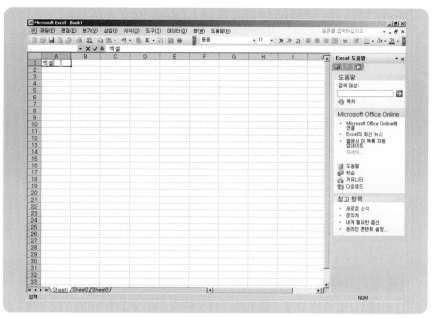

셀이 선택된 상태에서 그대로 키보드를 사용하여 '엑셀'이라고 입력해
본다. 그러면 키보드 커서가 셀 안으로 들어가면서 글자가 입력되는 것
이 보인다.

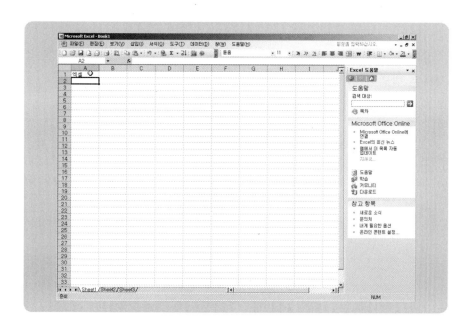

〈Enter〉를 치면 입력이 완료되고 바로 아래 셀이 선택되는 것이 보이면 성공이다.

이제 연속해서 데이터를 입력해 보자. 위의 그림처럼 태극전사들의 이름을 차례로 입력해보자. 그런데 '설기현'이라고 입력했어야 했는데 "설기연"으로 잘못 입력했다.

이제 입력한 데이터를 수정해 보자.

셀의 데이터를 수정하는 방법은 두 가지가 있다. 하나는 셀에서 직접 입력해서 수정하는 방법이고, 또 하나는 수식 입력 줄에서 수정하는 방법이다.

상황에 따라 편한 방법을 사용하면 되는데, 여기서는 셀에서 직접 수정하는 방법이 편하므로 그 방법으로 수정해 본다.

먼저 수정할 데이터가 있는 셀을 선택한다. '설기연'이 들어 있는 A4
셀을 선택했다.

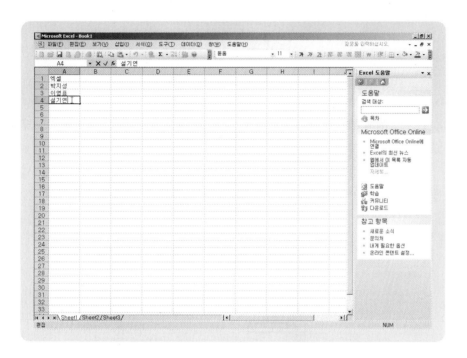

더블클릭하면 위의 그림처럼 입력 커서가 셀 안으로 들어가게 된다.
그러면 다음과 같이 '설기연'을 '설기현'으로 수정하고 〈Enter〉를 친다.

수정이 완료되었다. 이제 데이터를 잘못 입력해도 얼마든지 수정할 수
있게 되었다.

데이터를 수정하는 또 한 가지 방법인 수식 입력줄에서 수정하는 예
를 보도록 하자.

역시 마찬가지로 먼저 수정할 셀을 선택한다. 셀을 선택하면 수식 입
력줄에 현재 셀의 내용인 '설기연'이 표시되는 것을 알 수 있다.

마우스를 수식 입력줄로 이동시켜 클릭하면 편집 커서가 수식 입력줄 안으로 들어가는 것을 볼 수 있을 것이다. 그러면 거기서 바로 수정을 하고 〈Enter〉를 치면 수정이 완료된다.

이제 가로 방향으로도 입력을 해 보자.

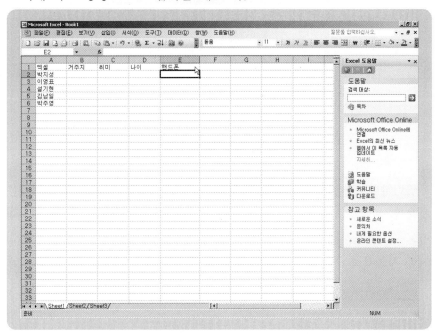

이렇게 기본 데이터 입력과 수정은 아주 쉽기 때문에 위의 그림과 같이 입력하는 데 별 무리가 없을 것이다.

2.2 다양한 입력 방법

01 자동 완성 기능

기본적으로 엑셀에서 문자를 입력하는 방법은 다른 일반적인 프로그램에서 기본적인 문자를 입력하는 것과 같다. 단지 입력 편의를 위한 몇 가지 기능과 데이터의 종류에 따라 약간씩 달라지는 것들이 있을 뿐인

데, 그것들을 살펴 보자.

먼저 다음 그림과 같이 입력해 보자.

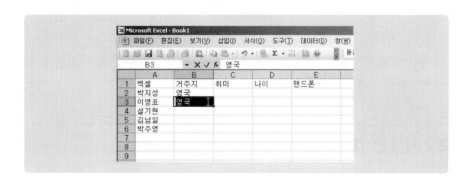

입력하다보면 신기하게도 앞에서 입력했던 것이 자동으로 입력되는 것을 볼 수 있을 것이다. 예를 들어 '박지성'의 거주지를 '영국'이라 입력하고 그 다음 사람인 '이영표'의 거주지를 입력하려고 할 때 '영'만 입력하면 자동으로 '영국'이 나오는데, 이를 엑셀에서는 '자동 입력 기능'이라고 한다.

그림과 같이 자동으로 '영국'이 선택되었을 때 〈Enter〉만 치면 된다.

이런 자동 완성 기능은 경우에 따라서는 불편할 수도 있기 때문에 이럴 경우엔 기능을 사용하지 않도록 하는 것이 좋다.

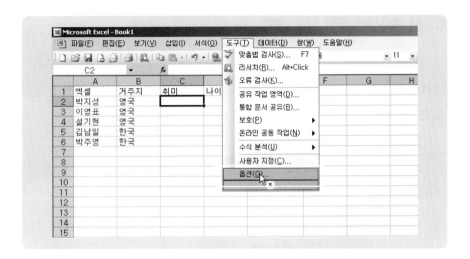

자동 완성 기능을 끄기 위해서는 위 그림처럼 메인 메뉴에서 **[도구]** →
[옵션]을 선택하고

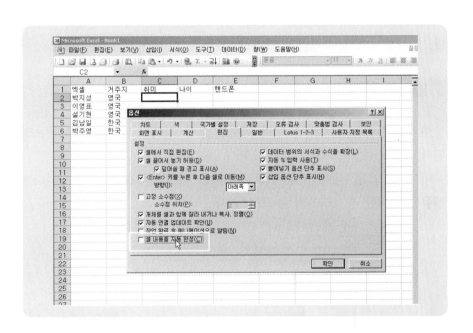

그림과 같이 대화상자가 나오면 **[편집]** 탭을 눌러서 '셀 내용줄 자동 완
성'이라는 항목의 체크 상태를 없애면 된다.

02 목록에서 입력 내용 선택

비슷한 데이터들이 계속 입력되다 보면 자동 완성 기능이 작동하기
어려워지는 경우가 있다. 그럴 때에는 목록을 불러내어 그 중에서 입력
값을 선택할 수 있다.

예를 들어 박주영의 거주지를 입력하기 위해 B6셀을 선택한 후 키보드
의 〈Alt〉와 〈아래화살표〉를 누르면 위 그림과 같은 입력 목록이 나타난
다. 여기서 원하는 데이터를 골라서 〈Enter〉를 치면 입력이 완료된다.

03 셀 데이터 지우기

셀의 데이터를 지우려면 먼저 원하는 셀을 선택한 후 〈Del〉를 누르면
된다.

여러 개의 셀 내용을 동시에 지우려면 마우스를 드래그하여 원하는
셀들을 선택한 후 〈Del〉를 누르면 된다.

위 그림처럼 마우스로 지울 부분을 드래그하여 선택한 후 〈Del〉를 누르면 선택된 부분이 모두 지워진다.

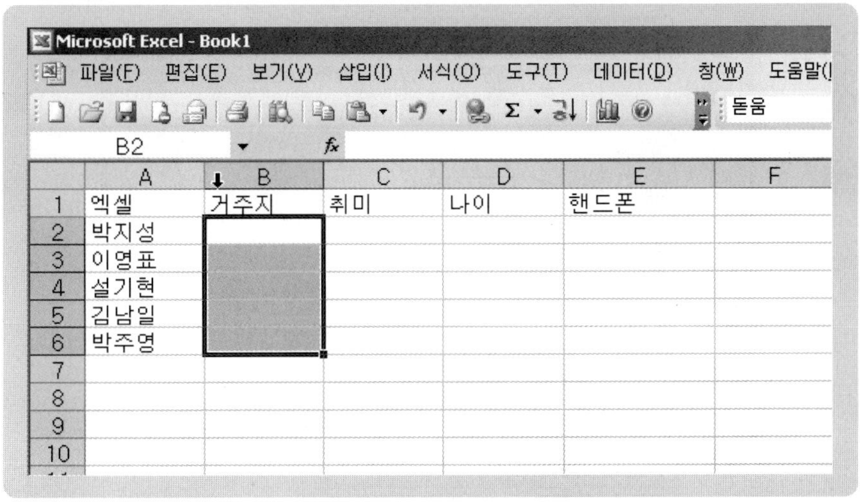

04 여러 셀에 같은 데이터 입력하기

자동 입력 기능이 있긴 하지만 동시에 여러 개의 셀에 같은 데이터를 반복적으로 입력하는 일은 매우 힘들고 귀찮은 일이다. 그러나 엑셀에서는 이를 간단하게 수행할 수 있다.

'취미'에 해당하는 란을 모두 '독서'라는 데이터로 입력하는 예를 살펴보도록 하자. 입력되어야 할 셀들의 주소는 C2, C3, C4, C5, C6, C7이다.

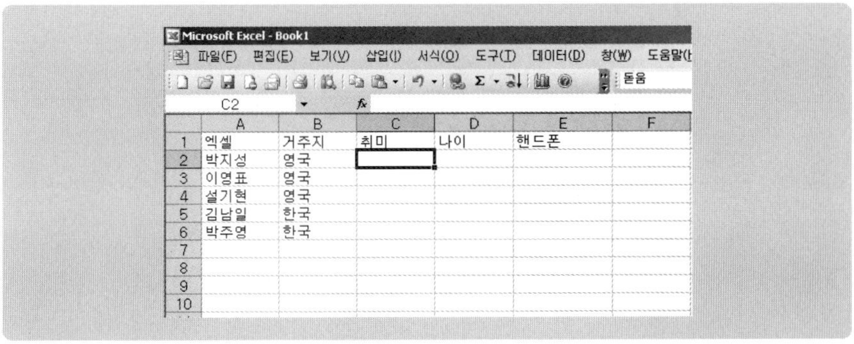

먼저 C2셀을 선택한다. 그 다음 C2와 함께 입력해야 할 나머지 셀들을 키보드의 〈Ctrl〉을 누른 채 차례대로 마우스로 클릭한다.

그러면 위의 그림과 같이 선택한 셀들이 역상으로 변하고 마지막 셀은 C6가 된다.

이제 '독서'라고 입력한 후 키보드의 〈Ctrl〉을 누른 채로 〈Enter〉를 치면(〈Ctrl〉+〈Enter〉) 선택된 셀에 모두 '독서'라는 데이터가 들어가는 것을 볼 수 있을 것이다.

해당 셀들에 모두 '독서'라는 데이터가 입력된 것을 확인했다. 매우 유용한 기능이니 잘 기억해 두도록 하자.

05 숫자 입력

숫자를 입력하는 방법은 문자를 입력하는 방법과 크게 다르지 않다. 그러나 몇 가지 알아두어야 할 사항이 있다.

다음과 같이 나이에 해당하는 항목들을 입력해 보자.

그 다음은 핸드폰 번호를 입력해 보자.

숫자와 마찬가지로 별 문제 없이 입력되었을 것이다.

이번에는 핸드폰 번호를 입력할 때 '-'를 빼고 입력해 보자.

이제 〈Enter〉를 쳐서 입력을 완료하면 다음과 같이 입력된 것을 볼 수 있을 것이다.

맨 앞에 0이 제거된 상태로 입력이 되어 버렸다. 왜 이런 현상이 일어 났을까?

엑셀은 셀에 입력되는 데이터가 문자인지 숫자인지를 구별한다. 다시 말해 한 셀에 문자와 숫자가 동시에 저장될 수 없음을 의미한다. 따라서 엑셀은 사용자가 데이터를 입력할 때 이것을 문자로 취급해야 할지 숫자 로 취급해야 할지를 스스로 판단하게 되는 것이다.

예를 들어 E2셀에 입력된 '011-1111'은 숫자가 아닌 문자로 처리한 경 우이다. 중간에 '-'이 입력되는 순간 셀에 입력되는 데이터 전체를 숫자 가 아닌 문자의 의미로 처리했다.

그러나 E3셀의 경우에는 순수하게 숫자만 입력되어 들어 왔으므로

0122222는 12만2천2백2십2라는 숫자로 입력을 받게 된다. 따라서 맨 앞의 0은 아무 의미가 없으므로 생략해 버린 것이다. 이러한 셀의 데이터 형식에 대해서는 뒤에 다시 한 번 자세히 다루도록 하겠다.

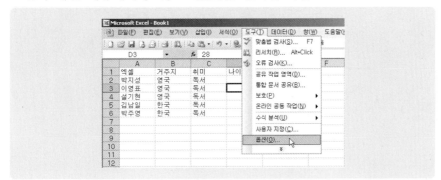

이제 숫자 데이터들을 다 입력한 상황을 보여준다.

06 엔터키의 활용

데이터를 입력하면서 〈Enter〉를 치면 자동으로 바로 아래 셀로 넘어 가는 것을 알 수 있을 것이다. 따라서 다음 데이터를 입력하기가 무척 편리한데 상황에 따라서는 아래쪽이 아니라 오른쪽으로 이동했으면 할 경우도 있을 것이다.

이런 경우에는 다음과 같이 변경할 수 있다.

먼저 메인 메뉴에서 [도구] → [옵션]을 선택한 다음

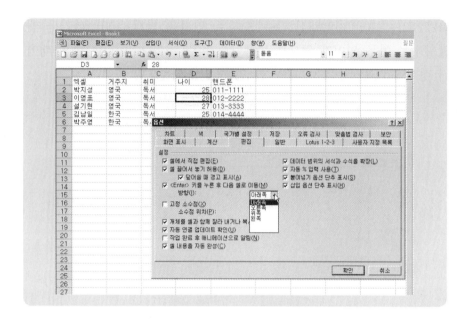

[편집] 탭으로 가서 '〈Enter〉키를 누른 후 다음 셀로 이동'에서 방향을
선택하면 된다.

07 범위 설정 후 입력

입력 범위를 드래그하여 지정해 놓으면 입력시에 지정된 셀 안에서만
움직이게 된다.

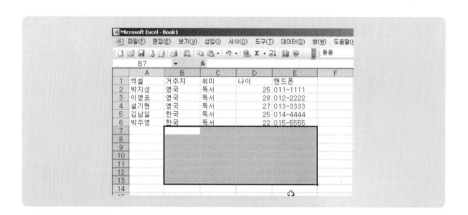

그림과 같이 범위를 설정한 후 데이터를 입력해 보면

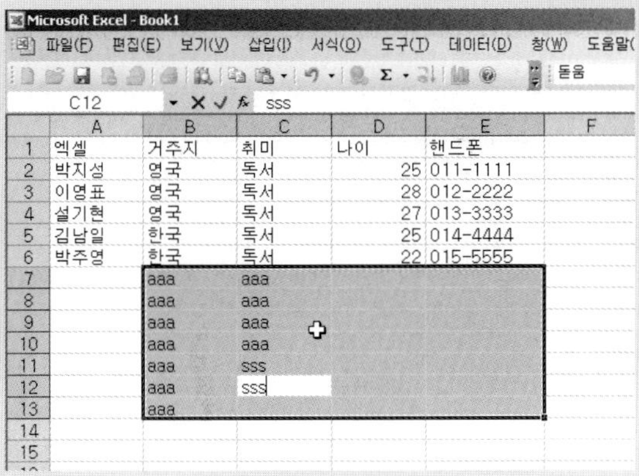

〈Enter〉를 치면서 입력을 해도 지정된 범위 내에서만 입력이 이루어
지는 것을 알 수 있다.

08 두 줄 입력

엑셀에서는 한 셀에 두 줄 이상의 데이터를 넣기 위해서 〈Enter〉를
치면 그 다음 줄로 넘어 가는 게 아니라 바로 입력이 끝나버린다. 따라
서 여러 줄을 입력하는 방법을 소개한다.

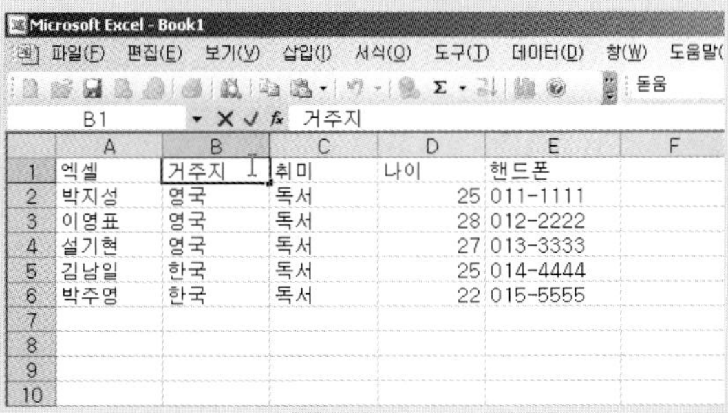

B1셀의 내용을 '거주지'에서 '거주지 나라명'으로 바꿔본다. 먼저 B1셀
을 더블클릭해서 입력 가능하게 한 후 〈Alt〉+〈Enter〉를 치면 그림과

같이 두 줄로 쓸 수 있게 된다.

마지막으로 〈Enter〉를 쳐서 입력을 종료하면 두 줄 입력이 완료된 것을 볼 수 있다.

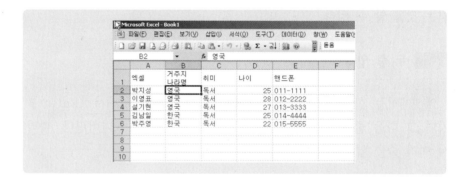

09 소수점 자동 입력

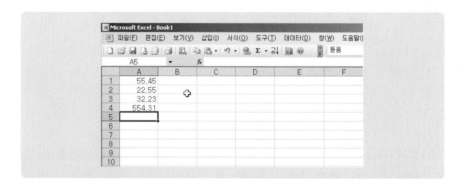

위 그림과 같이 소수점이 있는 데이터를 입력할 때는 소수점 자릿수를 신경 써야 하기 때문에 번거롭다. 그러나 엑셀에서는 이를 쉽게 해주는 기능이 있다.

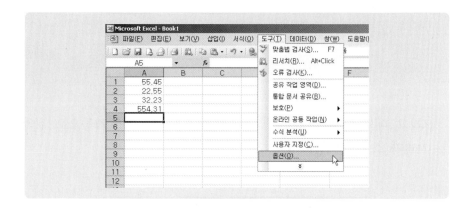

먼저 메뉴의 [도구] → [옵션]을 선택한 후 [편집] 탭의 '고정 소수점' 항목에 체크한다. 이때 '소수점 위치'는 지정해 줄 수 있는데 일단은 이미 설정되어 있는 2로 사용하기로 하고 [확인] 버튼을 누른다.

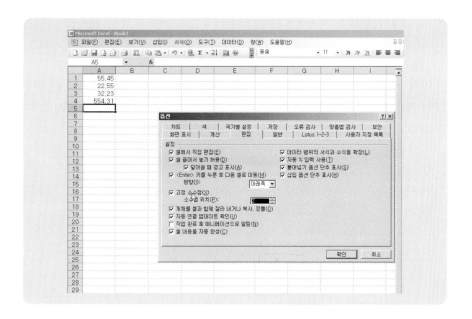

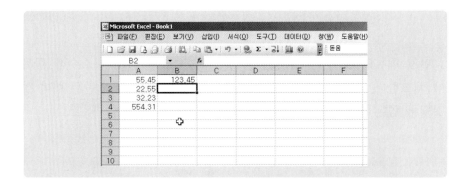

그리고 나서 B1셀에 '12345'라는 숫자를 입력해 보면 자동으로 뒤의
두 자리가 소수점 이하로 되는 것을 알 수 있다.

이제 소수점에 신경 쓰지 않고 숫자를 입력해도 자동으로 모두 소수
점이 두 자리로 정해질 것이다. 다음 그림은 입력이 완료된 화면이다.

10 날짜와 시간 입력

날짜와 시간을 입력하는 방법은 지정된 형식으로 셀에 입력하는 방법
이다.

예를 들어 그림과 같이 '07-01-9'이라고 입력한 후 〈Enter〉를 치면
'2007-01-09'라는 날짜 서식으로 자동 변환되어 입력된다.

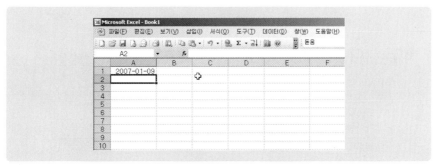

이러한 입력 형식을 정리해 보면 다음과 같다.

셀 입력 내용	셀 표시 형태
07/01/01 또는 07-1-1	2007-01-01
07년 1월 1일	2007년 01월 01일
1/1 또는 1-1	01월 01일
11:00 AM	11:00 AM
22:30	22:30
1시 50분	1시 50분

11 특수 문자 입력

특수 문자란 키보드로는 입력이 불가능한 간단한 기호나 그래픽 문자를 말하는 것이다.

먼저 메뉴의 [삽입] → [기호]를 선택한 다음

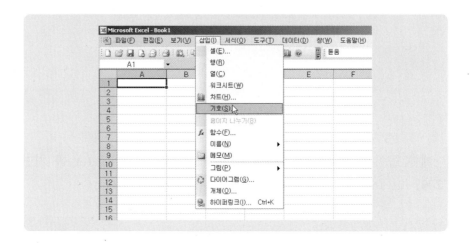

원하는 기호를 선택하여 '삽입' 버튼을 누르면 된다.

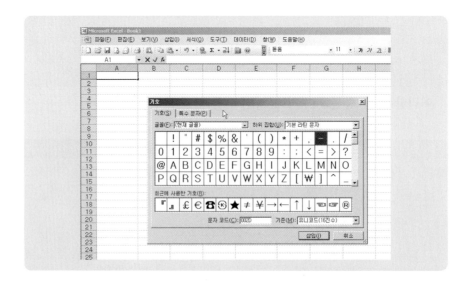

2.3 기본 편집 기능

01 내용 삭제

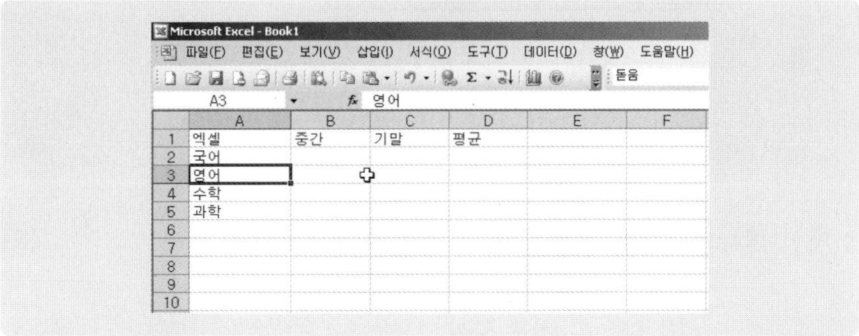

먼저 원하는 셀을 선택한 후

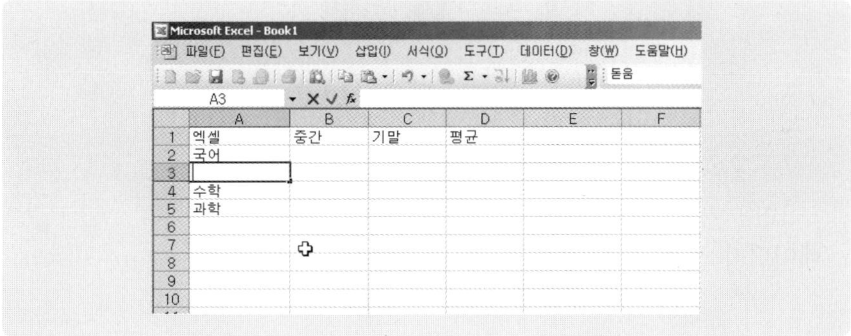

〈BACKSPACE〉를 누르면 데이터가 삭제된다. 삭제된 뒤 〈Enter〉를 치면 삭제가 완료된다.

또 한 가지 방법은 앞에서도 언급한 〈Del〉를 누르는 것이다.

메뉴를 이용한 삭제 방법도 있다.

먼저 삭제를 원하는 셀들을 지정한 다음,

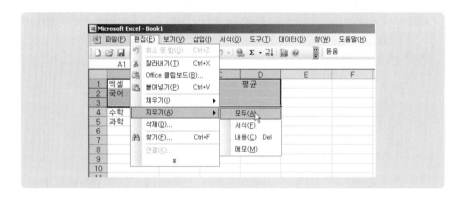

메인 메뉴의 [편집] → [지우기] → [모두]를 선택하면

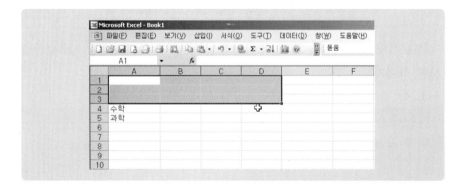

데이터가 모두 지워진다.

02 실행 취소

엑셀을 사용하다 보면 매우 많은 데이터를 다루게 되는데 본의 아니
게 마우스나 키보드를 잘못 조작하여 작업을 망치는 경우나 또는 순간적
으로 판단을 잘못하여 편집이나 기능을 올바르지 못하게 적용하는 경우
가 있다. 이럴 경우를 대비한 실행 취소 기능이 있다.

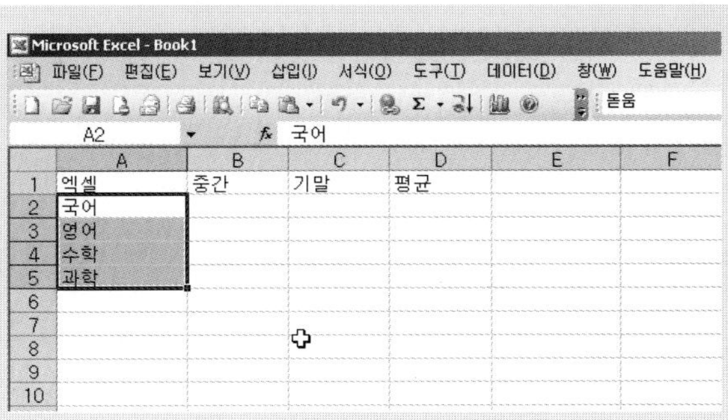

위의 그림과 같이 선택된 상태에서 실수로 〈Del〉를 눌러 데이터가 모
두 지워졌다고 가정하자.

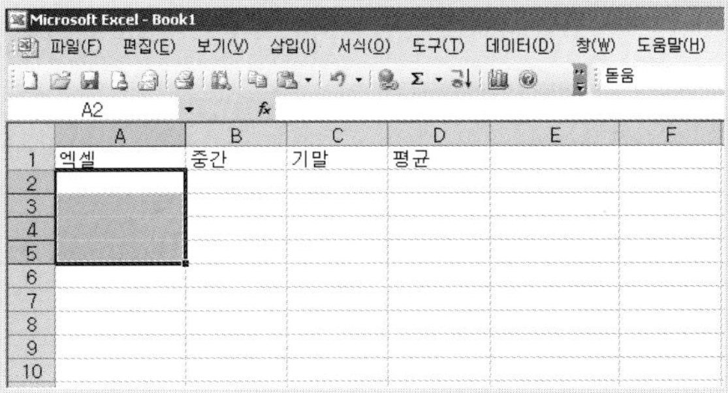

이럴 때 [편집] → [지우기 취소]를 누르면

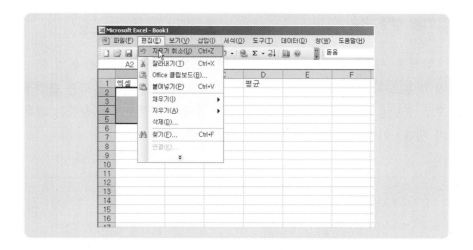

다시 원래대로 복구된 것을 볼 수 있을 것이다. 이것을 '실행 취소'라 하는데 단축키는 언제나 〈Ctrl〉+〈Z〉이다. 외워두면 편리하게 사용할 수 있다.

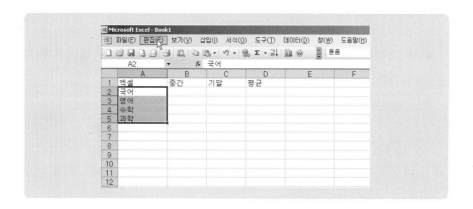

03

엑셀 통합 문서 관리와 활용

엑셀 파일 즉, 엑셀에서 사용하는 문서를 '통합문서'라고 부른다. 통합 문서라고 부르는 이유는 엑셀 파일이 저장될 때 단순히 현재 보이는 시트 데이터만 저장하는 것이 아니라 관련된 시트 및 차트, 그래픽, 모듈, 수식 등이 한번에 하나의 문서로 통합되어 저장되기 때문이다.

3.1 통합 문서 만들기

01 파일 메뉴를 사용한 만들기

가장 쉬운 방법은 [파일] → [새로 만들기]를 클릭하는 방법이다.

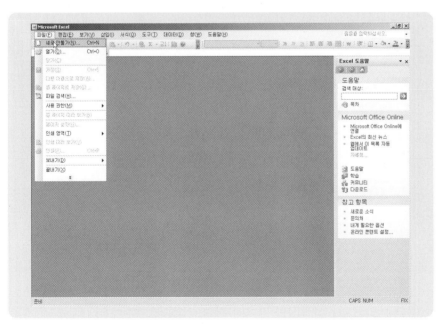

해당 메뉴를 그림과 같이 클릭하면

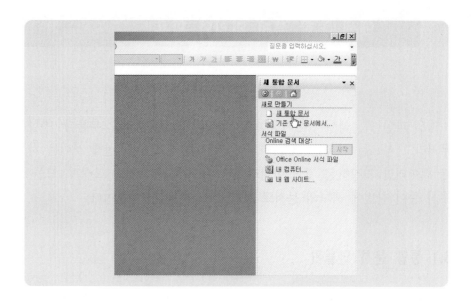

오른쪽 작업창의 새로 만들기 항목에 '새 통합 문서'가 나타나게 되고
그것을 클릭하면 'Book2'라고 하는 새로운 통합 문서가 만들어진다.

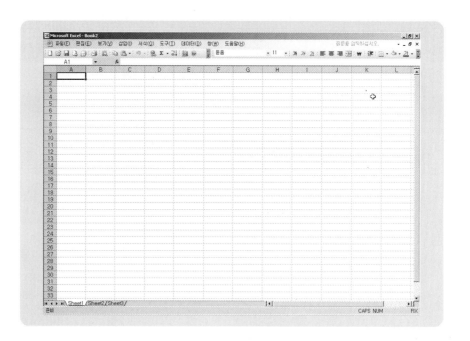

통합 문서의 이름은 맨 위의 제목 표시줄에 'Microsoft Excel – Book2'
에서 'Book2'임을 확인할 수 있으며

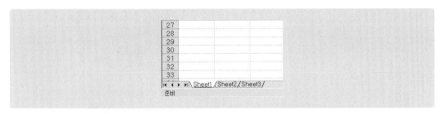

아래쪽에 보면 Sheet 1, 2, 3의 세 개 시트로 구성되어 있음을 알 수
있다.

02 도구 모음을 이용하여 만들기

도구 모음에서 맨 왼쪽의 새로 만들기 버튼을 클릭하면

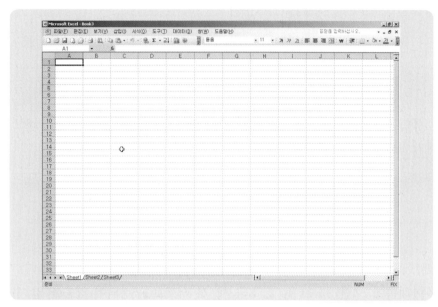

곤바로 'Book3'이라는 새 통합 문서를 만들 수 있게 된다.

3.2 통합 문서 닫기

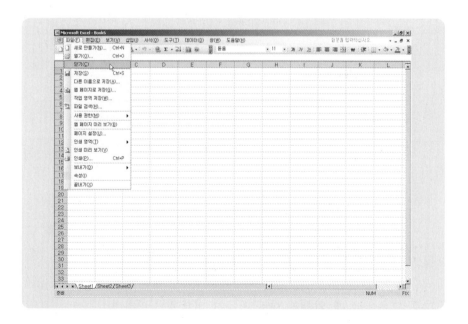

[파일] → [닫기]를 선택한다.

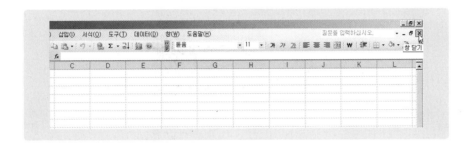

그렇지 않으면 화면 맨 오른쪽 상단의 창 닫기 버튼을 누르면 된다.

3.3 통합 문서 열기와 저장하기

01 메뉴를 이용한 문서 열기

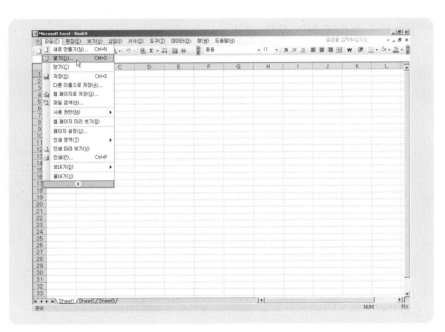

[파일] → [열기]를 선택한 후

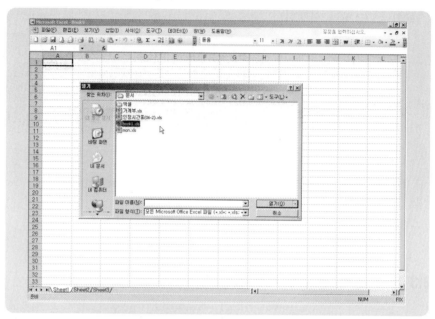

원하는 파일을 선택한다.

02 도구 버튼에 의한 문서 열기

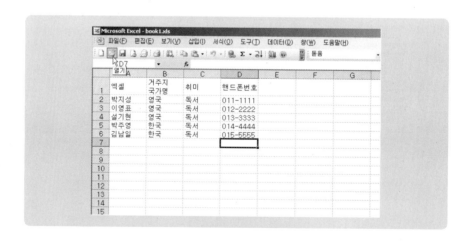

도구 모음 중에 열기 버튼을 클릭한다.

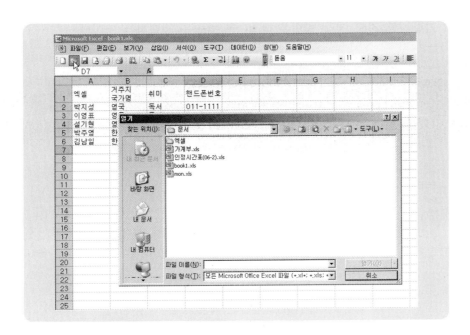

메뉴로 할 때와 마찬가지로 파일 선택 창이 뜬다. 원하는 파일을 선택하고 [열기] 버튼을 누르면 완료된다.

03 문서 저장하기

가장 기본적인 저장 방법은 [파일] → [저장]을 선택하는 것이다.

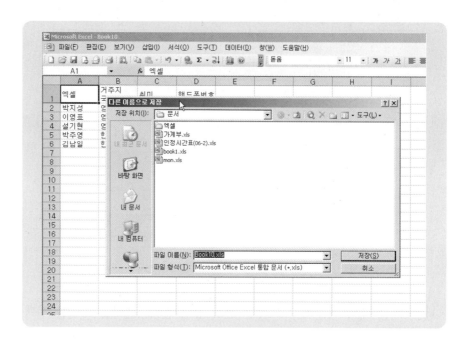

원하는 위치와 원하는 파일 이름을 선택 수정하여 [저장] 버튼을 누르
면 완료된다.

또 다른 방법으로는 도구 모음 버튼을 이용할 수가 있다.

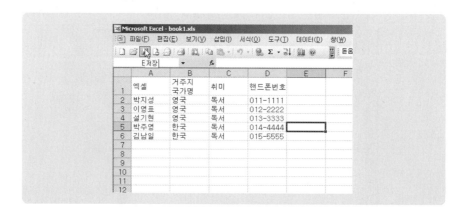

도구 모음 중에서 저장 버튼을 클릭하면 된다. 이미 한번 저장이 되었던 문서들은 이름 변경 없이 바로 저장되고, 처음 저장을 하는 경우의 문서들은 파일 이름과 경로를 지정하기 위한 대화창이 나타나게 될 것이다.

3.4 통합 문서 편집

01 셀 복사

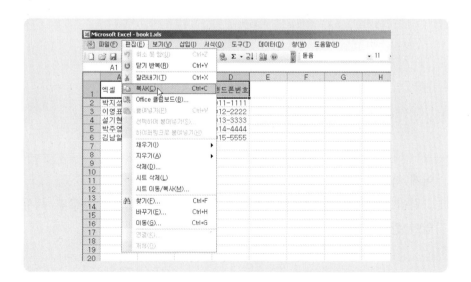

복사하기를 원하는 영역을 마우스로 드래그하여 선택한다.

[편집] → [복사]를 누른다.

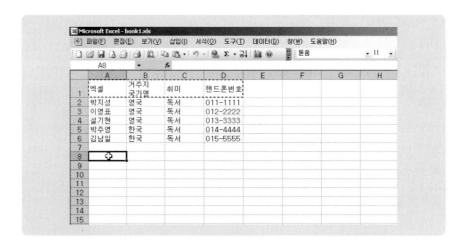

그러면 선택된 영역이 점선으로 변하는 것을 볼 수 있다.

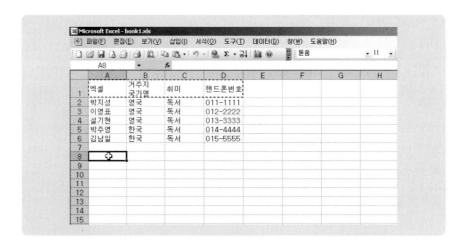

이제 복사되기를 원하는 곳을 선택한다.

그림에서는 A8셀을 선택했다. 그리고 [편집] → [붙이기]를 누르면 복사
작업이 완료된다.

복사 작업은 [편집] 메뉴를 선택하는 대신 단축키인 〈Ctrl〉+〈C〉(복사)
와 〈Ctrl〉+〈V〉(붙이기)를 이용해도 된다.

02 셀 이동

먼저 이동하고자 하는 부분을 마우스로 드래그하여 선택한 후

[편집] → [잘라내기]를 선택한다.

역시 복사할 때와 마찬가지로 해당 영역은 점선으로 변하게 되고 그
상태에서 원하는 위치의 셀을 마우스로 선택한 후

E1셀을 선택한다.

그리고 [편집] → [붙여넣기]를 선택하면 셀 데이터 이동이 완료된다.

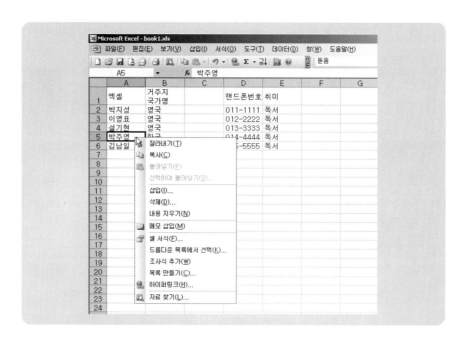

03 셀 삽입

기존의 셀 데이터에서 하나의 셀을 중간에 삽입하는 과정을 보여준다.

원하는 셀을 선택한 후 마우스 오른쪽 버튼을 누르면 위와 같은 메뉴
가 나온다. 그 중에서 '삽입'이라는 항목을 누르면 그림과 같은 상자가
나타난다.

여기서 '셀을 아래로 밀기'를 선택한 후 [확인] 버튼을 누르면

새로운 셀이 중간에 삽입되면서 데이터를 입력할 수 있게 해준다.

이때 삽입되는 셀 아래에 있는 셀들은 한 칸씩 아래로 밀려난 것을 알 수 있다.

04 복사한 셀 삽입

복사한 셀을 기존에 데이터가 있는 셀 위쪽에 삽입할 수 있다.

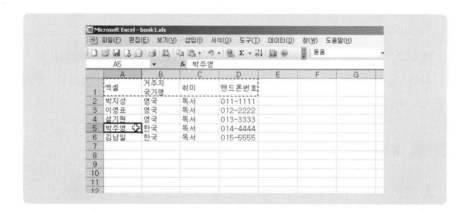

먼저 영역을 선택한 뒤

[편집] → [복사]를 선택한다. 그러면 해당 영역은 점선으로 변한다.

삽입되기를 원하는 위치의 셀을 마우스로 선택한 다음,

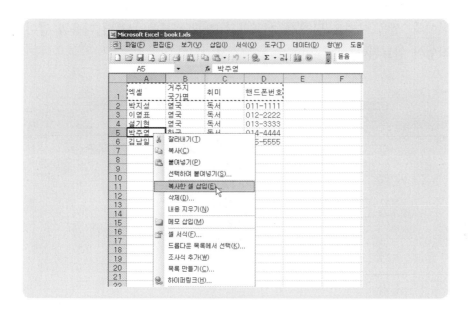

마우스 오른쪽 버튼을 누르면 '복사한 셀 삽입'이라는 메뉴가 나타난
다. 이를 클릭하면

겹쳐지는 셀들을 어느 방향으로 밀어낼 것인가를 물어보는 대화상자가 나타난다.

이때 '셀을 아래로 밀기'를 선택하고 [확인] 버튼을 누르면 다음과 같이 작업이 완료된다.

05 셀 삭제

셀의 내용 뿐만 아니라 셀 자체를 삭제할 수도 있다.

먼저 원하는 셀을 선택한 뒤

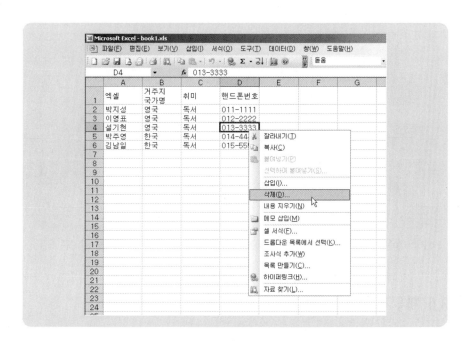

마우스 오른쪽 버튼을 눌러 메뉴를 연 다음 '삭제'를 선택한다.

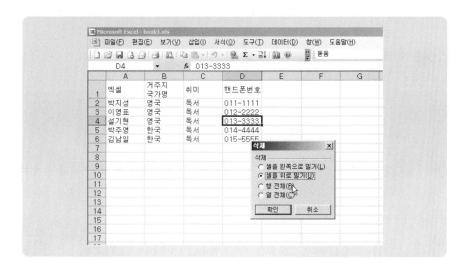

이때 지워지는 셀에 대해 다른 셀들의 위치를 물어보는 대화 상자가 나오고 여기서 '셀을 위로 밀기'를 선택한 뒤 **[확인]** 버튼을 누르면

해당 셀은 삭제되고 나머지 셀들이 한 칸씩 위로 올라온 것을 알 수 있다.

3.5 채우기 기능

엑셀에서는 셀에 입력할 데이터가 동일하거나 또는 연속된 관계를 갖는 경우 일일이 손으로 직접 입력하지 않고 자동으로 입력할 수 있는 기능이 있다.

01 마우스를 이용한 데이터 채우기

먼저 한 셀에 데이터를 입력한다. 위 그림에서는 '엑셀'이라고 입력하였다.

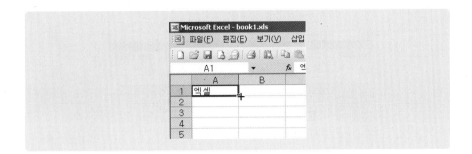

그 다음 마우스 포인터를 해당 셀의 오른쪽 아래로 가져가면 그림과 같이 마우스 포인터가 십자선 모양으로 변한다. 이때 마우스 왼쪽 버튼을 누른 채 아래로 드래그하면 드래그하는 만큼의 셀들이 모두 '엑셀'로 채워지는 것을 볼 수 있게 된다.

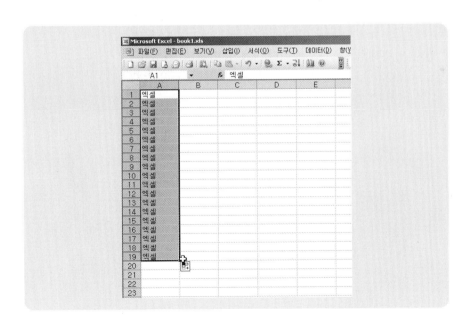

02 연속 데이터 채우기

일정한 크기만큼 연속되는 숫자들을 자동으로 채울 수 있는 기능이다.

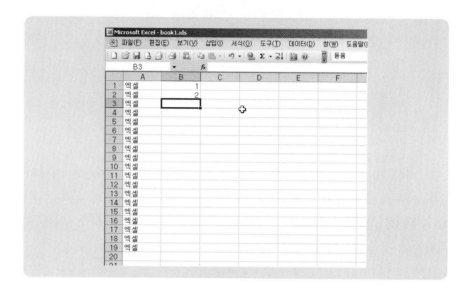

먼저 연속해서 나타날 데이터 2개를 입력해 놓는다.

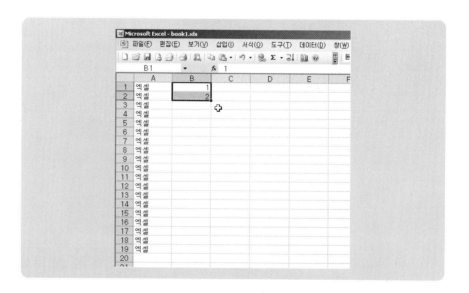

그리고 두 개의 셀을 선택한 다음

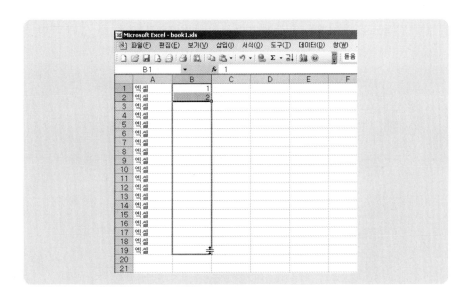

역시 오른쪽 아래 부분으로 마우스 커서를 가져가면 십자가 모양으로
커서가 변하는데

그대로 마우스를 아래로 드래그해서 놓으면

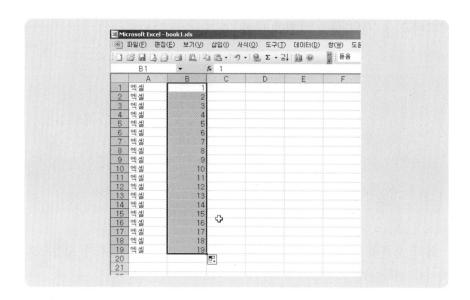

일정 간격으로 데이터들이 셀에 자동으로 채워진 것을 볼 수 있게 된다.

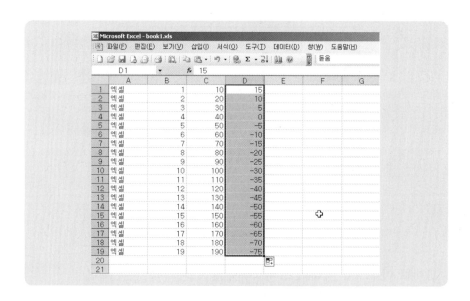

위 그림은 간격을 '10'으로 했을 때와 '-5'로 했을 때의 예를 보여준다.

03 사용자 지정 목록 활용

'사용자 지정 목록'이란 사용자가 자주 사용되는 어떠한 데이터 집단을 등록해 놓고 필요할 때마다 불러서 사용할 수 있는 편리한 도구이다.

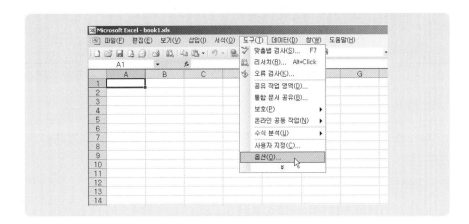

먼저 [도구] → [옵션]을 선택한다.

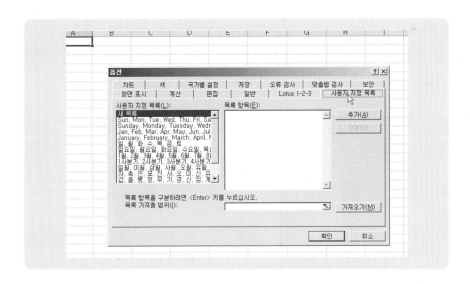

그 다음 '사용자 지정 목록' 탭으로 이동한다.

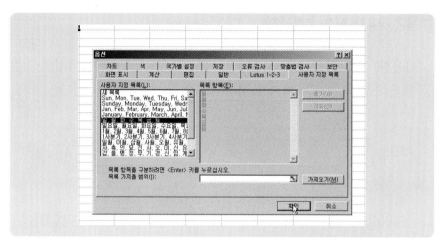

'일, 월, 화, 수, 목, 금, 토' 항을 선택한 후 [확인] 버튼을 누른다.

원하는 위치에 사용자 지정 목록인 '일, 월, 화, 수, 목, 금, 토'의 가장 앞 글자인 '일'을 입력한 후 마우스 커서를 해당 셀의 왼쪽 아래로 이동시켜 십자선 모양이 되면 아래로 드래그한다.

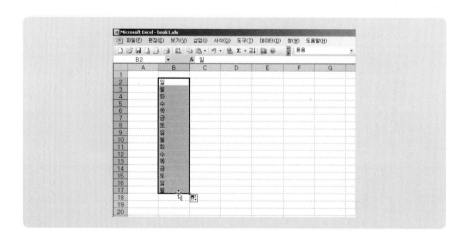

그러면 사용자 지정 목록에 의해 데이터들이 자동으로 채워지게 된다.

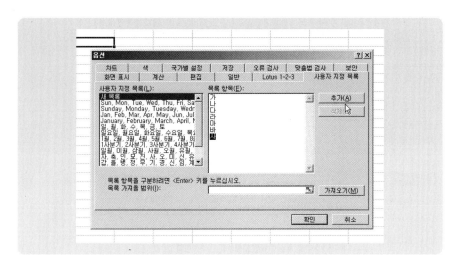

　사용자 지정 목록에서 '새목록'을 선택하고 추가 버튼을 누른 다음 위 그림과 같이 자신만의 목록을 입력한 후 **[확인]** 버튼을 누르면 자신만의 지정 항목으로 데이터를 채울 수 있다.

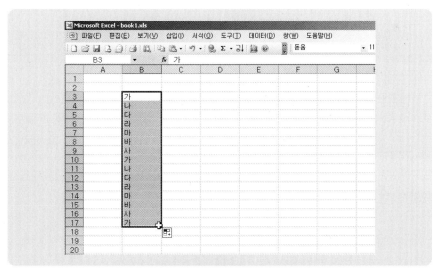

　조금 전에 만들었던 사용자 지정 목록으로 자동 채우기를 한 결과 화면이다.

04 연속 데이터 채우기 기능

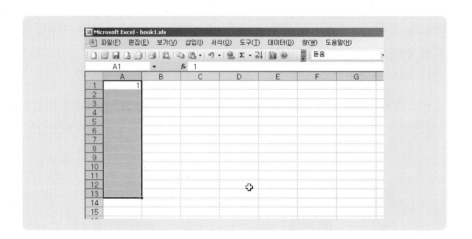

먼저 연속될 데이터의 맨 처음 값을 입력한다.

연속 데이터가 들어갈 범위를 지정한다.

[편집] → [채우기] → [연속 데이터]를 선택한다.

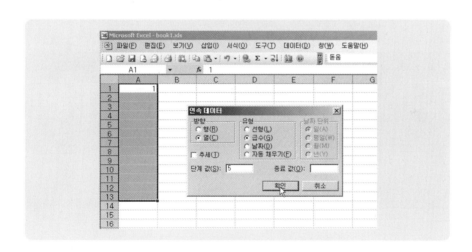

대화 상자가 나오면 '열', '급수'를 선택하고 단계 값은 '5'로 변경한 다음 [확인]을 누른다.

이는 데이터를 열 방향으로 채우며 급수는 지수 변화를 의미하고 셀마다 증가 값은 5로 한다는 의미가 된다.

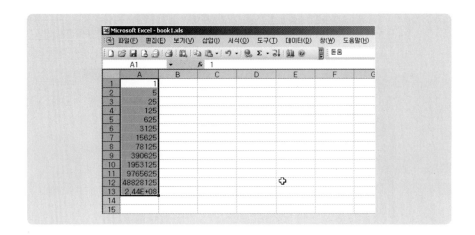

복잡한 지수 승 계산도 간단히 완료되었다.

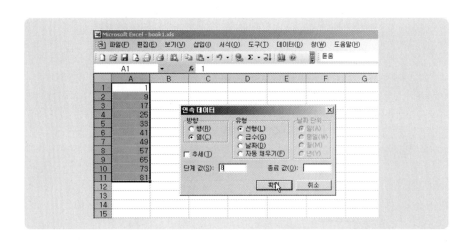

위 그림은 연속 데이터 채우기의 또 다른 예로 일정하게 8씩 증가되는 선형 증가를 보여준다.

3.6 화면 조절 기능

01 전체 화면 기능

[보기] → [전체 화면]을 클릭하면

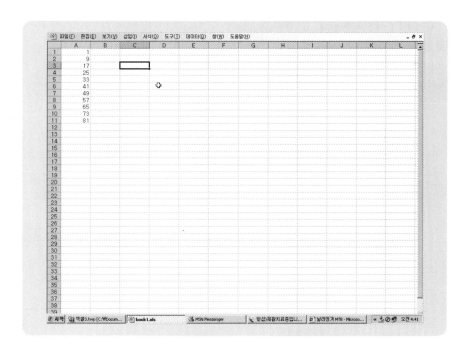

엑셀 파일 전체 화면 보기가 된다. 해지하려면 **[보기]** → **[전체 화면]**을
다시 클릭한다.

02 화면 확대/축소 기능

[보기] → **[확대/축소]**를 선택하면 위와 같은 메뉴가 나오며 원하는 크기
로 볼 수 있게 만들어 준다.

위 그림은 200% 확대 화면이다.

03 창 기능

동시에 여러 개의 시트를 한 화면에 나타나게 할 경우를 대비한 기능
으로 다양한 스타일로 여러 시트를 볼 수 있게 만들어준다.

[**창**] → [**새 창**]을 눌러보면 새로운 창이 생성되는데 일반적으로 바로 보
이지 않으므로

[**창 복원**] 버튼을 누른다.

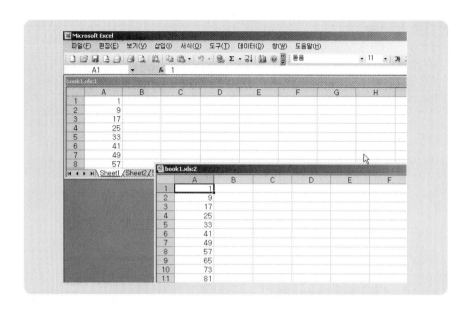

그러면 두 개의 창이 화면에 나타날 것이다.

이때 [창] → [정렬]을 누르면 다음과 같은 대화창이 뜨는데, 각각의 옵션에 따라 보이는 모습이 다르게 된다.

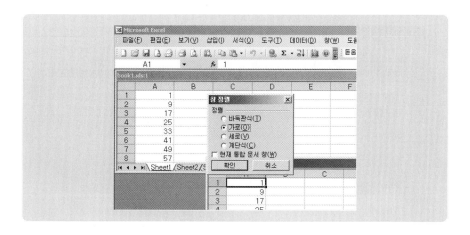

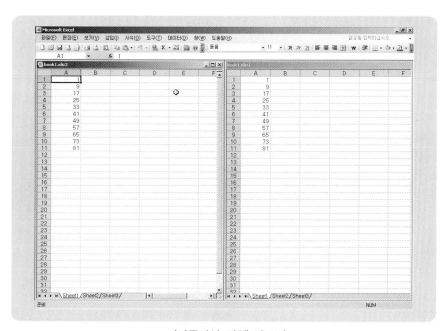

〈바둑판식 정렬〉의 모습

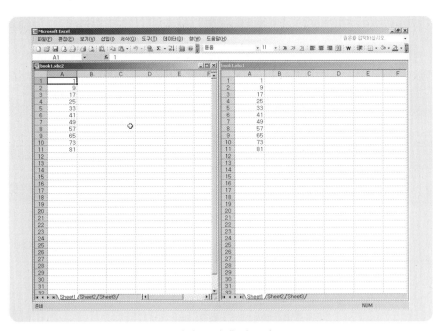

〈가로 정렬〉의 모습

〈세로 정렬〉의 모습

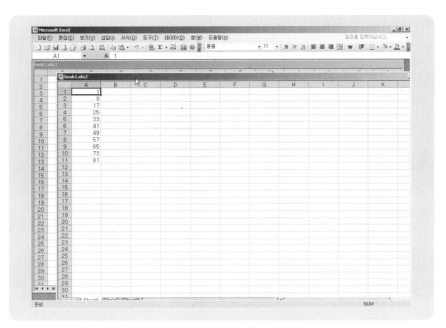

〈계단식 정렬〉의 모습

04 틀 고정 기능

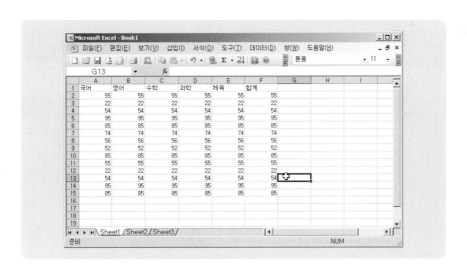

위 그림과 같은 입력 상황이 있다고 가정해 보자. 각 과목의 성적을

계속 아래로 입력해 나가면

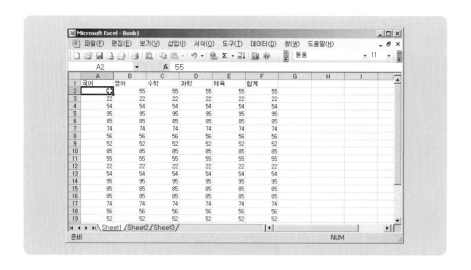

결국 맨 윗줄 항목을 입력해 놓은 줄이 사라져 버려서 입력하면서 무슨 데이터를 입력하는지 알 수가 없게 된다.

'틀 고정 기능'이란 이런 경우에 유용하게 사용할 수 있는 기능이다.

먼저 스크롤해도 계속 보이길 원하는 맨 첫 번째 줄 '국어, 영어, 수

학, …'의 바로 아래 줄에서 아무 셀이나 선택을 한다. 그림에서는 A2셀
이 선택되었다.

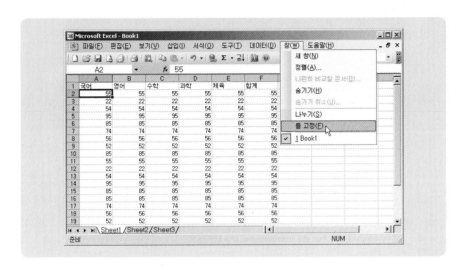

이 상태에서 **[창] → [틀 고정]** 메뉴를 선택한다.

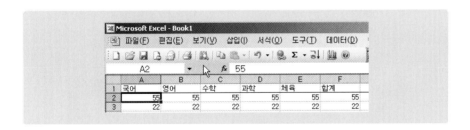

그러면 위 그림과 같이 맨 첫 줄 바로 아래의 라인이 진한 색으로 바
뀌는 것을 볼 수 있을 것이다. 이제 스크롤바를 아래로 내려보면

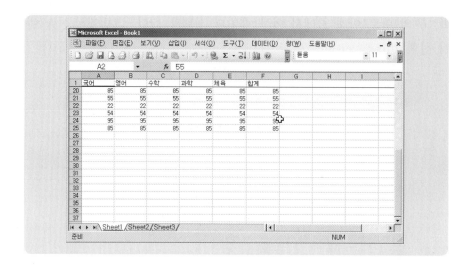

맨 첫 번째 줄은 계속 그대로 남아 있어서 입력할 때 항목을 보면서
할 수 있게 되어 매우 편리하다.

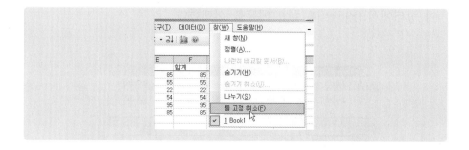

틀 고정 기능을 취소하려면 **[창] → [틀 고정 취소]**를 누르면 된다.

3.7 열과 행에 관한 기능들

엑셀의 가장 기본적인 편집 단위는 앞에서 말한 대로 '셀'이지만 경우
에 따라서는 '행'과 '열'이 될 수도 있다. 행과 열에 대한 선택과 작업은
행과 열을 선택함으로써 이루어지는데 일단 선택이 된 행이나 열에 대해
셀에서 했던 작업을 모두 수행할 수 있어 무척 편리하다.

01 행과 열의 선택

마우스 커서를 시트의 열을 표시하는 'A, B, C, …' 부분에 위치시키면 커서가 아래 방향 화살표로 변한다.

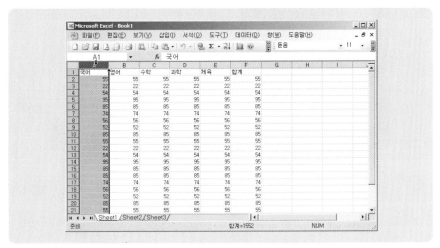

위 그림과 같이 커서가 아래 화살표로 변했을 때 그대로 클릭하면

그림과 같이 A에 해당하는 한 줄 전체가 선택된다.

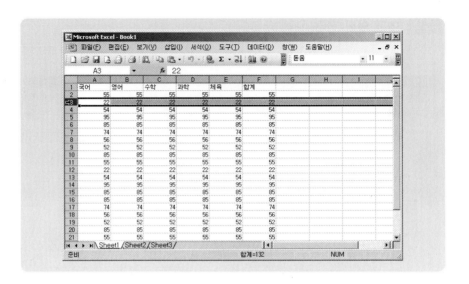

행에 대한 선택도 마찬가지로 이루어진다.

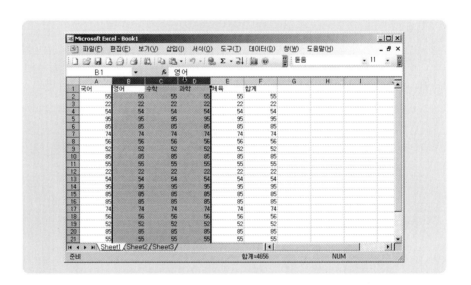

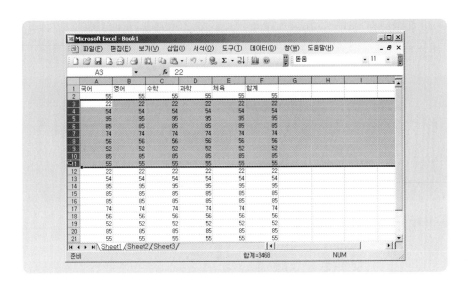

행이나 열을 선택할 때 마우스로 드래그하면 위 그림처럼 여러 개의 행이나 열을 선택할 수 있게 된다.

이번엔 〈Ctrl〉을 사용해서 행과 열을 선택해 보자.

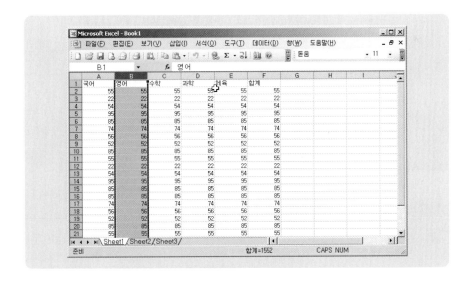

먼저 B행을 선택한 후 〈Ctrl〉을 누른 채로 D행을 선택하면 그림과 같이 선택된다.

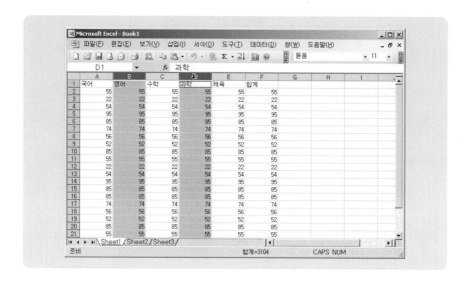

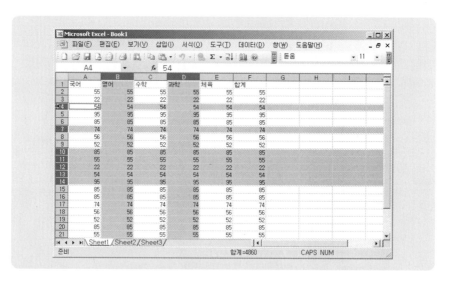

따라서 〈Ctrl〉과 함께 행과 열을 선택하면 위 그림과 같이 자유롭게 행과 열을 동시에 선택할 수 있게 된다.

02 행과 줄에 대한 편집

앞에서 셀에 대해 복사하기, 붙이기, 잘라내기, 지우기 등의 기능을
이미 수행해 본 적이 있다. 행과 줄에 대한 작업도 셀에서 했던 것과 똑
같은 방법으로 하면 된다. 단 선택된 부분이 셀이 아니라 좀 더 큰 단위
인 행과 열이 되므로 이들이 옮겨질 위치에서만 조심하면 별 문제가 없
을 것이다.

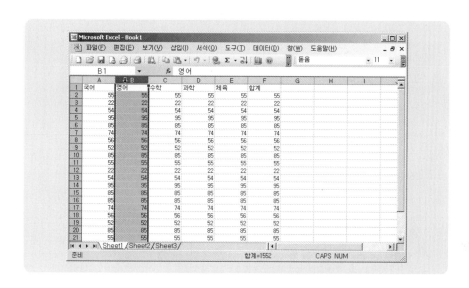

먼저 그림과 같이 영어에 해당하는 B행을 선택한 다음

[편집] → [복사]를 누른다.

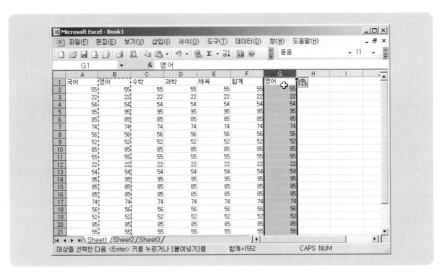

그리고 나서 붙이기를 할 장소인 G1 셀을 선택한다. 마지막으로 **[편집]** → **[붙이기]**를 누르면 작업이 완료된다.

G1에 영어에 대한 데이터들이 행 단위로 복사되어 붙은 것을 알 수 있다.

03 행과 열의 크기 조절

위와 같이 길이가 긴 데이터를 셀에 입력하면 데이터 내용이 셀 바깥
쪽으로 튀어나오게 된다. 사실 이렇게 튀어나온다 해도 엑셀의 데이터
저장이나 편집 기능이 실행될 때는 아무 이상이 없지만 보기에 좋지 않
고 사용자가 볼 때 데이터가 혼동될 수도 있다.

따라서 이런 경우에는 행과 열의 크기를 조절해서 깔끔하게 표시할
필요가 있다.

마우스 커서를 A행과 B행을 구분지은 사이에 위치시키면 위의 그림처
럼 변하게 된다.

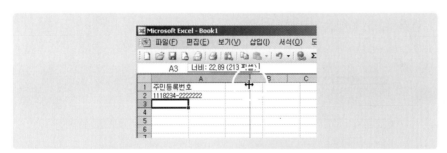

이때 마우스 왼쪽 버튼을 누른 채로 드래그하면 셀의 크기가 변경되고

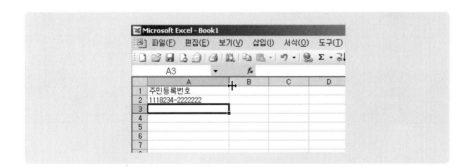

그림처럼 A행의 크기가 원하는 크기만큼 커진다.

이번엔 행과 열을 동시에 여러 개 선택한 채로 크기를 변경해 보자.

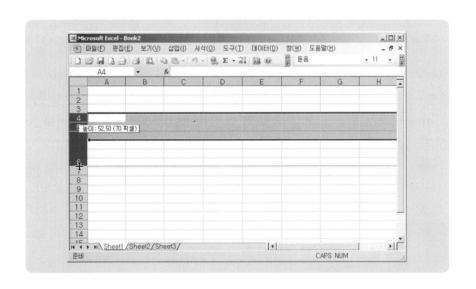

먼저 4, 5, 6행을 선택한 다음

6행과 7행의 사이를 잡아 아래로 늘이면

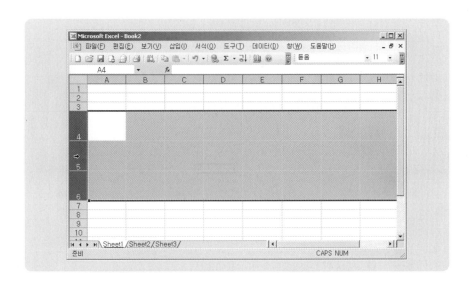

위 그림과 같이 3개의 행의 크기가 동시에 늘어난 것을 볼 수 있다.

03 행과 열의 자동 크기 조정 기능

마우스로 원하는 크기대로 셀의 크기, 즉 행과 열의 크기를 조절하는 기능에 대해서 언급했다. 그런데 일일이 이러한 것들을 손으로 직접 할 경우 시트의 형식이 복잡하다면 매우 번거로운 일이 아닐 수 없을 것이다.

엑셀에서는 입력된 셀의 데이터 크기에 맞게 자동으로 행과 열의 간격을 맞춰주는 기능이 있는데 이를 '자동 크기 조정 기능'이라 한다.

이 기능도 모든 자동 기능이 그렇듯 모든 상황에서 만능은 아니다. 예를 들어 하나의 특정 셀만 데이터의 내용이 길거나 할 때는 그 셀의 크기에 맞춰서 전체 행이나 열의 크기가 바뀌어 버리기 때문에 오히려 이런 경우는 사용하지 않는 것이 좋다.

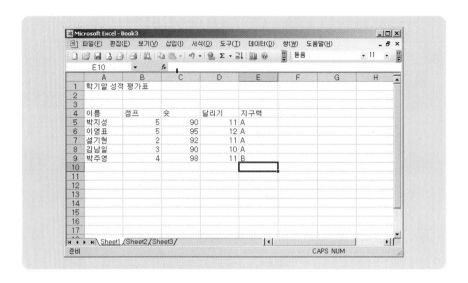

위와 같은 데이터 입력 시트가 있다고 하자.

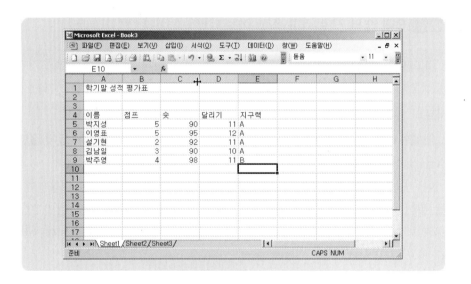

숫과 달리기 사이, 즉 C열과 D열의 사이에 마우스 커서를 위치시켜 그림과 같은 모양이 되게 한 후 더블클릭을 하면,

숯에 관한 행의 크기가 데이터 크기에 맞게 자동으로 조절된 것을 볼
수 있다.

다른 행에 대해서도 시도해 보자.

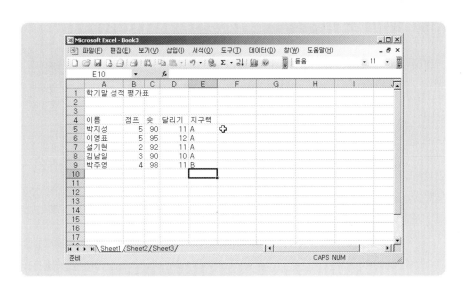

점프, 숯, 달리기, 지구력에 대해 자동 크기 조절을 적용한 장면이다.
그런데 이런 경우를 한번 생각해 보자.

A열과 B열의 사이에서 자동 크기 조절을 위해 더블클릭을 하면

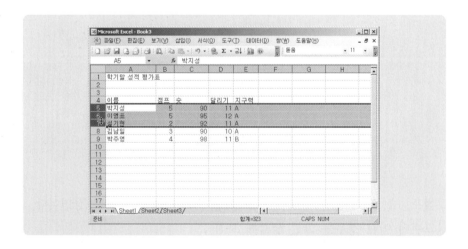

그림처럼 A행이 무척 크게 변한다. 왜냐하면 A1셀의 데이터 값이 '학
기말 성적 평가표'로 너무 길기 때문이다.

이것 때문에 원치 않은 결과를 가져온다면 A행에 대해서는 자동 조정
기능을 사용하지 말아야 할 것이다.

04 행과 열 숨기기

데이터를 일목요연하게 보기 위해서 시트에서 일부 데이터를 잠시 동
안 보이지 않게 해야 할 경우가 발생할 수 있을 것이다.

다음과 같이 해외파 선수들인 박지성, 이영표, 설기현의 데이터를 잠시 숨겨 국내 선수들의 데이터만 주목해서 보려고 한다고 가정하자. 먼저 그림처럼 5, 6, 7행을 선택한다.

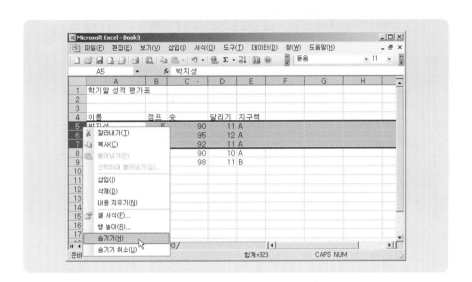

그 다음 마우스 오른쪽 버튼을 눌러서 나타나는 메뉴 중 **[숨기기]**를 선택한다.

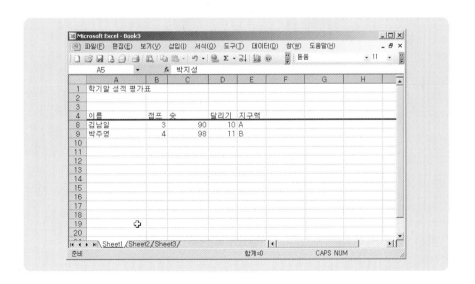

그러면 그림에서처럼 5, 6, 7행이 사라진다. 그 대신 숨기기가 적용된 것을 표시하는 굵은 선이 4행과 8행 사이에 나타나게 된다.

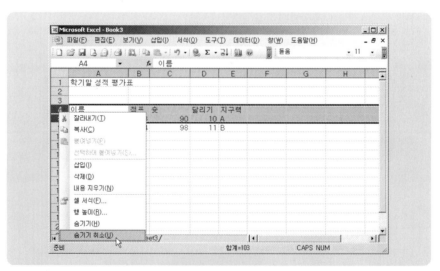

숨기기 취소를 할 때는 먼저 숨기기가 적용된 앞, 뒤의 행을 모두 선택한 후

마우스 오른쪽 버튼을 눌러서 [숨기기 취소]를 선택한다.

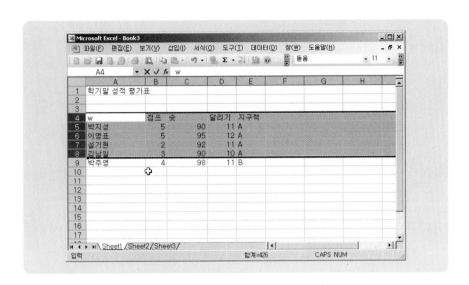

 그러면 원래의 모습대로 데이터들이 다시 나타난다.

 데이터 숨기기 기능은 데이터를 실제로 지우는 것이 아니라 잠시 동안 안보이게 감추는 것 뿐이라는 사실을 기억해 두자.

05 행과 열의 삽입 / 삭제

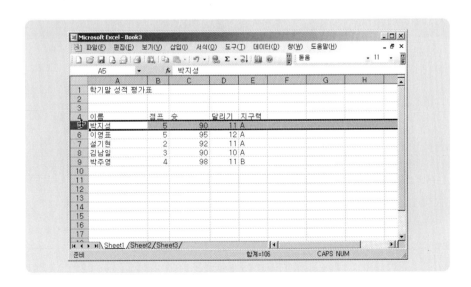

4번 행과 5번 행 사이에 새로운 줄을 추가하고 싶을 때는 먼저 5번 행을 그림과 같이 선택한다.

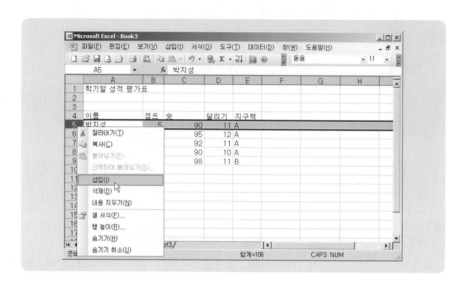

마우스 오른쪽 버튼을 눌러서 **[삽입]**을 선택한다.

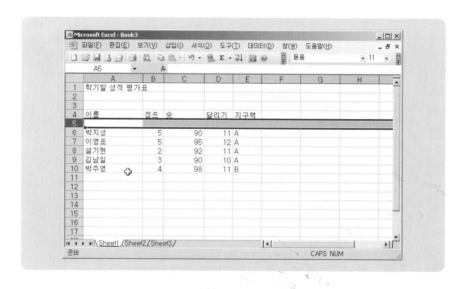

그러면 그림과 같이 데이터들이 아래로 밀려나며 새로운 행이 추가된다.

열에 대해서도 마찬가지로 실행한다.

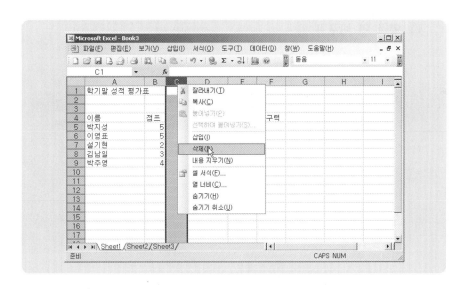

행과 열을 삭제할 때는 원하는 행이나 열을 먼저 선택한 후 마우스
오른쪽 버튼을 눌러 나오는 메뉴에서 **[삭제]**를 선택하면 된다.

그림과 같이 데이터들이 왼쪽으로 밀려나면서 한 열이 삭제되었다.
행에 대한 작업도 역시 같은 방법으로 이루어진다.

06 행과 열 바꾸기

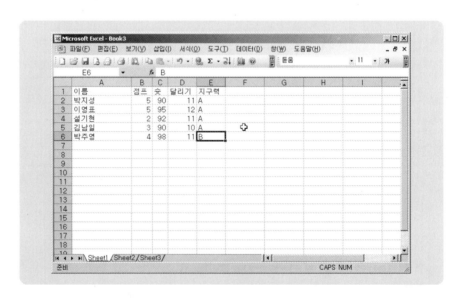

위와 같은 시트가 있을 때 행은 선수들의 이름을 나타내고 열은 선수
들이 가진 능력들 즉 점프, 숏, 달리기, 지구력이 나타난다.

만약 행과 열을 바꾸어 보기를 원한다면 어떻게 해야 할까.

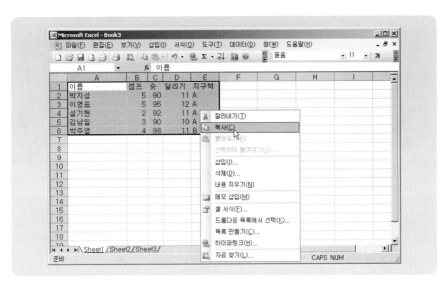

먼저 행과 열을 바꿀 부분 전체를 선택하고 마우스 오른쪽 버튼을 눌러 [복사]한다.

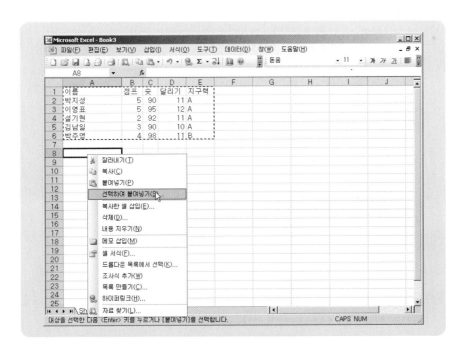

그 다음 붙이기할 위치인 A8셀을 선택하고 마우스 오른쪽 버튼을 눌러 메뉴를 나타나게 한 다음 **[선택하여 붙여넣기]**를 누른다.

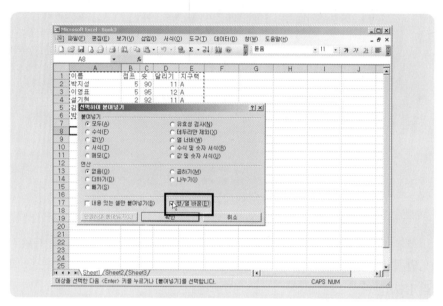

그러면 그림과 같은 대화상자가 나타난다. 이때 '행/열 바꿈' 옵션을 선택하고 **[확인]** 버튼을 누른다.

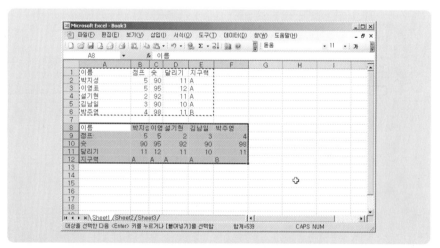

그러면 행과 열이 바뀐 데이터가 붙여넣기 된다.

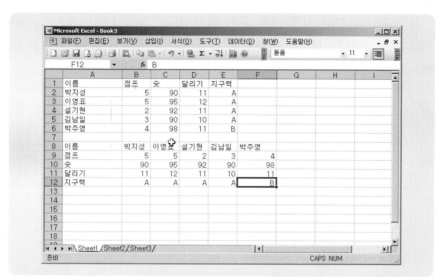

행과 열의 간격을 조절해서 보기 좋게 하면 완성된다.

이 과정 중에 사용된 [선택하여 붙여넣기]의 의미는 단순히 셀들이 가진 데이터를 붙여넣기 하는 상황이 아니고 데이터 이외의 여러 가지 서식, 수식, 제어 값 등을 선택적으로 붙여넣기 할 때 사용되는 메뉴이다. 일반적인 붙여넣기를 하면 이 모든 값들이 한꺼번에 붙여넣기가 된다.

3.8 워크시트 작업

엑셀에서는 여러 개의 워크시트를 동시에 열어 놓고 작업할 수 있다. 이들 워크시트는 언제든지 삽입, 삭제가 가능하고 시트 간의 전환도 가능하다.

01 워크시트의 삽입 / 삭제

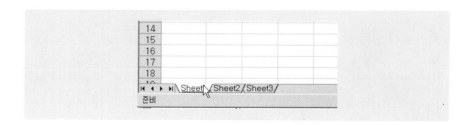

시트 아래를 보면 시트 이름 표시 탭이 있다. Sheet1, Sheet2, Sheet3
으로 모두 3개의 시트가 준비 중인 것을 알 수 있다. 시트의 삽입과 삭
제는 무척 간단하다.

시트 위에서 마우스 오른쪽 버튼을 누르면 그림과 같은 메뉴가 나타
나는데 여기서 삽입 / 삭제 등의 모든 기능을 실행할 수 있다. 먼저 삽입
을 선택하면

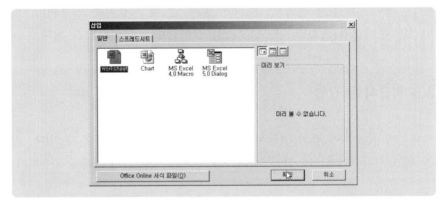

그림과 같은 대화 상자가 나타나는데 여기서 Worksheet를 고르고 [확
인] 버튼을 누르면

그림과 같이 Sheet4가 새로 생긴 것을 볼 수 있을 것이다.

삭제할 때는 메뉴에서 '삭제'를 누르면 된다.

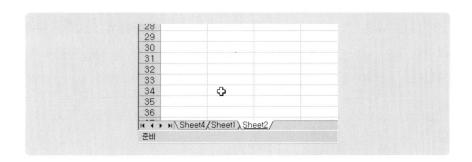

Sheet4는 삽입되고 Sheet3은 삭제된 모습을 볼 수 있다.

02 워크시트의 이동과 이름 바꾸기

먼저 Sheet4를 마우스 왼쪽 버튼을 누른 채

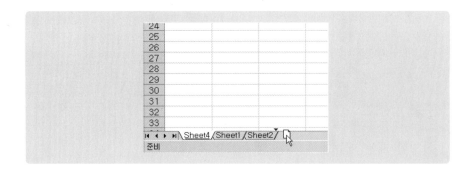

Sheet2 다음 위치로 이동시키면 조그만 검은 화살표가 Sheet2 뒤에 그림과 같이 나타나게 된다. 이때 마우스 왼쪽 버튼을 놓으면 이동이 완료된다.

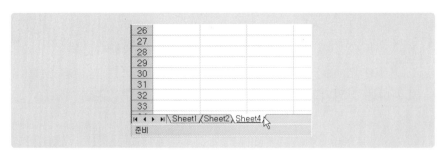

Sheet4가 이동 완료되었다.

이제 Sheet1의 이름을 바꿔 보자. Sheet1을 선택한 후 마우스 오른쪽
버튼을 눌러서 메뉴를 호출한다. 그리고 [이름 바꾸기]를 클릭한다.

그러면 이름을 바꿀 수 있게 된다.

서식과 꾸미기

앞장에서 엑셀의 기본적인 사용법과 어떤 식으로 데이터를 입력하고 관리하는지 알았을 것이다. 엑셀의 셀과 시트에는 아주 많고 복잡한 데이터들이 일종의 표 형식으로 들어가게 되어 있고, 보는 사람들이 필요한 정보를 편하고 쉽게 볼 수 있도록 하는 것이 중요하다. 이를 위해서 엑셀은 색상, 글자 크기, 정렬, 셀의 모양 등 여러 가지 서식과 꾸미기 기능을 지원한다.

4.1 서식 도구 모음

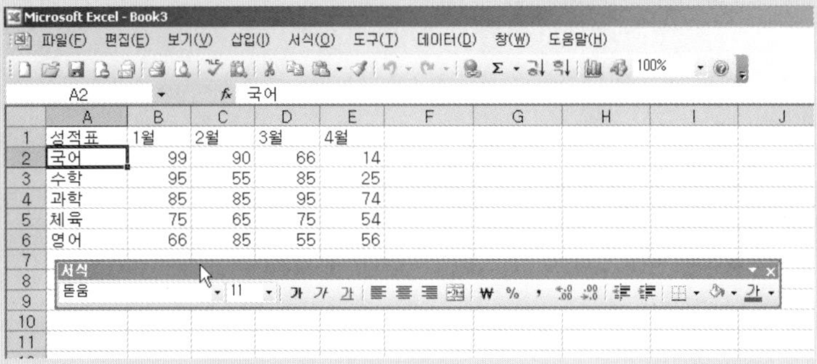

서식 도구 모음은 그림과 같이 마우스로 드래그하면 따로 떨어져 나오기도 한다. 이제부터 서식 도구 모음의 각 기능과 실행 장면을 차례로 살펴보기로 한다.

01 글꼴 변경

셀을 선택한 후 원하는 글꼴을 선택하면 해당 글꼴로 변경된다.

02 폰트 크기 변경

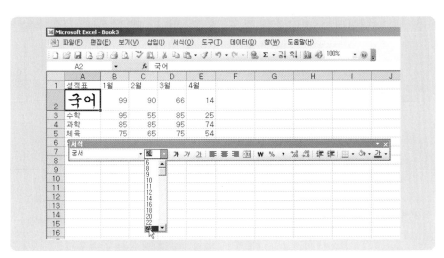

폰트 크기를 마음대로 변경할 수 있다.

03 굵게/기울임/밑줄

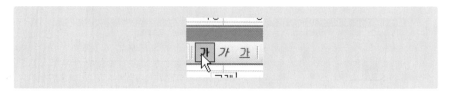

셀 내의 글자들에 굵게, 기울임, 밑줄 등의 효과를 줄 수 있다.

04 정렬 기능

차례대로 왼쪽, 가운데, 오른쪽 정렬을 의미한다.

셀 내부 데이터가 정렬되는 것을 볼 수 있다. 맨 위부터 좌로 정렬, 가운데 정렬, 우로 정렬된 모습을 보여주고 있다.

05 병합 버튼

여러 개의 셀 내용을 하나로 병합한 후 가운데 정렬을 시켜주는 버튼이다.

예를 들어 B1부터 E1까지의 셀을 모두 선택한 후 병합 버튼을 누르면 다음과 같이 하나의 셀로 통합되면서 가운데 정렬이 된다.

06 통화, 퍼센트, 쉼표 양식

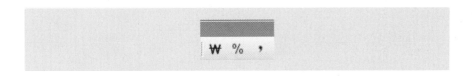

이 버튼은 셀의 내용을 통화, 퍼센트 그리고 3자리 수마다 쉼표를 찍는 형식으로 보여준다.

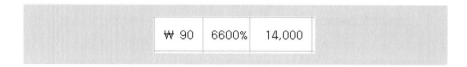

왼쪽부터 통화, 퍼센트, 쉼표 양식으로 변환된 셀의 모습이다.

07 **자리늘임/줄임**

　숫자로 표현된 셀에서 데이터의 소수점 자릿수를 늘이거나 줄이는 역할을 한다.

08 **들여 쓰기 / 내어 쓰기**

셀 데이터들을 들여 쓰거나 내어 쓰는 기능을 한다.

09 **테두리 기능**

지정된 셀의 테두리를 그리는 역할을 한다. 사실 시트 상에 표시된 줄들은 인쇄하면 나타나지 않는 가상의 라인들이다. 따라서 실제로 라인이나 테두리가 필요하면 테두리 기능을 써서 그려줘야만 한다.

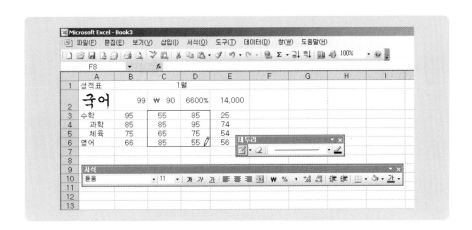

[테두리 그리기]라는 메뉴를 선택하면 그림처럼 '테두리'라는 창이 새로생기고 마우스 커서는 연필 모양으로 변한다.

이때 연필로 자연스럽게 테두리가 될 곳을 그리듯이 지정해 주면 테두리가 완성된다.

편리한 기능이니 기억해 두도록 하자.

10 색상 변환 기능

이 두 개의 버튼은 배경색과 글자색을 변환하는 버튼이다.

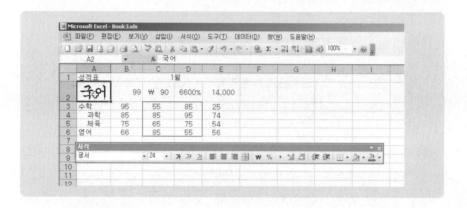

먼저 원하는 셀을 선택하고

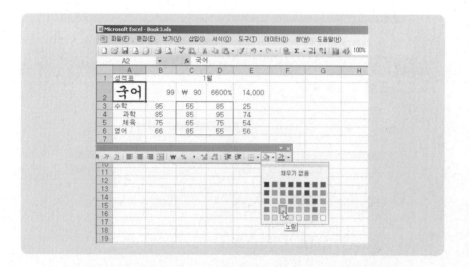

색 채우기 버튼을 누르면 그림과 같이 다양한 색상이 표시되고 여기
서 원하는 색상을 누르면

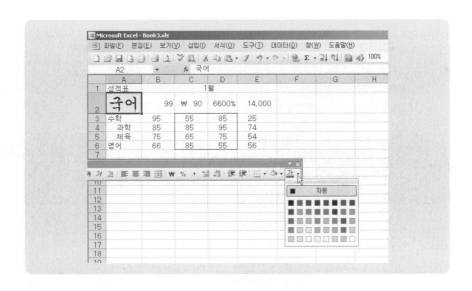

셀에 색 채우기가 완료된다.

같은 요령으로 글자색을 바꿀 수도 있다.
이러한 작업들은 물론 여러 개의 셀을 대상으로 동시에 적용시킬 수
있다.

4.2 셀 서식

셀 서식은 셀 서식 대화상자를 통해 변경할 수 있는데 여기서는 셀의
거의 모든 형태와 양식을 정할 수 있어서 매우 편리하다. 셀 서식 대화
상자를 호출하는 방법은

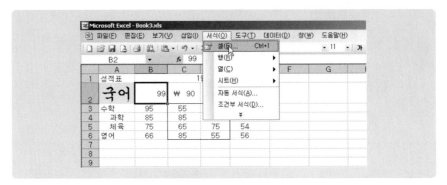

메뉴에서 [서식] → [셀]을 선택하거나

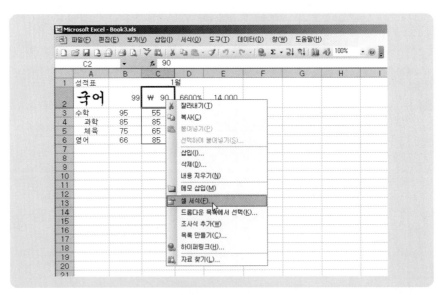

변경하고자 하는 셀을 선택한 후 마우스 오른쪽 버튼을 눌러서 [셀 서
식]을 선택해도 된다.

01 표시 형식

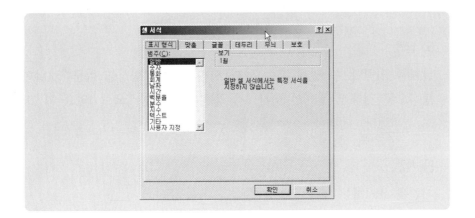

셀 서식 대화상자의 표시 형식 탭에는 해당 셀의 데이터를 어떻게 표시할 지를 결정하는 항목들이 있다. 각 항목의 의미는 다음과 같다.

1) 일반

가장 일반적인 서식으로 입력되는 데이터의 형태에 따라 셀 형식을 엑셀이 정한다. 사용자가 아무것도 지정하지 않으면 엑셀은 모든 셀을 일단이 일반 형식으로 본다.

2) 숫자

셀을 숫자 형식으로 바꾼다. 이렇게 되면 셀에 입력되는 숫자들은 말그대로 '숫자'로서 존재하게 된다. 예를 들어 001을 입력하면 이것은 수치적으로 1과 같은 의미이기 때문에 화면에는 1만 나타나게 된다.

3) 통화

입력되는 숫자 앞에 ₩이 들어가고 세 자리 수마다 콤마(,)가 들어가는 식의 화폐 계산을 위한 서식으로 표시된다.

4) 회계

여러 가지 화폐 단위를 사용할 수 있도록 숫자 앞에 기호를 붙여준다.

5) 날짜

날짜를 입력할 수 있게 혹은 날짜 서식으로 셀 형식을 바꾼다. 날짜 형식으로 정해진 셀에서 숫자 1을 입력하면 자동적으로 1900-01-01 로 입력된다.

6) 시간

시간을 표시하는 형식으로 셀 형식을 바꿔 준다.

7) 백분율

셀을 백분율 단위로 표시해 준다. 예를 들어 0.45로 입력하면 셀에서 는 45%라고 표시된다.

8) 분수

분수로 표시해 준다. 0.5를 입력하면 자동으로 1/2로 분수 표시로 바 꿔준다.

9) 지수 표시

지수 표시로 셀을 표시한다. 3을 입력하면 3.E+00로 표시한다.

10) 텍스트

일반 문자 형식으로 지정한다.

11) 기타

전화번호, 우편번호, 주민등록번호 등의 형식이 정해져 있다.

12) 사용자 지정

사용자가 직접 형식을 만들어 사용할 수 있게 해준다.

02 맞춤 탭

맞춤 탭에는 셀 내에서 데이터가 어떤 모양으로 표시되게 해주는지 그 모양에 관한 기능들이 있다.

맨 처음에 있는 '텍스트 맞춤'은 셀 내부 텍스트의 위치를 조정한다.

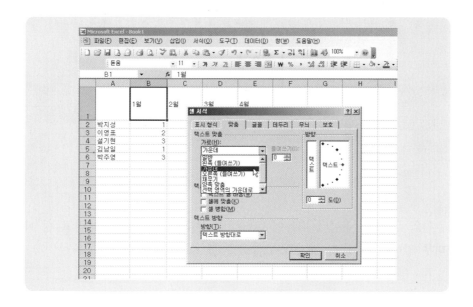

예를 들어 위 그림같이 B1셀이 있을 때, 맞춤 탭에서 **[텍스트 맞춤]**의 **[가로]**를 가운데로 선택하면

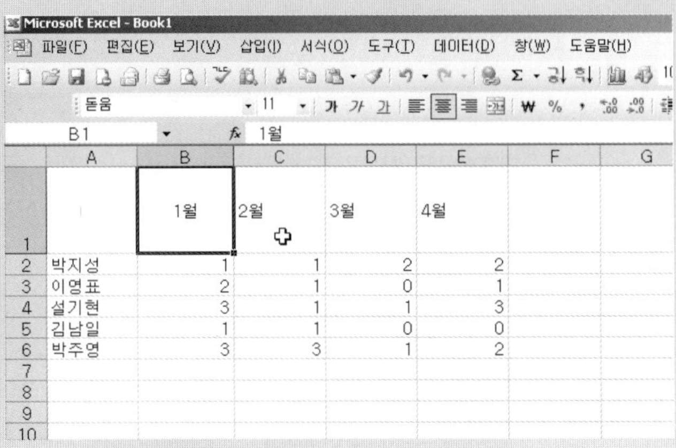

'1월'이라는 B1셀의 내용이 가운데로 정렬되는 것을 볼 수 있을 것이다.

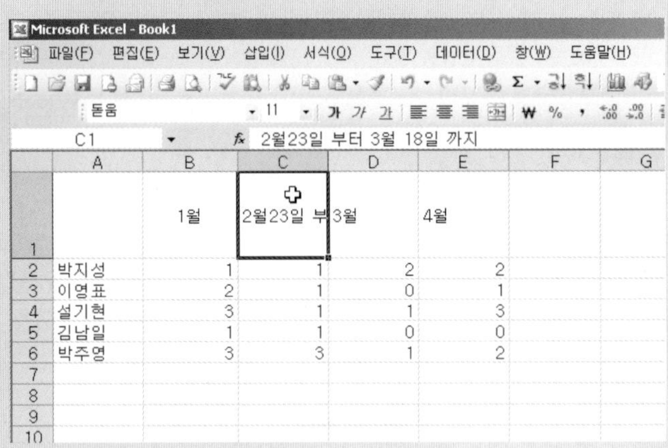

만약 C1셀의 데이터 내용이 '2월23일 부터 3월 18일 까지'라고 할 때 너무 길어서 셀에 다 표시되지 않음을 볼 수 있을 것이다.

이럴 때 맞춤 탭의 [텍스트 조정]에 있는 [텍스트 줄 바꿈] 항목을 체크한 후 [확인] 버튼을 누르면

C1셀의 내용이 자동으로 줄이 바뀌어 들어가는 것을 볼 수 있다.

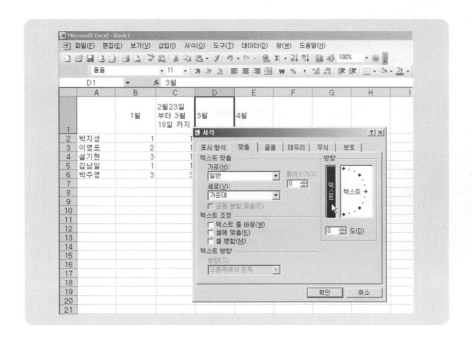

그림과 같이 D1셀을 선택한 후 맞춤 탭에서 **[방향]**의 **[텍스트]** 부분을 클릭하면 그 부분이 검은 색으로 바뀌는데 이때 **[확인]** 버튼을 누르면

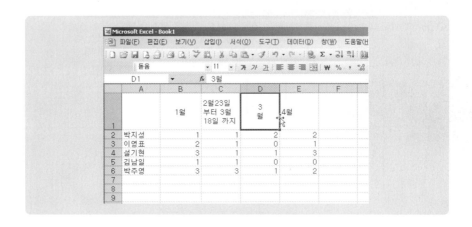

D1셀의 값이 세로로 입력된 것을 볼 수 있다.

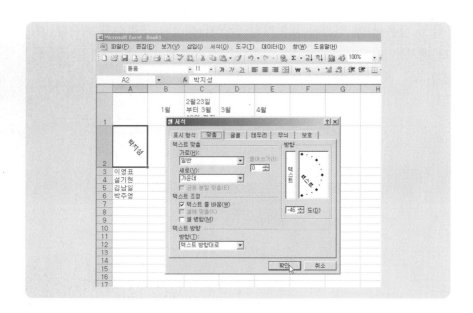

또한 그림과 같이 텍스트의 각도를 조절할 수도 있다.

03 글꼴 탭

글꼴 탭은 셀에 입력된 데이터의 글꼴과 색상을 조절하게 해준다. 위 그림에서는 B1부터 E1까지의 셀을 글꼴 '돋움체', 글꼴 스타일 '굵게', 크기 '15', 색상은 '분홍색'으로 지정하는 장면을 보여준다.

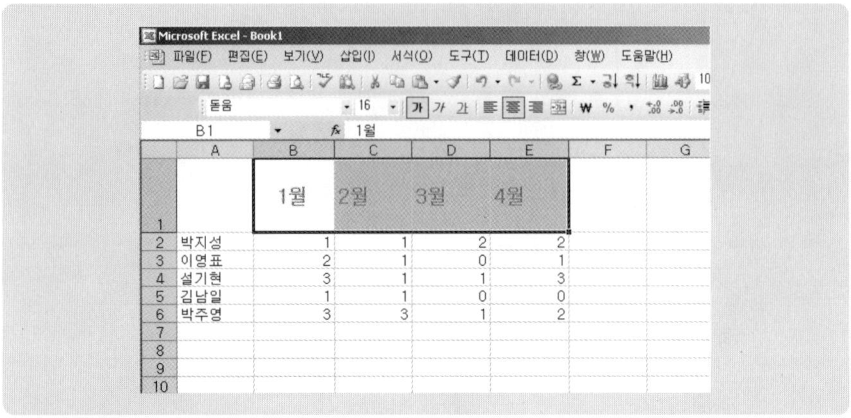

글꼴 변경이 완료된 모습이다.

04 테두리 탭

앞에서 언급한대로 엑셀의 차트에 나타나는 흐린 선들은 실제로는 존재하지 않는 선들이다. 따라서 인쇄를 하면 아무 구분선 없이 데이터만 출력된다.

데이터를 알아보기 쉽게 하기 위해 필요에 따라서 항목에 테두리나 선을 그을 필요가 있는데 이때 사용되는 것이 '테두리 탭'이다.

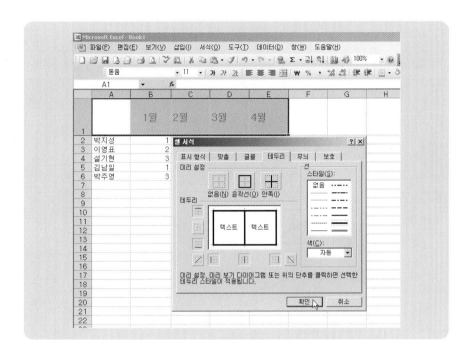

위 그림은 A1부터 E1까지의 셀에 테두리를 지정하는 장면이다. 선의 스타일을 먼저 정해주고 '윤곽선' 버튼과 '안쪽' 버튼을 눌러서 [확인] 버튼을 누르면

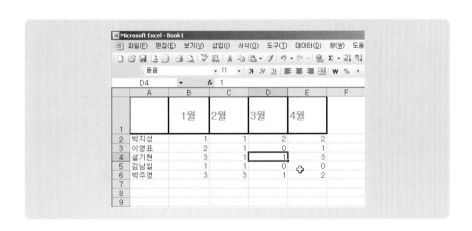

테두리가 선명하게 만들어지는 것을 볼 수 있다.

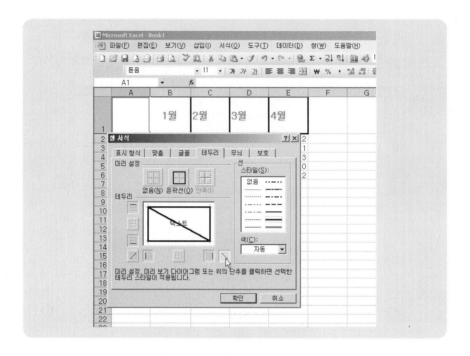

또한 그림과 같이 대각선을 만들 수도 있다.

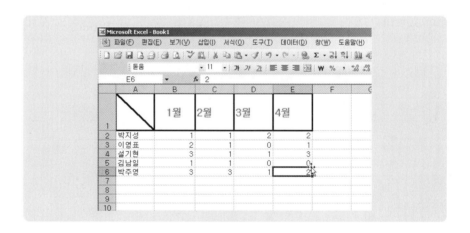

대각선이 만들어진 모습이다.

05 무늬 탭

무늬 탭에서 할 수 있는 일은 셀들의 색상을 바꾸거나 또는 텍스쳐(Texture)를 넣는 일이다. 텍스쳐란 일정한 무늬를 말하는 것으로 컬러 프린터를 사용하지 않는 경우 셀에 효과를 주어 강조하기 좋다.

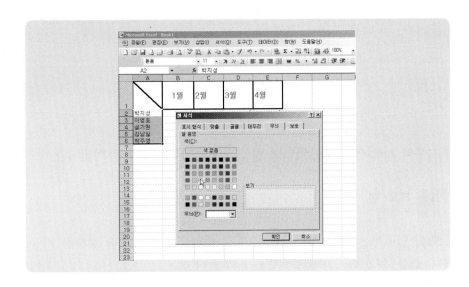

무늬 탭으로 셀에 색상을 지정하는 화면이다.

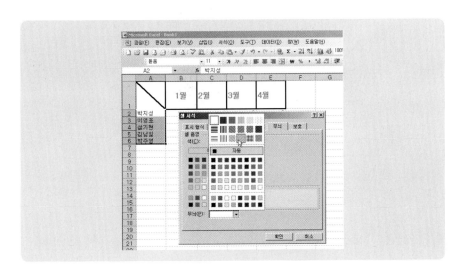

텍스쳐를 넣을 경우 **[무늬]** 항목의 리스트 박스를 클릭하면 그림과 같이 다양한 무늬와 색상표가 나타난다. 원하는 것을 선택한 후 **[확인]** 버튼을 누른다.

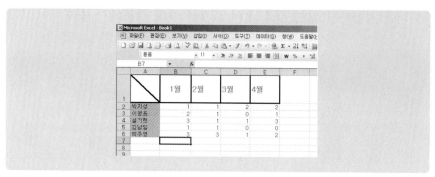

A1부터 A6셀까지 노란색으로 빗살무늬 텍스쳐가 들어간 화면이다.

06 보호 탭

보호 탭에서는 특정 셀들을 변경하지 못하도록 잠그거나 감추는 기능을 수행할 수 있다. 먼저 보호탭을 살펴보면

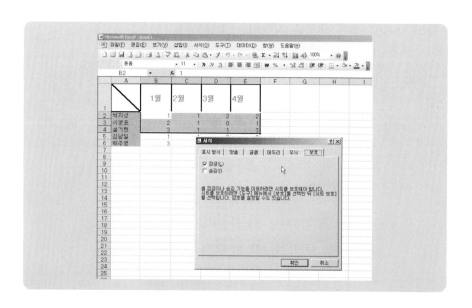

그림과 같이 '잠금이나 숨김 기능을 이용하려면 시트를 보호해야 한다'라는 문구를 볼 수 있다. 일단 **[확인]** 버튼을 누른 다음 지시대로 시트 보호를 수행해 보자.

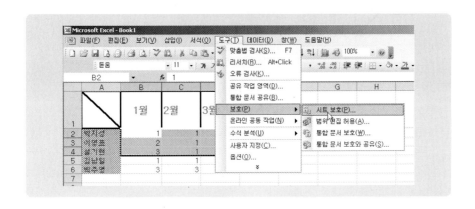

[도구] → [보호] → [시트 보호]를 선택하면

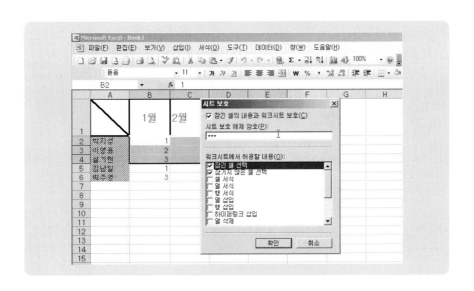

그림과 같이 보호할 항목들이 나오는데 여기서는 그대로 두고 **[시트 보호 해제 암호]**만 입력한다. 예를 들어 암호는 '111'로 입력해 보자.

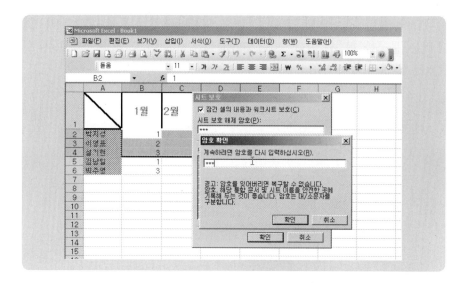

다시 한 번 암호를 확인하는 창이 나오면 역시 '111'을 입력한다.

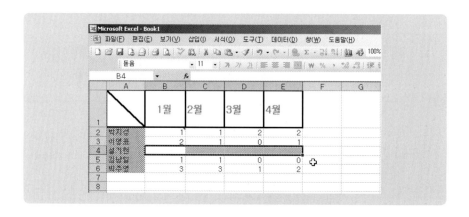

이제 B1셀부터 E1셀까지를 선택하여 〈Del〉로 지워 보자. 그림과 같이 정상적으로 지워진다.

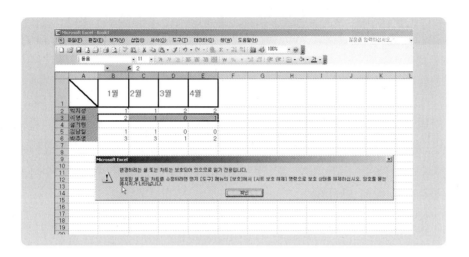

그러나 보호를 해놨던 B3부터 E3셀을 지우려고 시도하자 바로 경고 창이 뜨면서 삭제를 못하게 되는데, 이는 셀들이 잠긴 상태이기 때문이다. 이렇게 중요한 셀들의 내용을 의도하지 않은 삭제로부터 보호할 수 있다.

잠금 상태를 해지하려면 메뉴에서 **[도구]** → **[보호]** → **[시트 보호 해제]**를 선택하면 된다.

05

수식과 함수

워크시트에서 계산을 하기 위해 사용하는 것이 수식과 함수이다. 계산을 하기 위해 사용자가 수식을 직접 입력할 수 있고, 엑셀에서 제공하는 함수를 이용할 수도 있다. 본 장에서는 엑셀에서 이용할 수 있는 수식과 함수들에 대해 알아본다.

5.1 수식 만들기

수식은 '=', 숫자, 셀 주소, 함수, 연산자, 괄호, 특정 부호($, ₩) 등으로 구성되며, 각 요소를 가지고 수식을 구성할 수 있다.

수식을 작성할 경우 원하는 셀을 선택한 다음 직접 [=]을 입력한다. 수식 계산에는 상수를 이용한 계산, 셀 주소와 상수를 이용한 계산 등이 있다.

01 상수를 이용한 계산

① [90-50]을 계산해 보자.

A1셀에 [=90-50]을 입력한다.

② A1셀에서 〈Enter〉를 치면 계산된 결과가 화면에 나타난다.

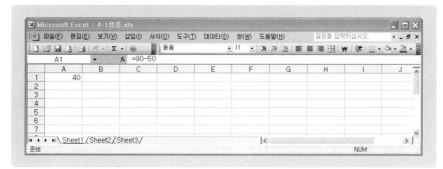

02 **셀 주소와 상수를 이용한 계산**

A2셀에 있는 값(20)과 B2셀에 있는 값(2)을 상수 값(10)과 계산해 보자.

① [A2셀에 20 입력] → [B2셀에 2 입력] → [C2셀에 =A2/B2*10 입력]한다.

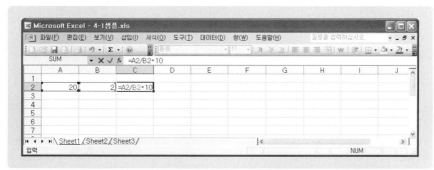

② C2셀에서 〈Enter〉를 치면 계산된 값이 화면에 나타난다.

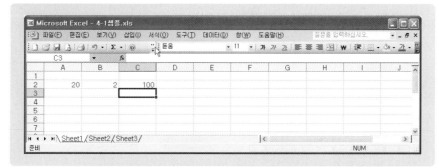

5.2 연산자의 종류 및 우선순위

연산자에는 계산을 수행하기 위한 산술 연산자, 비교 및 조건 판단을 하기 위한 비교 연산자 및 문자열을 연결하는 문자열 연산자가 있다.

산술 연산자	의 미	사 용 예
+	더하기	=A1+B1+100
−	빼기	=A1−B1−100
*	곱하기	=A1*B1*100
/	나누기	=(A1+B1)/2
%	백분율	=(A1+B1)*20%
^	지수	=(A1+B1)^3

비교 연산자	의 미	사 용 예
=	같다	A1 = B1
〉	크다	A1 〉 B1
〈	작다	A1 〈 B1
〉=	크거나 같다	A1 〉= B1
〈=	작거나 같다	A1 〈= B1
〈 〉	같지 않다	A1 〈 〉 B1

문자열 연산자	의 미	사 용 예
&	두 개의 문자열을 연결하여 하나의 문자열로 만든다.	'엑셀' & '2003'은 '엑셀2003'으로 연결된다.

엑셀에서 사용하는 연산자의 우선순위는 다음과 같다. 같은 우선순위의 연산자는 왼쪽에서 오른쪽 순서로 적용된다.

① 참조 연산자　　　　　　　　② 괄호
③ 음수(−)　　　　　　　　　　④ 백분율(%)
⑤ 지수(^)　　　　　　　　　　⑥ 곱하기와 나누기(*, /)
⑦ 더하기와 빼기(+, −)　　　　⑧ 연결부호(&)
⑨ 비교 연산자(= 〈 〉 〈= 〉= 〈 〉)

5.3 셀 참조 방식

엑셀의 수식에서 셀을 참조하는 방식에는 상대 참조, 절대 참조, 혼합 참조가 있다.

참조 방식	사용 예	내 용
상대 참조	A7	셀 주소의 열과 행 번호를 모두 상대 참조
절대 참조	B6	셀 주소의 열과 행 번호를 모두 절대 참조
혼합 참조	$C5	셀 주소의 열은 절대 참조, 행은 상대 참조
	D$9	셀 주소의 열은 상대 참조, 행은 절대 참조

01 상대 참조

수식이 입력된 셀을 기준으로 다른 셀의 위치를 지정하는 참조 형태이다. 상대 참조 수식이 입력된 셀을 복사하면 셀의 주소는 복사된 위치에 맞추어 변한다.

상대 참조로 수식을 입력하고, 이 셀을 복사하여 복사된 상대 참조 수식이 어떻게 변화되었는지 알아보자.

① D2번지에 수식 [=B2+C2]를 입력한다.

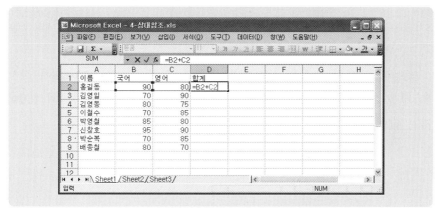

② D2셀에서 〈Enter〉를 치면 계산된 성적이 화면에 나타난다.

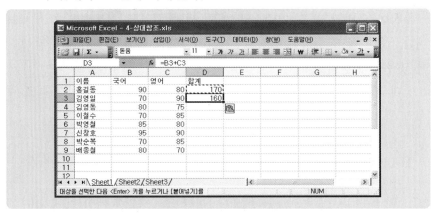

③ D2셀의 내용을 D3셀로 복사한다. 상대 참조에 의해 '김영일'의 성
   적 합계가 D3셀에 나타난다.

D3셀에 복사된 수식을 살펴보면 상대 참조 방식으로 [=B3+C3]가 복사
된 것을 알 수 있다. D3셀에는 이 참조 번지의 수식을 계산하여 160이
라는 값이 나타나게 된다.

④ 채우기 핸들로 셀 [D4:D9]까지 드래그하면 나머지 학생들의 합계가 나타난다.

채우기를 할 때 수식을 복사하면서 번지의 참조가 위치에 따라 의미 있게 변화하여 저장되는 번지를 '상대 번지'라고 하며, 엑셀에서 일반적 으로 나타내는 번지를 의미한다.

02 절대 참조

절대 참조는 수식이 입력된 셀을 다른 셀에 복사하여도 같은 위치를 지정하는 참조 형태이다. 절대 참조 수식이 입력된 셀을 복사하면 셀의 주소는 복사된 위치에 상대 참조처럼 셀 주소가 변하지 않고 그대로 복 사된다.

절대 참조의 번지 표시는 셀 번지 앞에 $를 붙여서 나타낸다. 예를 들면 C11은 상대 참조 번지이고, C11은 절대 참조 번지이다.

학생들의 평균값을 계산해 보자.
① E2셀에 평균값을 구하기 위한 수식 [=D2/C11]을 입력한다. D셀은 상대 참조, C셀은 절대 참조에 의해 계산하게 된다.

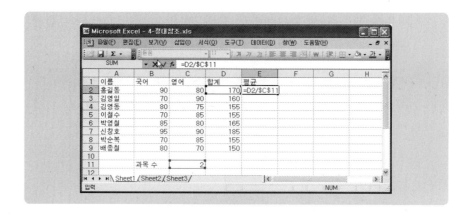

② E2셀에서 〈Enter〉를 치면 계산된 성적이 화면에 나타난다.

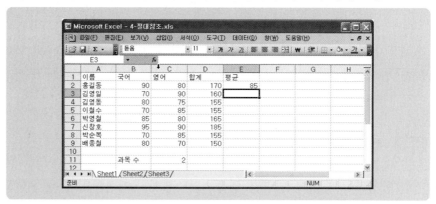

③ E2셀의 내용을 E3셀로 복사한다. 절대 참조에 의해 C11은 변하지 않았고 상대 참조에 의해 D2는 D3로 변경되었음을 알 수 있다.

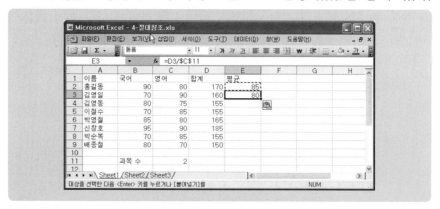

④ 채우기 핸들로 셀 **[E3:E9]**까지 드래그하여도 C11은 변하지 않는다. 수식을 복사하면서 번지의 참조가 변화하지 않고 그대로 복사하여 저장되는 번지를 '절대 번지'라 한다.

03 혼합 참조

상대 참조와 절대 참조를 동시에 갖고 있는 의미의 참조 형태이다.

예를 들어 A1은 상대 참조 번지이고, A1은 절대 참조 번지이며, 혼합 참조는 A$1 또는 $A1의 형태를 의미한다.

혼합 참조의 번지는 다른 셀에 복사될 경우 각각의 특성에 따라 상대 번지는 상대 참조의 형태로, 절대 번지는 절대 참조의 형태로 복사된다.

셀에 이미 입력된 참조 영역을 쉽게 바꿀 경우 〈F4〉를 계속 누르면 상대(A1) → 절대(A1) → 혼합(A$1) → 혼합($A1)의 순서대로 바뀌게 된다.

5.4 함수 마법사

함수는 엑셀에 마련되어 있는 수식으로 복잡한 계산을 함수를 이용하여 간단히 처리할 수 있다. 또한 함수 마법사를 이용하면 쉽게 함수를 사용할 수 있다. 함수 마법사를 이용하여 성적의 합계를 구해보자.

① 합계를 입력할 셀을 클릭한 후 함수 마법사 아이콘(𝑓𝑥)을 클릭한다.

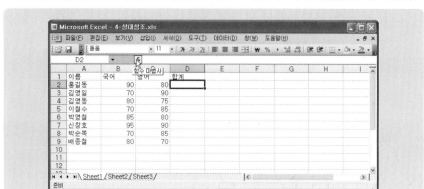

② 함수 마법사 창에서 범주 선택 **[수학 삼각]**, 함수 선택 **[SUM]**을 클릭한다.

③ 함수 인수 대화 상자에서 계산할 셀 범위를 선택한다. 계산 범위가 자동으로 나타나 있으나, 새로운 참조 범위가 필요하면 마우스로 선택한다. 셀 범위를 선택한 후 **[확인]** 버튼을 클릭한다.

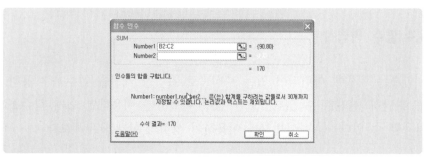

④ 지정한 셀에 계산 결과가 나타난다.

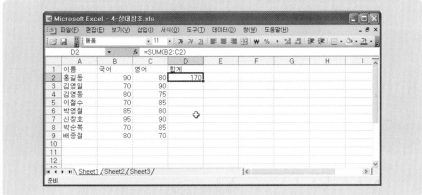

함수 마법사를 이용하지 않고 함수를 직접 수식 입력창에 입력하여 계산할 수 있다. 위의 예제를 직접 함수를 입력하는 방식으로 다시 계산하여 보자.

① 결과를 계산할 셀에 [=SUM(]를 입력한다.

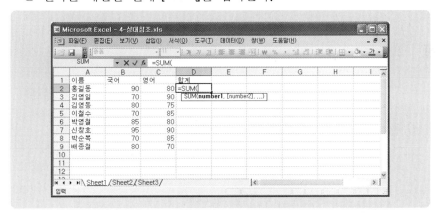

② 계산할 범위를 마우스로 드래그하여 선택한다(직접 셀 주소를 키보드로 입력해도 됨).

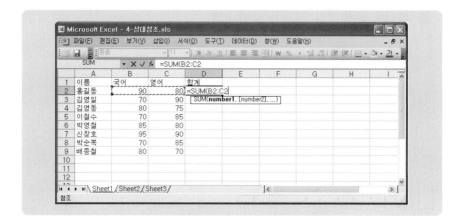

③ SUM 함수 뒷부분에 **))**를 입력한 후 〈Enter〉를 친다.

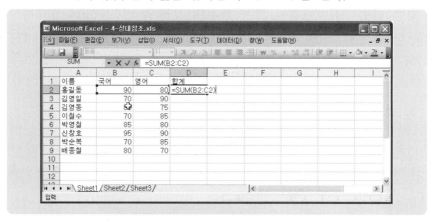

④ 합계 셀(D2)에 계산 결과가 나타난다.

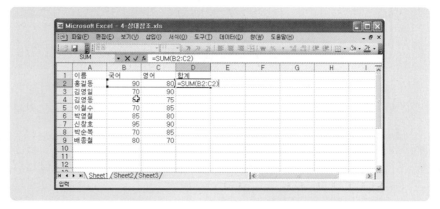

셀들의 합을 구하는 경우 자동 합계 아이콘(Σ▾)을 이용하여 계산할 수
있다. 위의 예제를 자동 합계 아이콘을 이용하여 다시 계산하여 보자.

① 계산 결과가 입력될 셀을 클릭한 후 자동 합계 아이콘(Σ▾)을 클릭
한다.

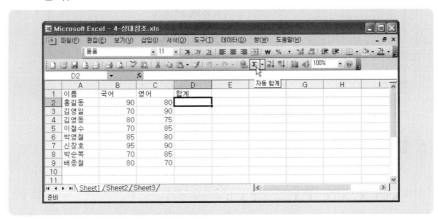

② 함수가 자동으로 입력되면서 계산될 셀 범위도 자동으로 선택된다.
셀 범위가 틀리면 마우스로 다시 지정한 후 〈Enter〉를 친다.

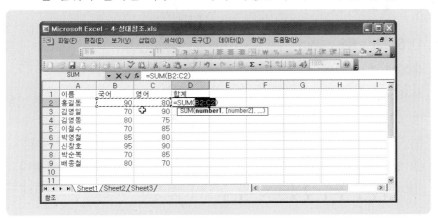

③ 계산 결과가 화면에 나타난다.

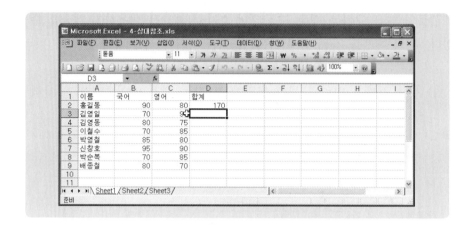

5.5 함수의 종류

워크시트 함수는 어떤 연산을 수행하느냐에 따라 수학과 삼각 함수, 날짜와 시간 함수, 논리 함수, 문자열 함수, 정보 함수, 통계 함수, 추출 및 찾기 함수, 데이터베이스 함수 등으로 분류된다.

01 산술 통계 함수

1) SUM( ) 함수

목록에 있는 숫자를 모두 더한 결과를 표시한다.

사용 형식 : SUM(number1, number2, …)

① number1, number2는 더할 인수로 30개까지 사용 가능하다.

② 인수로 사용된 숫자의 문자열 표시는 숫자로 변경하여 계산된다.

③ 인수로 사용된 논리값 중 TRUE는 1로, FALSE는 0으로 간주한다.

④ 배열이나 참조 영역의 빈 셀, 논리식, 문자열, 오류값은 무시된다.

2) AVERAGE( ) 함수

인수의 산술 평균을 구한다.

사용 형식 : AVERAGE(number1, number2, …)

① number1, number2는 평균을 구할 수치로 인수를 30개까지 사용
　가능하다.
② 인수는 숫자이거나 숫자가 들어 있는 이름, 배열, 참조 영역이어야
　한다.

3) ABS( ) 함수

절대값을 구한다. 절대값은 부호가 없는 수를 말한다.
사용 형식 : ABS(number)
① number는 절대값을 구할 실수이다.

4) SQRT( ) 함수

양의 제곱근을 구한다.
사용 형식 : SQRT(number)
① number는 제곱근을 구하려는 수로 반드시 양수이어야 한다.

5) INT( ) 함수

인수로 지정된 숫자의 가장 가까운 정수로 내림한다.
사용 형식 : INT(number)
① number는 정수로 내림할 실수이다.

6) ROUND( ) 함수

숫자를 지정한 자릿수로 반올림한다.
사용 형식 : ROUND(number, num_digits)
① num_digits는 반올림할 number의 자릿수로 0이면 가장 가까운
　정수로 반올림한다.
② 자릿수가 양수이면 지정한 소수 자릿수로 반올림되고, 음수이면 소
　수점 왼쪽에서 반올림된다.

7) COUNT( ) 함수

인수 목록에서 숫자를 포함한 셀과 숫자의 개수를 구한다.

사용 형식 : COUNT(value1, value2, …)

① 인수는 여러 데이터 종류를 포함하거나 참조하여 30개까지 사용 가능하다.

② 숫자나 날짜, 또는 숫자를 나타내는 문자열 인수는 개수 계산에 포함된다.

8) COUNT( ) / COUNTA( ) 함수

인수 목록에서 공백이 아닌 셀의 값과 개수를 계산한다.

사용 형식 : COUNTA(value1, value2, …)

① 계산되는 값은 빈 문자열(" ")을 포함하여 모든 유형의 정보가 가능하나 빈 셀은 무시된다.

9) MAX( ) / MIN( ) 함수

인수 목록에서 최대값/최소값을 구한다.

사용 형식 : MAX(number1, number2, …) / MIN(number1, number2, …)

① number1, number2는 최대값/최소값을 찾기 위한 인수로 30개까지 정의할 수 있다.

② 인수로 숫자, 빈 셀, 논리값, 숫자의 문자열 표시 등을 지정할 수 있으며 인수가 숫자를 포함하지 않으면 0이 표시된다.

10) RANK( ) 함수

수의 목록에 있는 어떤 수의 순위를 지정한 방식에 의해 계산한다.

사용 형식 : RANK(number, ref, order)

① ref는 수 목록의 배열이나 참조 영역으로 목록 중 숫자가 아닌 값은 무시된다.

② order는 순위 결정 방법을 정의하는 수로 0이거나 생략되면 내림차순으로 순위를 정하고, 0이 아니면 오름차순으로 순위를 결정한다.

11) SUMIF( ) 함수

지정 조건에 맞는 자료에 대응하는 셀 범위의 내용을 더한 값을 구한다.

사용 형식 : SUMIF(range, criteria, sum_range)

① range는 조건을 적용시킬 셀 범위이고 sum_range는 합을 구하려는 실제 셀 범위이다.

② sum_range를 생략하면 range에 있는 셀들을 더한다.

③ criteria는 숫자, 수식, 또는 문자열 형태의 찾을 조건이다.

02 문자열을 처리하는 함수

1) LEFT( ) 함수

문자열의 왼쪽으로부터 원하는 수만큼의 문자를 표시한다.

사용 형식 : LEFT(text, num_chars)

① num_chars는 추출할 문자수로 0보다 커야 하며 생략시 1로 간주된다.

② num_chars가 문자열의 길이보다 크면 전체 문자열을 표시한다.

2) RIGHT( ) 함수

문자열의 오른쪽으로부터 지정한 수만큼의 문자를 표시한다.

사용 형식 : RIGHT(text, num_chars)

① num_chars는 추출할 문자수로 0보다 커야 하며 생략시 1로 간주된다.

② num_chars가 문자열의 길이보다 크면 전체 문자열을 표시한다.

3) MID( ) 함수

문자열의 지정한 위치로부터 지정한 개수의 문자를 표시한다.

사용 형식 : MID(text, start_num, num_chars)

① start_num은 추출할 첫 문자의 위치로 문자열의 전체 길이보다 길게 지정되면 빈 문자열을 표시한다.

② num_chars는 추출할 문자수로 남은 문자수보다 크면 마지막 문자 까지 표시한다.

4) EXACT( ) 함수

text1과 text2의 두 문자열을 비교하여 같으면 TRUE를, 같지 않으면 FALSE를 표시한다.

사용 형식 : EXACT(text1, text2)

① 대소문자는 구분하여 비교하나 서식 차이는 무시한다.

5) TRIM( ) 함수

단어 사이에 있는 한 칸의 공백을 제외한 나머지 모든 공백을 삭제한다.

사용 형식 : TRIM(text)

6) LOWER( ) / UPPER( ) 함수

문자열 모두를 소문자/또는 대문자로 변환한다.

사용 형식 : LOWER(text) / UPPER(text)

7) PROPER( ) 함수

문자열 중 각 단어의 시작 문자와 영문자가 아닌 문자 다음에 오는 영문자를 대문자로 변환하고 나머지 문자는 소문자로 변환한다.

사용 형식 : PROPER(text)

8) TEXT( ) 함수

숫자를 지정한 표시 형식의 문자열로 변환한다.

사용 형식 : TEXT(value, format_text)

① value는 수치값, 수치값으로 계산될 수식 등이 포함된다.

② format_text는 '셀 서식' 대화상자의 [표시 형식] 탭에 있는 종류(C) 목록의 문자열 표시 형식이다.

9) LEN( ) / LENB( ) 함수

문자열의 문자 수를 구한다(바이트 단위의 개수는 LENB 함수로 계산).

사용 형식 : LEN(text) / LENB(text)

① 공백도 한 개의 문자로 계산된다.

03 날짜와 시간 데이터를 처리하는 함수

날짜나 시간을 문자로 입력했을 경우 데이터를 일정한 수치, 즉 날짜 및 시간 연번으로 변환해야만 계산에 이용할 수 있다.

날짜 연번	① 1900년 1월 1일을 기준으로 지나간 날수를 수치로 나타낸다. 예) 1900년 1월 1일을 1로, 1900년 2월 1일은 32로 표시 ② 1900년 1월 1일부터 9999년 12월 31일까지를 나타낼 수 있다. ③ 날짜 연번은 소수점이 없는 정수로 표시한다.
시간 연번	① 0시를 0.0으로, 다음 0시를 1.0으로 하여 24시간으로 나누어 수치로 표시한다. 예) 자정은 X.0, 오전 6시는 X.25, 정오는 X.5로 표시 ② 시간 연번은 소수 이하 수치로만 표시한다.
날짜 시간 연번	① 소수점 이상은 날짜 연번으로, 소수점 이하는 시간 연번으로 표시한다.

1) TODAY( ) 함수

현재 날짜를 날짜 연번으로 계산한다.

사용 형식 : TODAY( )

2) DATE( ) 함수

지정한 날짜에 해당하는 날짜 연번을 구한다.

사용 형식 : DATE(year, month, day)

① year은 1900에서 9999까지의 수치로 입력 가능하다.

② month는 월을 표시하는 수로 12보다 크면 연도를 자동으로 더

해 DATE( ) 함수주고 월은 month에서 12를 뺀 남은 수치로 사용한다.

3) DATEVALUE( ) 함수

date_text에 해당하는 날짜 연번을 구한다.

사용 형식 : DATEVALUE(date_text)

① date_text는 엑셀의 기본 날짜 서식으로 입력한 내용만 가능하다.

② date_text에서 연도가 생략되면 사용 중인 컴퓨터의 현재 연도로 지정된다.

4) YEAR( ) / MONTH( ) / DAY( ) 함수

serial_number 즉 날짜 연번에 해당하는 연도 / 월 / 일을 표시한다.

사용 형식 : YEAR(serial_number) / MONTH(serial_number) / MONTH
(serial_number)

① serial_number는 날짜와 시간을 구하기 위한 날짜 − 시간 코드로 숫자 대신 '4−15−1997' 또는 '15−Apr−1997'같은 문자열 지정도 가능하다.

② 연도는 1900에서 9999까지의 정수이고 월은 1에서 12, 일은 1에서 31까지의 정수로 표시된다.

5) WEEKDAY( ) 함수

serial_number로 지정한 날짜에 해당하는 요일을 계산한다.

사용 형식 : WEEKDAY(serial_number)

① 요일은 1(일요일)에서 7(토요일)까지의 정수로 표시된다.

6) TIME( ) 함수

지정한 시간에 해당하는 시간 연번을 구한다.

사용 형식 : TIME(hour, minute, second)

① 시간 연번은 0에서 0.99999999까지의 소수로 0:00:00에서 23:59:59

까지의 시간을 표시한다.

- hour는 시간을 표시하는 0에서 23까지의 수
- minute는 분을 표시하는 0에서 59까지의 수
- second는 초를 표시하는 0에서 59까지의 수

7) HOUR( ) / MINUTE( ) / SECOND( ) 함수

serial_number 즉 시간 연번에 해당하는 시 / 분 / 초를 표시한다.

사용 형식 : HOUR(serial_number) / MINUTE(serial_number) / SECOND
(serial_number)

① serial_number는 날짜와 시간 계산에 사용되는 날짜 – 시간 코드로 숫자 대신 '16:48:00' 또는 '4:48:00 PM'과 같은 문자열 지정도 가능하다.

② 시간은 0에서 23까지의 정수로 표시하고, 분과 초는 0에서 59까지의 정수로 표시된다.

04 조건 검색을 위한 논리 함수

1) AND( ) 함수

인수가 모두 참이면 TRUE를 표시하고, 인수 중 하나라도 거짓이 있으면 FALSE을 나타낸다.

사용 형식 : AND(logical 1, logical 2, …)

① logical 1, logical 2는 참 또는 거짓으로 판정받는 논리값이거나 논리값이 포함된 배열 또는 참조 영역으로 모두 30개까지 사용 가능하다.

2) OR( ) 함수

인수 중 하나라도 참이면 TRUE를, 모두 거짓이면 FALSE을 나타낸다.

사용 형식 : OR(logical 1, logical 2, …)

① logical 1, logical 2는 참 또는 거짓으로 판정받는 논리값이거나

논리값이 포함된 배열 또는 참조 영역으로 모두 30개까지 사용 가능하다.

3) IF( ) 함수

조건식을 검사하여 그 결과값이 참이면 결과 1을, 거짓이면 결과 2를 수행한다.

사용 형식 : IF (조건식, 결과 1, 결과 2)

① IF 함수는 모두 7개까지 중복하여 사용할 수 있다.

05 데이터베이스 처리 함수

데이터베이스 계산에 사용하는 함수들은 공통적으로 database(데이터베이스 범위), field(필드), criteria(조건 범위)의 세 인수를 사용한다.

1) DSUM( ) 함수

데이터베이스 내용 중 조건과 일치하는 데이터베이스 필드 값의 합을 구한다.

사용 형식 : DSUM(database, field, criteria)

2) DAVERAGE( ) 함수

데이터베이스에서 찾을 조건과 일치하는 데이터베이스 필드 값의 평균을 구한다.

사용 형식 : DAVERAGE(database, field, criteria)

3) DCOUNT( ) 함수

데이터베이스의 필드에서 찾을 조건과 일치하는 숫자가 들어 있는 셀의 개수를 계산한다.

사용 형식 : DCOUNT(database, field, criteria)

4) DCOUNTA( ) 함수

다른 데이터베이스 함수와 같은 형식을 사용하며 데이터베이스의 필드에서 찾을 조건과 일치하는 값이 들어 있는 모든 셀의 개수를 계산한다.

사용 형식 : DCOUNTA(database, field, criteria)

06 추출 함수

1) CHOOSE( ) 함수

value 인수 목록 중 index_num으로 지정하는 위치에 있는 값을 구한다.

사용 형식 : CHOOSE(index_num, value 1, value 2, …)

① index-num은 반드시 1에서 29 사이의 수치이어야 한다.

② index_num이 1이면 value 1 값을, 2이면 value 2 값을 나타낸다.

③ index-num이 1보다 작거나 목록의 수보다 많으면 #VALUE!를 표시한다.

2) MATCH( ) 함수

검색 범위 중 지정한 검색 데이터에 해당하는 값을 지정한 방법으로 찾아 상대 위치를 표시한다.

사용 형식 : MATCH(검색 데이터, 검색 범위, 검색 방법)

① 항목 자체보다 항목의 위치를 추출하려 할 때 사용한다.

② 검색 방법이 1이거나 생략되면 검색 데이터보다 작거나 같은 값 중 최대값을 찾는다. 이때 검색 범위는 반드시 오름차순으로 정렬되어 있어야 한다.

③ 검색 방법이 0이면 정확히 같은 첫째 값을 검색한다.

④ 검색 방법이 –1이면 검색 데이터보다 크거나 같은 값 중 최소값을 찾는다. 이때 검색 범위는 반드시 내림차순으로 정렬되어 있어야 한다.

3) INDEX( ) 함수

검색 배열에서 지정한 행수와 열수가 교차하는 부분의 셀 내용을 추출한다.

사용 형식 : INDEX(검색 배열, 행수, 열수)

① 단일 행이나 단일 열의 경우에는 행수나 열수를 생략할 수 있다.

연 습 문 제

1. 절대 주소와 상대 주소의 차이점에 대하여 설명하시오.

2. 다음 학생들 성적의 합계와 평균을 구하시오.

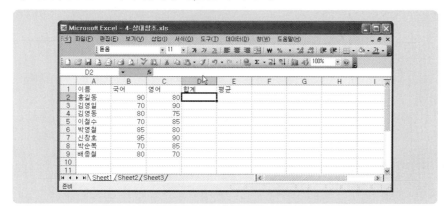

3. 2번 문제에서 국어 점수의 최고 점수와 최하 점수를 함수를 이용하여 구하시오.

4. 2번 문제에서 평균 점수의 등위를 오름차순으로 RANK 함수를 이용하여 구하시오.

5. 생년월일이 1980년 1월 1일인 사람이 오늘까지 살아온 총 일수를 구하시오.

6. COUNT와 COUNTA 함수의 차이점에 대하여 설명하시오.

7. LEN과 LENB 함수의 차이점에 대하여 설명하시오.

06 차트와 개체 삽입

엑셀에서는 문서를 좀 더 시각적으로 표현하기 위해 다양한 개체들을 삽입하여 활용할 수 있다. 더불어 단순한 숫자들의 나열을 도식화하여 데이터를 비교·분석하는 데 이해도를 높여주는 차트 기능을 제공하고 있다. 이에 본 장에서는 여러 개체들과 차트를 이용하여 문서를 작성하는 방법에 대하여 알아본다.

6.1 메모

메모는 특정 셀에 참고 사항이나 보충 설명 등을 추가하는 기능이다.

01 메모 삽입

메모를 삽입하는 방법은 **[삽입]** 메뉴에서 **[메모]**를 선택하거나 마우스 오른쪽 버튼을 클릭하여 **[메모 삽입]**을 선택하는 것이다.

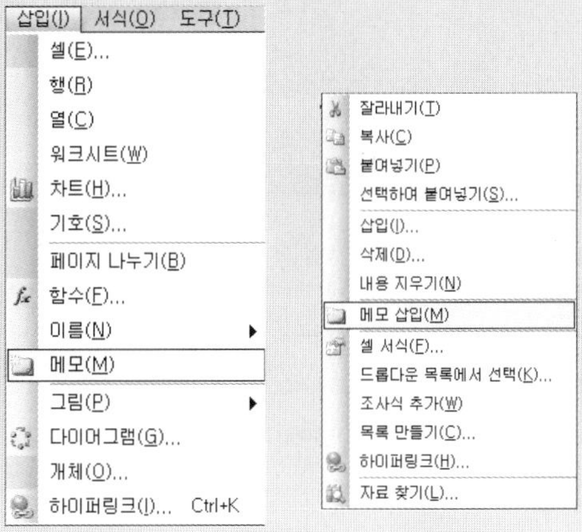

메모 표시

메모를 삽입한 후 다른 셀을 선택하면 메모를 삽입한 셀의 오른쪽 윗 모서리에 빨간색 역삼각형 표식이 나타나고 메모는 보이지 않는다. 메모를 보기 위해서는 마우스 커서를 표식 위에 놓으면 된다. 메모를 항상 보이게 표시하고자 한다면 [보기] 메뉴에서 [메모]를 선택하거나 마우스 오른쪽 버튼을 클릭한 후 [메모 표시/숨기기]를 선택한다. 또는 [도구] 메뉴에서 [옵션]을 선택한 다음 화면 표시 탭을 선택하여 메모 기능 아래의 '메모와 표식'을 선택하면 된다.

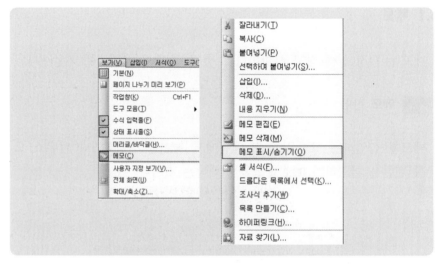

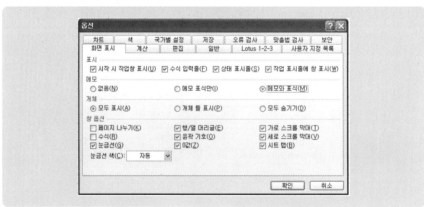

03 메모 편집

메모의 내용을 수정하기 위해서는 [삽입] 메뉴의 [메모 편집]을 선택하거나 마우스 오른쪽 버튼을 클릭한 후 [메모 편집]을 선택한다. 메모의 위치를 변경하고자 한다면 메모를 선택한 후에 원하는 곳으로 마우스를 드래그하면 된다.

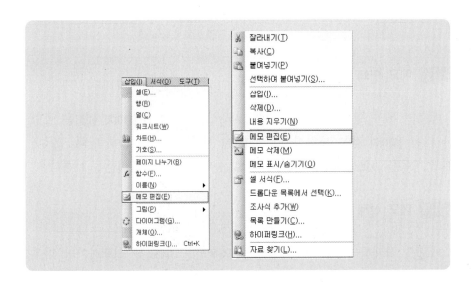

메모의 모양을 편집하기 위해서는 메모의 도형을 선택한 후에 [그리기] 도구 모음에서 [그리기] - [도형 변경]에서 원하는 도형을 선택하면 된다.

04 메모 인쇄

메모를 문서 인쇄할 때 삽입하기 위해서는 [파일] − [페이지 설정]을 클릭한 다음 [페이지 설정] 대화상자에서 [시트] 탭을 선택한 후에 인쇄 항목의 메모 항목을 [시트에 표시된 대로 지정]으로 선택한 후 [확인] 버튼을 누른다.

05 메모 삭제

메모를 삭제하기 위해서는 [편집] − [지우기] − [메모]를 선택하거나 마우스 오른쪽 버튼을 클릭한 후에 [메모 삭제]를 선택하면 된다.

이 외에도 메모를 사용하기 위해서 [보기] − [도구 모음] − [검토]를 선택하고 [검토] 도구 모음을 활성화하여 메모 관련 기능을 활용할 수 있다.

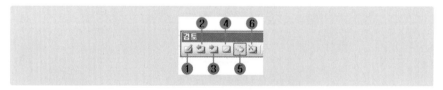

1) 메모 편집 : 메모 내용을 편집할 때 선택한다.
2) 이전 메모 : 이전 메모로 이동할 때 선택한다.
3) 다음 메모 : 다음 메모로 이동할 때 선택한다.
4) 메모 숨기기 : 메모를 화면에서 보이지 않게 할 때 선택한다.
5) 메모 모두 숨기기 : 워크시트 내의 모든 메모를 보이지 않게 할 때

선택한다.

6) 메모 삭제 : 메모를 삭제할 때 선택한다.

6.2 워크시트 배경 꾸미기

[서식] - [시트] - [배경]을 선택한다.

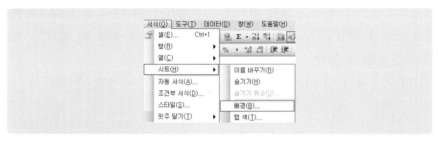

[시트 배경] 대화상자에서 원하는 그림 파일을 선택하여 **[삽입]** 버튼을 클릭한다.

6.3 그림 파일 및 클립 아트 삽입

그림 파일은 개인이 가지고 있는 이미지 파일을 삽입할 때 사용하며 클립 아트는 오피스 프로그램에서 미리 제공되는 여러 이미지 파일을 선택할 때 사용한다.

그림을 삽입하기 위해서는 **[삽입]** − **[그림]** − **[그림 파일]**을 선택한다. 나타
난 **[그림 삽입]** 창에서 원하는 그림 파일을 선택한 후 **[삽입]** 버튼을 클릭하
면 된다.

클립 아트는 **[삽입]** − **[그림]** − **[클립 아트]**를 선택하면 오른쪽에 클립 아
트 작업창이 나타난다. 검색 대상에 찾고자 하는 이름을 입력하고 **[이동]**
버튼을 클릭하면 관련된 클립 아트 이미지들이 나타난다. 또는 이름을
입력하지 않고 **[이동]** 버튼을 클릭하면 모든 클립 아트 이미지들이 나타
난다. 그 중에서 원하는 클립 아트를 선택하거나 워크시트로 드래그하면
클립 아트가 삽입된다. 추가적으로 작업창에서 '검색 위치'와 '검색할 형
식'을 설정할 수 있다.

그림 파일과 클립 아트 모두 **[그림]** 도구 모음에서 수정할 수 있다.

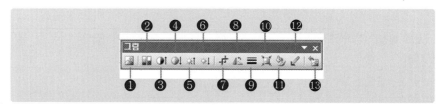

❶ 파일로부터 그림 삽입 : **[삽입]** − **[그림]** − **[그림 파일]** 메뉴와 같이 그
림 파일을 불러온다.

❷ 색 : 자동, 회색조, 흑백으로 보기, 희미하게 등의 기능을 적용할
수 있다.

❸ 선명하게 : 그림을 선명하게 한다.

❹ 희미하게 : 그림을 희미하게 한다.

❺ 밝게 : 그림의 밝기를 밝게 조절한다.

❻ 어둡게 : 그림의 밝기를 어둡게 조절한다.

❼ 자르기 : 그림을 자른다.

❽ 왼쪽으로 90도 회전 : 1번 클릭할 때마다 그림이 왼쪽으로 90도
회전한다.

❾ 선 스타일 : 그림의 테두리를 설정하여 액자와 같은 효과를 나타낸다.

❿ 그림 압축 : 그림의 해상도를 변경하거나 그림을 잘라내어 용량을

줄인다.

❶ 그림 서식 : 그림에 대한 서식을 좀 더 세부적으로 설정한다. 그림이나 클립 아트를 선택한 후 더블클릭하여도 **[그림 서식]** 창이 뜬다.

❷ 투명한 색 설정 : 그림에서 투명하게 설정할 색을 지정한다.

❸ 그림 원래대로 : 그림을 처음 삽입할 때의 상태로 복구한다.

6.4 도형

01 도형 삽입

[삽입] - **[그림]** - **[도형]**을 선택하면 **[도형]** 도구 모음이 나타나고 각각의 도형의 종류는 다음과 같다.

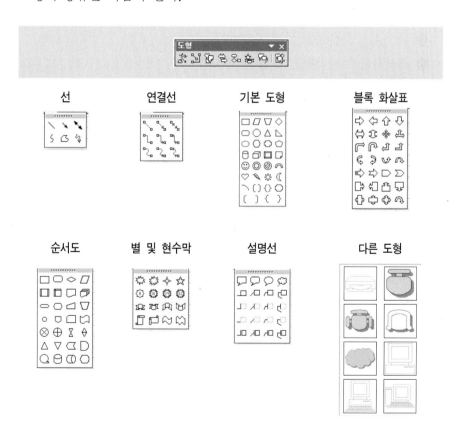

이 외에도 **[그리기]** 도구 모음을 이용하여 다양한 도형과 세부적인 기능을 설정할 수 있다.

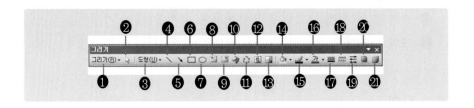

❶ 그리기 버튼 : 그리기 개체를 편집한다. 방향 전환, 도형의 모양을 변형할 수 있다.

❷ 개체 선택 : 그리기 개체를 선택한다.

❸ 도형 버튼 : 도형의 종류를 선택하여 그릴 수 있다.

❹ 선 : 직선을 그릴 수 있다.

❺ 화살표 : 화살표를 그릴 수 있다.

❻ 직사각형 : 사각형을 그릴 수 있다.

❼ 타원 : 타원을 그릴 수 있다.

❽ 텍스트 상자 : 그리기 개체 안에 문자를 입력한다. 셀과 별개로 문자를 입력한다.

❾ 세로 텍스트 상자 : 문자를 세로로 입력할 수 있다.

❿ WordArt 삽입 : 클립 아트를 삽입한다.

⓫ 다이어그램 또는 조직도 삽입 : 조직도를 삽입한다.

⓬ 클립 아트 삽입 : 클립 아트를 삽입한다.

⓭ 파일로부터 그림 삽입 : 그림을 삽입한다.

⓮ 채우기 색 : 그리기 개체에 채울 색을 설정한다.

⓯ 선 색 : 그리기 개체의 선 색을 설정한다.

⓰ 글꼴 색 : 텍스트의 색을 설정한다.

⓱ 선 스타일 : 선의 굵기를 설정한다.

⓲ 대시 스타일 : 선의 종류를 설정한다.

⓳ 화살표 스타일 : 선의 화살표 종류를 설정한다.

❷ 그림자 스타일 : 그리기 개체에 그림자 효과를 넣는다.

㉑ 3차원 스타일 : 그리기 개체에 3차원 효과를 적용한다.

02 도형 그리기

1) 선 그리기

[그리기] 도구 모음의 [도형] - [선]에서 선을 선택한다.

원하는 방향으로 드래그하면 선 모양이 나타난다. 이때 직선을 그리고
자 할 때는 〈Shift〉를 누르고 드래그한다.

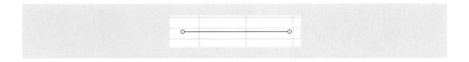

2) 직사각형 그리기

[그리기] 도구 모음의 [도형] - [기본 도형]에서 직사각형을 선택한다.

원하는 방향으로 드래그하면 직사각형 모양이 나타난다. 이때 〈Shift〉
를 누른 상태에서 드래그하면 정사각형을 만들 수 있다.

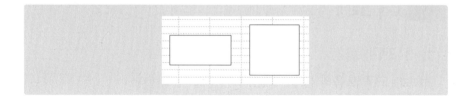

3) 개체 간의 연결선 그리기

[그리기] 도구 모음의 [도형] – [순서도]에서 '순서도: 문서'를 선택한다.

원하는 방향으로 드래그하면 순서도 개체가 나타난다.

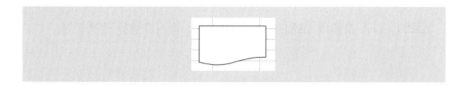

[그리기] 도구 모음에서 [도형] – [연결선]에서 '꺾인 화살표 연결선'을 클
릭한다.

사각형 개체 위에 마우스 포인터를 올려 놓으면 상, 하, 좌, 우에 개체 조절 포인트가 나타난다. 아래 방향의 개체 조절 포인트에 마우스 포인터를 위치시킨 다음 순서도 개체쪽으로 드래그한다. 마우스 포인터가 순서도 개체쪽으로 접근하면 사각형 개체와 같은 개체 조절 포인트가 나타난다. 이 상태에서 마우스 포인터를 위쪽으로 이동한 후 마우스 왼쪽 단추를 놓으면 두 개체 간의 연결선이 완성된다.

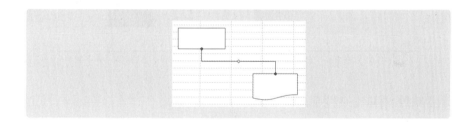

03 도형 색칠하기

[그리기] 도구 모음에서 [도형] - [별 및 현수막]에서 '포인트가 5개인 별'을 선택한다. 개체를 선택한 후에 '채우기 색'을 클릭하고 원하는 색을 선택한다. 이때 색상 표에 원하는 색이 없을 경우에는 [다른 채우기 색]이나 [채우기 효과]를 클릭하여 좀 더 다양하게 표현할 수 있다.

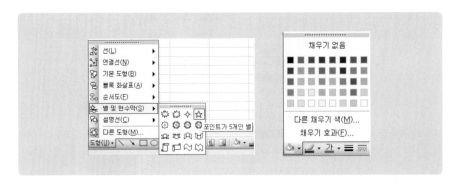

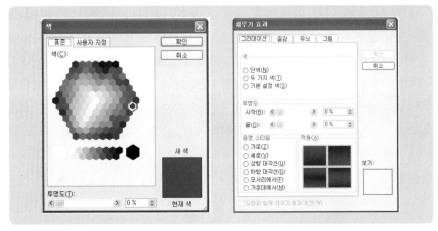

선택한 개체에 지정된 색이 채워졌다.

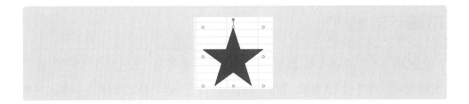

03 개체에 문자 삽입

① 문자를 삽입할 개체를 선택한 다음 **[그리기]** 도구 모음에서 **[텍스트 상 자]**를 선택한다.

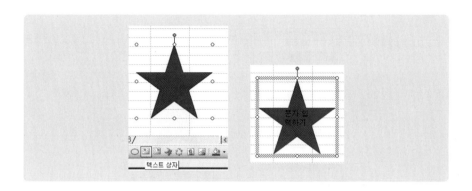

② 문자를 삽입할 개체를 선택한 다음 마우스 오른쪽 버튼을 클릭하고 **[텍스트 추가]**를 선택하여 문자를 삽입한다.

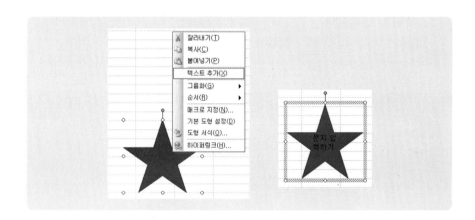

04 개체 테두리선 색 설정

개체를 선택하고 **[그리기]** 도구 모음에서 **[선 색]**을 클릭하고 원하는 색을 선택한다. 지정한 개체의 테두리가 지정한 색으로 설정되었다. **[채우기 색]**과 같이 **[다른 선 색]**과 **[선 무늬]**를 이용하여 다양하게 선 색을 표현할 수 있다.

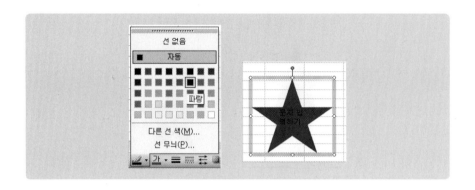

05 도형에 그림 채우기

① 그림을 채울 개체를 선택하고 마우스 오른쪽 버튼을 클릭하여 **[도형
서식]**을 선택한다.

② **[도형 서식]** 대화상자에서 **[색 및 선]** - **[채우기]** 항목에서 드롭다운 버튼
을 클릭하여 **[채우기 효과]**를 선택한다.

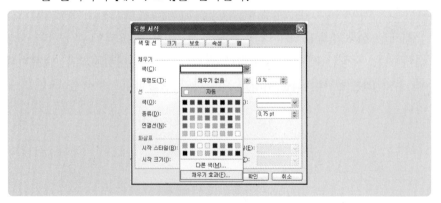

③ **[채우기 효과]** 대화상자에서 그림 선택 버튼을 클릭한다.

④ **[그림 선택]** 대화상자에서 원하는 그림을 선택한 후에 **[삽입]** 버튼을 클릭한다.

⑤ **[채우기 효과]** 대화상자에서 **[확인]** 버튼을 클릭한다.

⑥ **[도형 서식]** 대화상자에서 **[확인]** 버튼을 클릭한다.

⑦ 도형 개체 안에 그림이 채워진 결과 화면이다.

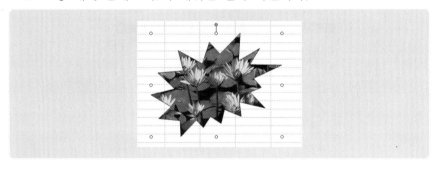

06 **도형에 그림자 효과**

① 그림자를 만들 개체를 선택하고 **[그리기]** 도구 모음에서 **[그림자 스타일]**
을 클릭하여 '그림자 스타일 6'을 선택한다.

② 개체에 그림자 효과가 설정되어 나타난다.

07 도형 편집하기

1) 도형 이동 / 복사 / 삭제

도형을 이동시키는 방법은 마우스로 드래그하는 것이다. 이때 〈Alt〉를 누른 채로 드래그하면 좀 더 부드럽게 이동시킬 수 있다. 같은 도형을 여러 개 만들 때에는 새롭게 만들지 않고 도형을 선택한 다음 **[편집]** 메뉴에서 **[복사]**를 선택한 다음 다시 **[편집]** 메뉴에서 **[붙여넣기]**를 하면 된다. 또는 도형을 선택한 상태에서 〈Ctrl〉을 누르고 원하는 곳으로 드래그함으로써 복사할 수도 있다. 마지막으로 도형을 삭제하기 위해서는 〈Del〉를 누르면 된다.

2) 도형 크기 / 방향 / 모양 조절하기

도형을 삽입한 후에 크기·방향·모양을 조절할 수 있다. 크기를 조절하기 위해서는 도형을 선택하면 나타나는 하얀색 조절점들을 원하는 방향으로 드래그하면 된다. 방향을 조절하기 위해서는 **[그리기]** 도구 모음에서 **[그리기]** – **[회전 또는 대칭]**을 이용하거나 도형 선택시 나타나는 조절점들 중에 녹색 조절점에 마우스 커서를 올려놓으면 커서 모양이 둥근 화살표 모양으로 바뀐다. 이때 원하는 방향으로 회전시키면 된다. 모양을 변경하기 위해서는 조절점들 중에서 노란색 조절점을 이용하면 된다.

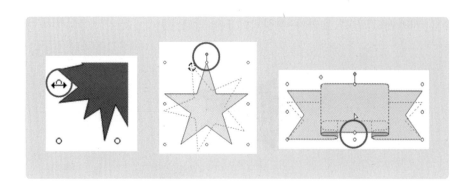

3) 도형 정렬 순저 정하기

여러 개의 도형을 겹쳐서 놓을 때 도형들의 순서를 정할 수 있다.

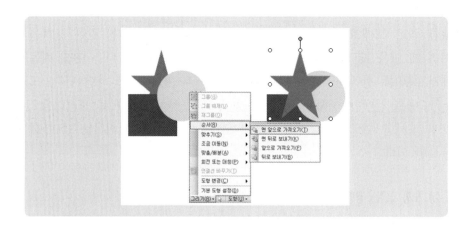

4) 도형 맞춤 / 배분

여러 개의 도형을 삽입한 후에 위치를 정렬시킬 수 있다.

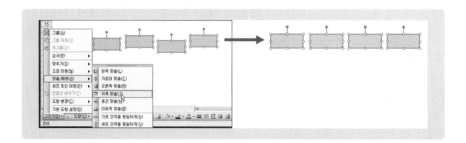

5) 도형 그룹화

여러 개의 도형을 삽입하여 하나의 새로운 도형으로 그룹화할 수 있다.

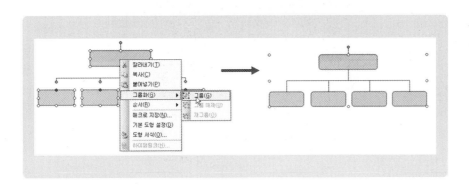

6.5 워드 아트

워드 아트는 문자를 디자인 요소를 활용하여 그림과 같은 형태로 변형시킨 것이다.

01 워드 아트 삽입

① [삽입] - [그림] - [WordArt]를 선택한다. [WordArt 갤러리] 창에서 워드 아트 스타일을 지정한다.

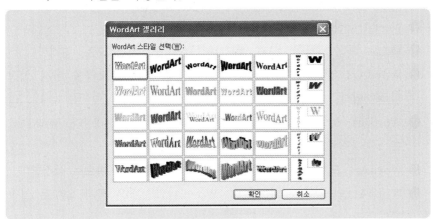

② **[WordArt 텍스트 편집]** 창에서 텍스트를 입력하고 글꼴, 크기 등 기타 조건을 설정하고 **[확인]** 버튼을 클릭한다.

③ 결과 화면

| 02 | **워드 아트 도구 모음** |

❶ WordArt 삽입 : 새 WordArt를 삽입한다.

❷ 텍스트 편집 : 글꼴, 크기, 텍스트 등을 다시 설정하거나 입력한다.

❸ WordArt 갤러리 : **[WordArt 갤러리]** 창을 불러와 모양을 다시 설정할 수 있다.

❹ WordArt 서식 : WordArt를 여러 가지 서식으로 설정한다. WordArt를 더블클릭하여도 서식 창이 나타난다.

❺ WordArt 도형 : WordArt의 모양을 여러 가지 도형으로 설정한다.

❻ WordArt와 같은 문자 높이 : WordArt와 같은 문자 높이로 설정한다.

❼ WordArt 세로 텍스트 : 삽입한 WordArt를 세로 모양으로 설정한다.

❽ WordArt 정렬 : WordArt의 텍스트를 왼쪽, 오른쪽으로 정렬한다.

❾ WordArt 문자 간격 : WordArt의 문자 간격을 늘리거나 줄일 수 있다.

03 **조직도**

각종 기관이나 단체의 효율적인 자원 관리를 위해 조직도를 이용할 수 있다. **[삽입]** – **[그림]** – **[조직도]**를 선택하여 삽입한다.

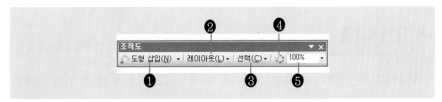

❶ 도형 삽입 : 하위 수준, 동일 수준, 보조자 등을 삽입한다.

❷ 레이아웃 : 조직도의 형태를 설정한다.

❸ 선택 : 동일 수준, 동일 분기, 모든 보조자, 모든 연결선 등을 선택한다.

❹ 자동 서식 : 다이어그램 스타일을 변경한다.

❺ 확대 / 축소 : 워크시트에서 조직도 화면 보기를 확대하거나 축소한다.

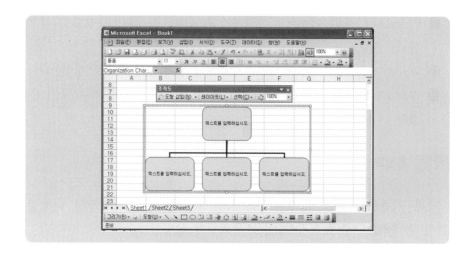

6.6 다이어그램

다이어그램은 여러 개체들 사이의 관계 구조를 표현한 것이다. **[삽입]** – **[다이어그램]**을 선택하여 삽입한다.

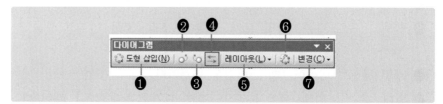

❶ 도형 삽입 : 다이어그램에 개체 도형들을 하나씩 추가적으로 삽입한다.

❷ 도형을 뒤로 이동 : 다이어그램 개체 도형을 뒤로 이동시킨다.

❸ 도형을 앞으로 이동 : 다이어그램 개체 도형을 앞으로 이동시킨다.

❹ 다이어그램 반대로 : 다이어그램을 대칭적으로 방향을 반대로 바꾼다.

❺ 레이아웃 : 다이어그램의 형태를 세부적으로 조절한다.

❻ 자동 서식 : 다이어그램의 스타일을 변경한다.

❼ 변경 : 다이어그램의 종류를 변경한다.

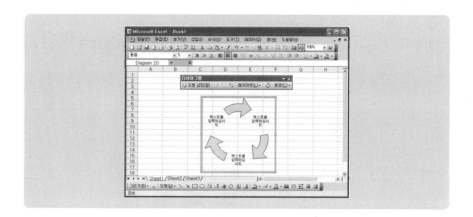

6.7 차트

차트는 워크시트의 데이터를 가시적인 그래프로 표현한 것으로, 데이터의 경향과 연관성의 판별을 쉽게 해준다.

01 차트 만들기

차트를 만들기 위해서는 차트 마법사 아이콘(▦)을 선택하거나 **[삽입]** – **[차트]**를 선택하여 차트 마법사를 이용한다. 차트 마법사는 총 4단계로 구성된다. 1단계 – '차트 종류'는 차트의 종류를 결정한다. 2단계 – '차트 원본 데이터'는 데이터의 범위를 지정한다. 3단계 – '차트 옵션'은 제목, 범례, 눈금 등 차트에 대한 세부적인 사항들을 지정한다. 4단계 – '차트 위치'는 차트의 위치를 결정한다.

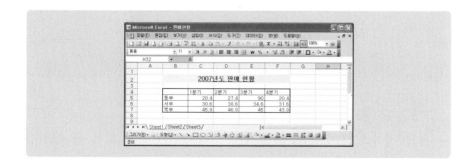

① 1단계: 차트 종류

차트 종류에서 '세로 막대형'을 선택하고 차트 하위 종류에서 '묶은 세
로 막대형'을 선택한다.

② 2단계: 차트 원본 데이터

데이터 범위 항목을 선택하여 차트에 적용할 데이터의 범위를 지정하
고 방향 항목에서 '열'을 선택한다.

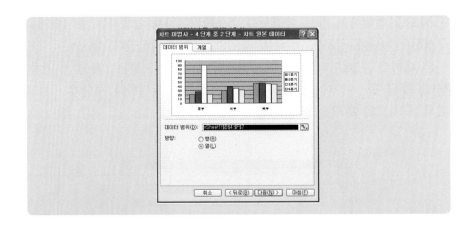

③ 3단계: 차트 옵션

차트 제목에 '2007년도 판매 현황'이라고 입력하고 항목 축 제목은

'지역별', 값 축 제목은 '판매량'이라고 입력한다.

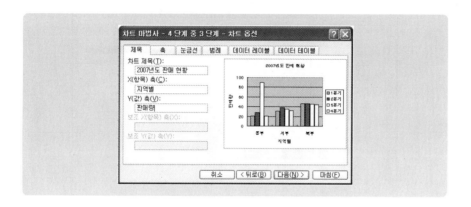

④ 4단계: 차트 위치

차트의 위치를 '워크시트에 삽입'을 선택한다.

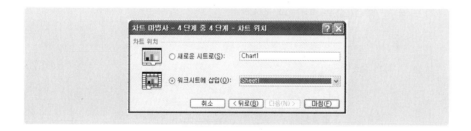

⑤ 결과 화면

다음과 같은 결과 화면이 완성된다. 차트의 위치와 크기는 드래그하여 조절할 수 있다.

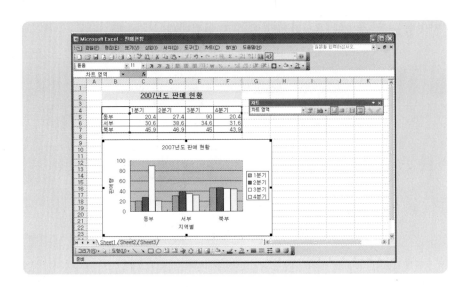

02 차트 구성 요소

차트의 구성 요소는 다음과 같다.

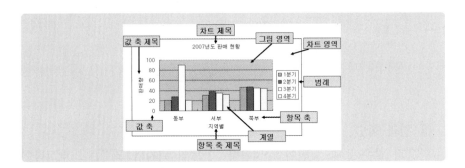

03 차트 메뉴

차트를 클릭하여 활성화하면 메뉴 표시줄에 **[차트]** 메뉴가 나타난다. 차트 삽입 후에 편집 내용에 따라 원하는 항목을 선택하여 차트 마법사의 각 단계를 추가적으로 수정 작업 할 수 있다.

① 차트 종류 : 데이터 계열 형식, 차트 형식 등을 변경할 때 선택한다.

② 원본 데이터 : 선택한 데이터 계열이나 요소를 차트에 추가하거나 수정할 때 선택한다.

③ 차트 옵션 : 눈금선, 축, 차트 제목, 데이터 이름표 등 기본 옵션을 수정할 때 선택한다.

④ 위치 : 포함된 차트를 차트 시트로 변경하거나 또는 역으로 변경할 때 선택한다.

⑤ 데이터 추가 : 선택한 데이터를 차트에 추가할 때 선택한다. 워크시트의 데이터 변경 또는 삭제나 추가에 따라 차트의 내용도 자동 변경된다. 아래의 그림은 2007년도 판매 현황에 남부 데이터를 추가하는 과정과 결과를 보여준다.

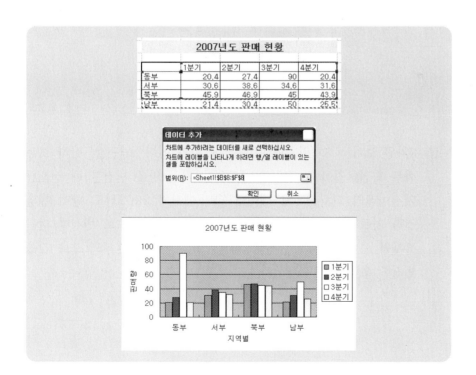

⑥ 추세선 추가 : 영역형, 가로 막대형, 세로 막대형, 선형 및 분산형
차트의 데이터 계열에 추세선을 추가하거나 변경할 때 선택한다.
아래의 그림은 2007년도 판매 현황 차트에 추세선을 추가한 결과
화면이다.

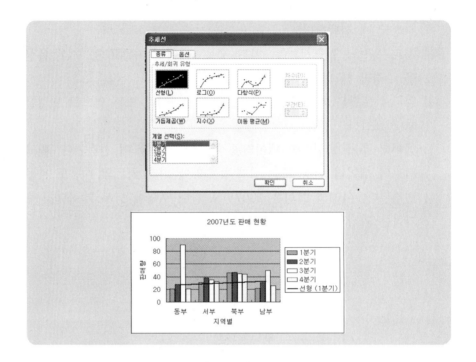

⑦ 3차원 보기 : 3차원 차트의 종류에 따라 높이, 원근감, 상하 또는
좌우 회전, 깊이와 너비 등 3차원 보기 모양을 변경할 때 선택한
다. 아래의 그림은 '5) 데이터 추가'에서의 2007년도 판매 현황
결과 차트를 차트의 종류를 '3차원 세로 막대형'으로 변경한 다음
'3차원 보기' 메뉴에서 상하 회전 '10', 좌우 회전 '30'으로 값을
변경한 후의 결과 화면이다.

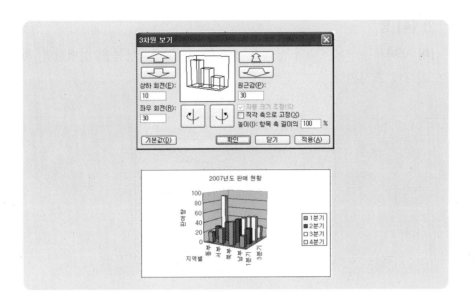

04 차트 옵션

[차트] 메뉴에서 [차트 옵션]을 선택하거나 차트를 선택하고 마우스 오른쪽 버튼을 클릭하여 [차트 옵션]을 선택한다. [차트 옵션] 대화상자가 나타난다. 각 항목별로 살펴보자.

1) [제목] 탭

[제목] 탭에서는 차트의 제목과 X, Y축의 이름을 설정할 수 있다. 오른쪽의 미리보기 기능을 통해 차트의 변화를 볼 수 있어 편리하다.

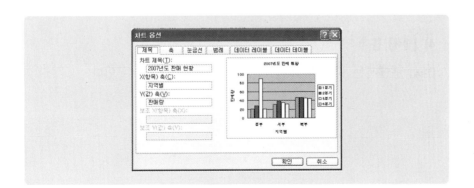

2) [축] 탭

[축] 탭에서는 기본 축의 항목을 선택할 수 있다. 항목을 선택하면 축이 차트에 표시된다.

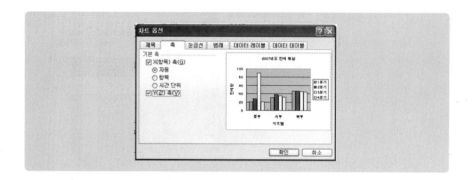

3) [눈금선] 탭

[눈금선] 탭에서는 X축과 Y축의 눈금선을 차트에 표시한다.

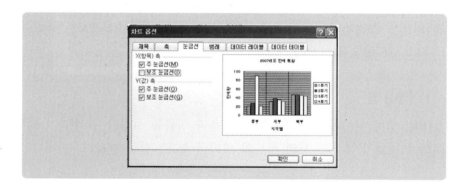

4) [범례] 탭

[범례] 탭에서는 범례의 표시 여부와 위치를 설정할 수 있다.

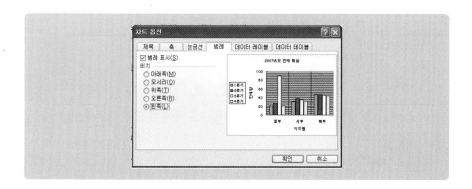

5) [데이터 레이블] 탭

[데이터 레이블] 탭에서는 데이터의 구체적인 내용을 표시할 수 있다. **[값]**
에 체크 표시를 하면 데이터 값이 차트 위에 나타난다. 다른 항목을 클
릭하면 차트 위에 클릭한 항목이 나타나고, **[범례 표지]**를 클릭하면 차트
위에 범례가 나타난다.

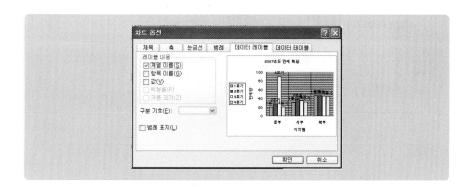

6) [데이터 테이블] 탭

[데이터 테이블] 탭에서는 데이터 테이블을 그래프와 함께 표시할 수 있
게 해준다.

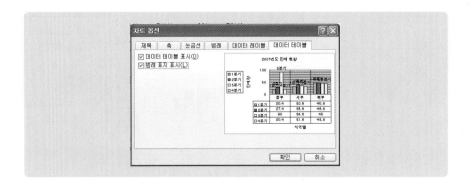

05 차트의 종류

차트의 종류는 표준 종류와 사용자 지정 종류의 두 가지 탭으로 구성
되어 있다.

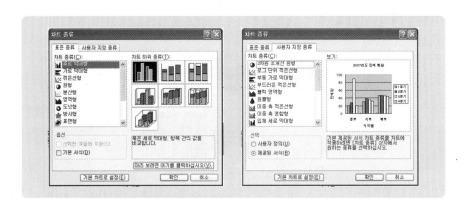

1) 표준 종류

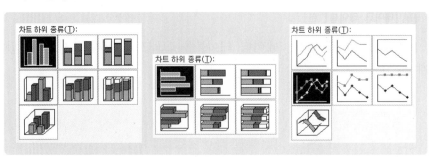

세로 막대형   가로 막대형   꺾은선형

원형   분산형   영역형

도넛형   방사형   표면형

거품형   주식형   원통형

원뿔형   피라미드형

2) 사용자 지정 종류

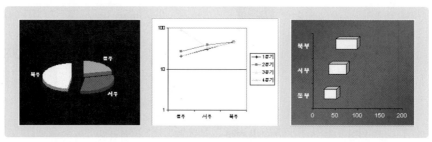

3차원 쪼개진원형   로그 단위 꺾은선형   부동 가로 막대형

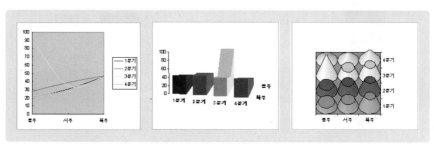

부드러운 꺾은선형   블록 영역형   원뿔형

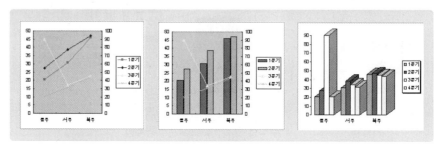

이중 축 꺾은선형   이중 축 혼합형   입체 세로 막대형

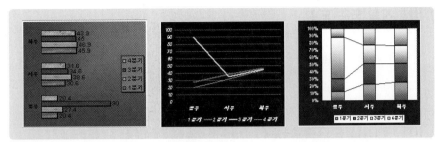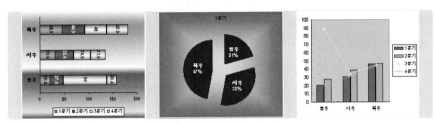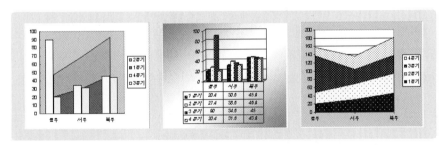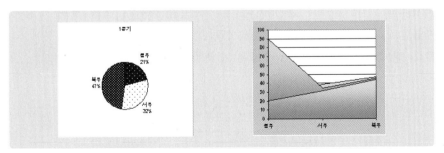

질감 표시 가로 막대형　　컬러 꺾은선형　　컬러 누적 막대형

튜브형　　파란색 원형　　혼합형(꺾은선-세로 막대)

혼합형(세로 막대-영역)　　흑백 세로 막대형　　흑백 영역형

흑백 원형　　흑백 조합형

06 차트 도구 모음

삽입된 차트는 [차트] 도구 모음을 이용하여 변경 및 서식 설정이 가능하다.

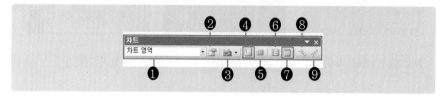

❶ 차트 개체 : 서식을 변경할 차트 개체를 선택한다.

❷ 차트 영역 서식 : 선택된 개체에 적합한 서식 창을 열어 서식을 변경한다. 각각의 개체를 더블클릭해도 서식 창이 나타난다.

❸ 차트 종류 : 현재 차트의 종류를 다른 종류로 변경할 수 있다.

❹ 범례 : 차트 범례를 숨기거나 표시할 수 있다.

❺ 데이터 테이블 : 데이터 테이블을 숨기거나 표시할 수 있다.

❻ 행 : X축 설정을 행으로 변경한다.

❼ 열 : X축 설정을 열로 변경한다.

❽ 시계 방향 각도 : 개체의 글자 각도를 시계 방향으로 조절한다.

❾ 시계 반대 방향 각도 : 개체의 글자 각도를 시계 반대 방향으로 조절한다.

07 떨어져 있는 셀의 차트 만들기

필요에 따라 떨어져 있는 여러 셀 또는 셀 범위에 대한 차트 작성이 가능한데, 떨어져 있는 여러 셀을 선택할 때는 선택 범위가 사각형이 되도록 해야 한다. 떨어져 있는 셀을 선택할 때는 〈Ctrl〉을 이용한다.

2007년도 판매 현황				
	1분기	2분기	3분기	4분기
동부	20.4	27.4	90	20.4
서부	30.6	38.6	34.6	31.6
북부	45.9	46.9	45	43.9

① 차트 마법사 아이콘(📖)을 선택한다.

② 차트 종류는 가로 막대형에서 묶은 가로 막대형을 선택한다.

③ 차트 원본 데이터에서 열 항목을 선택한다.

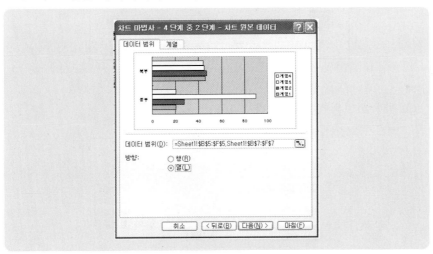

④ 차트 옵션에서 차트 제목과 값 축 제목을 입력한다.

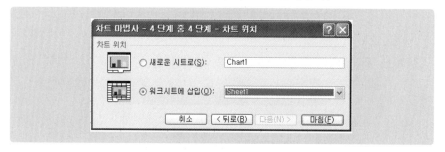

⑤ 차트 위치를 워크시트에 삽입 항목으로 선택한다.

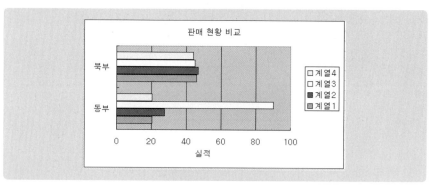

⑥ 결과 화면은 다음과 같다.

08 원형 차트의 조각 돌출

원형 차트에서는 특정 조각만을 돌출시키거나 사용자 임의로 전체 조

각들을 분리시킬 수 있다. 분리했던 조각을 다시 붙이려면 돌출 조작을
원형 차트 안쪽으로 마우스 끌기한다.

① 차트 만들기에서 사용된 2007년도 판매 현황 표를 이용하여 다음
　과 같은 '3차원 효과의 원형' 차트를 작성한다.

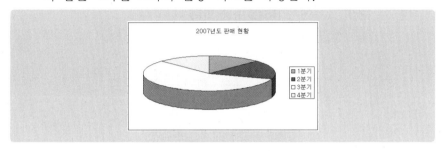

② 차트에서 계열을 클릭하고 '계열: 동부 참조 1분기'를 한 번 더 클
　릭한 후 밖으로 드래그한다. 다시 안쪽으로 드래그하면 원위치로
　돌아온다.

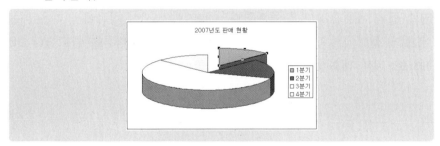

③ 차트에서 계열을 선택하고 바깥쪽으로 드래그하면 전체 계열 조각
　을 분리하여 표현할 수 있다.

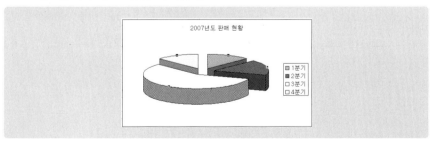

09 차트 계열 모양 바꾸기

[그리기] 도구 모음의 [도형] – [기본 도형]에서 '하트'를 선택한 후 채우기을 변경한다. [편집] 메뉴에서 [복사]를 선택한다. 차트에서 '3분기 계열'을 선택한 후 [편집] 메뉴에서 [붙여넣기]를 한다.

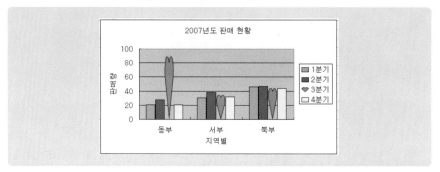

'계열 3분기'를 더블클릭하여 [데이터 요소 서식] 대화상자를 활성화한다. [무늬] 탭의 채우기 효과를 클릭한다. [그림] 탭의 서식 항목에서 다음 배율에 맞게 쌓기에서 단위를 '25'로 변경한 다음 [확인] 버튼을 클릭한다. [데이터 요소 서식] 대화상자의 [확인] 버튼을 클릭한다.

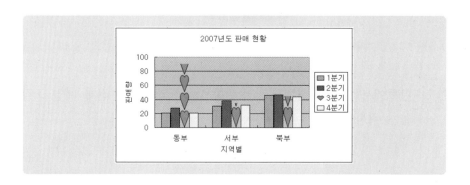

연 습 문 제

1. 메모를 항상 화면상에 보이게 하는 방법을 설명하시오.

2. 메모 도형을 '구름 모양 설명선' 도형으로 변경하시오.

3. 클립 아트에서 '건축' 분류에 들어가는 다음 그림을 찾으시오.

4. 3번에서 찾은 클립 아트의 해상도를 '웹/화면'에 맞게 변경하시오.

5. [그리기] 도구 모음의 [도형] - [다른 도형]에서 '구름' 도형을 삽입하고 본인
의 이름을 입력하시오(굴림체, 굵게, 16pt).

6. '구름 모양 설명선' 도형을 삽입한 다음 임의의 텍스트를 입력하고 가로, 세로 텍스트 맞춤 설정을 모두 가운데로 변경하시오.

7. 다음과 같은 모양의 워드 아트를 작성해 보시오.

8. 다음과 같이 조직도를 구성하여 보시오.

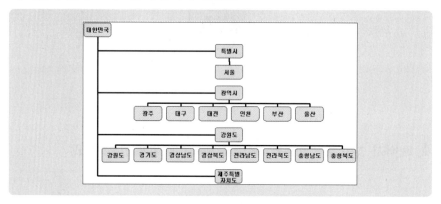

9. 8번의 완성된 조직도를 '강조' 스타일로 변경하시오.

10. 학교의 부속 기구들 조직 구조를 피라미드 다이어그램으로 그려 보시오.

11. 그리기와 도형 기능을 이용하여 학교나 집의 약도를 그려 보시오.

12. 다음 차트를 완성하시오.

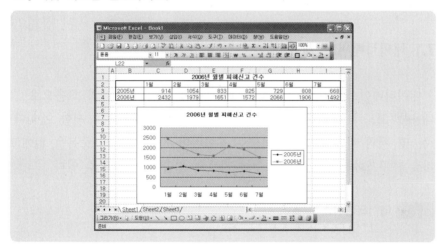

13. 다음과 같은 차트를 완성하시오.

데이터베이스 관리와 필터링 활용

이번 장에서는 엑셀과 데이터베이스의 관계를 살펴보고, 데이터 정렬, 필터, 레코드 관리, 부분합, 피벗 테이블 등과 같이 워크시트에 작성된 많은 양의 데이터를 보다 쉽게 관리하기 위한 엑셀의 데이터 관리 및 분석 명령들에 대해 알아본다.

7.1 데이터베이스 개요

데이터베이스란, 논리적으로 연관된 하나 이상의 자료의 모음으로 그 내용을 고도로 구조화함으로써, 검색과 갱신의 효율화를 꾀한 것이다. 즉, 몇 개의 자료들을 조직적으로 통합하여 자료 항목의 중복을 없애고 자료를 구조화하여 기억시켜 놓은 자료의 집합체라고 할 수 있다.

01 데이터베이스 구조

대량의 자료를 표현할 수 있는 데이터베이스는 엑셀에서 필드와 레코드, 필드명(열 이름표)으로 구성되며 이와 같은 구조는 다음 그림과 같다.

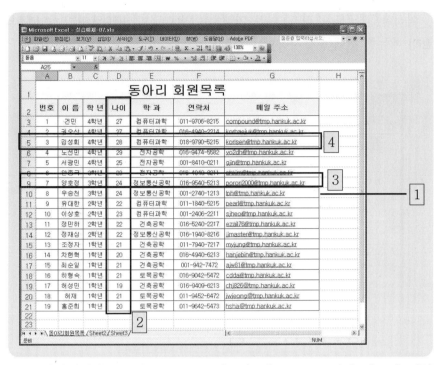

1) 데이터베이스(DataBase) : 필드와 레코드로 구성된 자료의 집합체이다.
2) 필드(Field) : 동일한 종류의 데이터들의 모음을 말하며 데이터베이스의 열에 해당한다.
3) 레코드(Record) : 필드들로 구성된 데이터 자료들의 모음을 말하며 데이터베이스의 행에 해당된다.
4) 필드명(Field Name) : 각각의 필드를 구분할 수 있는 필드의 이름이며 열의 이름에 해당된다.

02 레코드 관리

대량의 데이터 또는 수식이 많은 데이터 목록에서 셀에 직접 추가하는 것보다는 엑셀에서 제공하는 '레코드 관리 기능'을 활용하는 것이 매우 효과적이다. 그 외에도 엑셀에서 제공하는 '레코드 관리 기능'을 통해 데이터 자료의 조회, 수정 및 삭제를 쉽게 할 수 있다.

이러한 '레코드 관리 기능'은 아래의 그림과 같이 [데이터 메뉴] → [레코드 관리] 메뉴를 선택하여 사용할 수 있다.

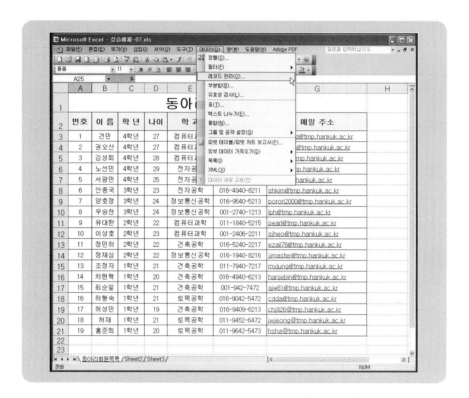

레코드 관리 대화상자의 구성은 다음과 같다.

1) 레코드 추가하기

레코드 관리 대화상자에서 **[새로 만들기]** 단추를 누르고, 대화상자에서 새로운 레코드 내용을 입력하면 데이터베이스 목록의 마지막 위치에 자동 추가된다.

실 습 예 제 1

다음과 같은 방법으로 하나의 레코드를 목록에 추가하시오.

① '동아리회원목록' 시트에 작성한 목록 내에 셀을 두고 **[데이터 메뉴]** → **[레코드 관리]** 명령을 실행한 후 **[새로 만들기]** 단추를 누른다.
② 새 레코드 대화상자에서 다음과 같이 추가할 레코드 내용을 입력한다.

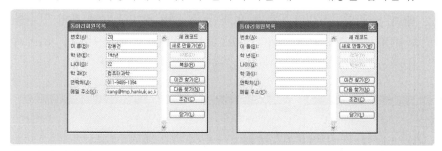

③ 대화상자에서 **[닫기]** 단추를 누르면 워크시트 목록의 끝에 마지막 레코드로 데이터가 입력된다. 이렇게 대화상자를 통해 데이터를 입력하면 수식은 자동 복사된다.

2) 레코드 찾기

레코드 관리를 위한 대화상자에서는 수정이나 삭제를 원하는 레코드를 쉽게 조회할 수 있는 방법을 제공한다. 즉, 앞의 대화상자에서 **[조건]** 단추를 누르면 각 필드에 조건을 작성할 수 있는 조건 대화상자가 표시된다.

실 습 예 제 2

다음과 같은 방법으로 하나의 레코드를 목록에 추가하여 보자.

① '동아리회원목록' 시트에서 작성한 목록 내에 셀을 두고 **[데이터 메뉴]** → **[레코드 관리]** 명령을 실행한다.

② **[학 과]** 필드에 '컴퓨터과학'을 입력한 후 **[다음 찾기]**나 **[이전 찾기]** 단추를 누르면 대화상자에 학과가 '컴퓨터과학'인 레코드만 표시된다. 따라서 특정 레코드에 대한 수정 작업을 효율적으로 수행할 수 있다.

3) 레코드 수정

'레코드 관리' 대화상자는 각 레코드의 필드명과 필드 내용 입력란, 현재 레코드의 번호, 여러 개의 명령 단추로 구성된다. 따라서 목록의 내용을 레코드별로 확인한 후 대화상자에서 수정하여 **[닫기]** 단추를 누르면 워크시트 목록에서 수정된 것을 확인할 수 있다.

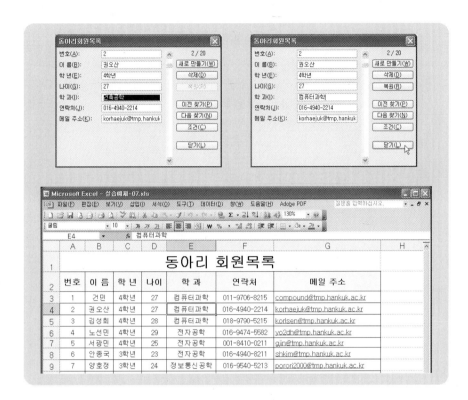

4) 레코드 삭제

목록 내에 셀을 두고 **[데이터]** → **[레코드 관리]** 실행 후 다음에 표시된 대화상자에서 원하는 레코드를 선택하고 **[삭제]** 단추를 누르면 워크시트에서 해당 레코드 행이 삭제된다.

03 데이터 정렬

데이터 정렬이란 데이터 관리에서 가장 기본적이면서도 중요한 기능으로 원하는 필드를 기준으로 언제든지 레코드를 재배열할 수 있다. 이러한 데이터의 정렬은 필요한 데이터를 쉽게 찾거나 분석하는 데 많은 도움이 된다.

1) 정렬의 기준과 방식

데이터를 정렬하려면 정렬의 기준이 되는 필드와 정렬 방식을 반드시 지정하여야 한다. 즉, 학생들을 학년 순서대로 줄을 서게 하는 경우를 예로 들었을 때 학생들의 학년이 「정렬의 기준」이 되며, 학년이 높은 사람을 앞에 나오게 할 것인지 아니면 학년이 낮은 사람부터 앞에 나오게 할 것인지를 결정하는 것은 「정렬의 방식」이 된다.

데이터 정렬 방식에는 다음과 같은 두 가지 종류가 있다.

① 오름차순 방식(Ascending)

오름차순이란 정렬의 기준으로 선택한 필드의 내용에서 값이 작은 것부터 큰 순서로 레코드를 정렬하는 방식을 말한다. 예를 들어 입사일순으로 레코드를 정렬할 경우 오름차순 방식을 선택하면 입사일이 빠른 사람이 먼저 출력된다.

② 내림차순 방식(Descending)

내림차순은 오름차순과 반대로 기준 필드의 내용에서 값이 큰 것부터 작은 순서로 정렬시키는 방식으로 성적순이나 매출액순과 같이 숫자 데이터를 큰 것부터 출력하는 경우에 주로 사용된다.

2) 정렬 방법

[데이터] → [정렬] 명령을 이용하면 정렬의 기준을 세 개까지 선택하여 레코드를 정렬시킬 수 있다.

실습예제 3

다음과 같은 방법으로 [정렬] 명령을 이용하여 '동아리 회원목록' 시트의 목록에 있는 레코드를 학년순으로 정렬하되 학년이 같으면 나이순으로 정렬해 보자.

① 목록 내에 하나의 셀을 선택한 다음 [데이터] → [정렬] 명령을 선택한다.
② 다음과 같은 '정렬' 대화상자에서 **[첫째 기준]**으로 품목, 오름차순(A)을,

[둘째 기준]으로는 금액, 내림차순(N)을 각각 선택한다.

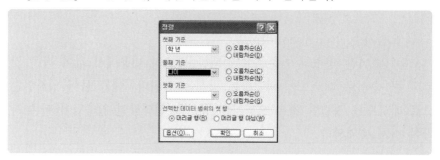

③ 대화상자에서 [확인] 단추를 누르면 다음과 같이 학년별 나이순으로
레코드가 정렬된다.

3) 데이터 정렬 옵션

레코드 정렬을 위한 기준 필드와 정렬 방식을 선택하는 '정렬' 대화상자에서 [옵션] 단추를 누르면 다음과 같은 '정렬 옵션' 대화상자가 표시되며, 주로 정렬의 기준이 되는 필드의 내용이 문자열인 경우 원하는 옵션을 지정하게 된다.

① 사용자 지정 정렬 순서

정렬의 기준인 필드 내용이 문자인 경우 해당 문자열의 코드순으로 레코드를 정렬하는 것이 아니라 사용자 지정 목록에서 지정한 목록의 문자열순으로 레코드를 정렬한다.

예를 들어 어떤 목록의 레코드를 직위순으로 정렬하는 경우 직위를 가나다순으로 정렬하면 우리가 원하는 직위순 정렬의 결과를 얻을 수 없다.

따라서 사장, 전무, 상무, 이사, 부장, 차장, …의 순으로 사용자 지정 목록을 정의([도구] 메뉴의 [옵션] 명령에서 [사용자 지정 목록] 탭 선택)한 다음 레코드를 정렬할 때 '정렬 옵션' 대화상자의 사용자 지정 정렬 순서에서 정렬을 원하는 목록 내용을 선택하면 사용자가 원하는 형태대로 레코드가 정렬된다.

② 대소문자 구분

레코드 정렬을 위한 기준 필드 내용이 영문자인 경우에는 기본적으로 A, a, B, b, C, c, …와 같은 순서로 정렬된다.

그러나 '정렬 옵션' 대화상자에서 [대/소문자 구분(C)] 확인란을 체크하면 대소문자의 코드순으로 정렬하게 되므로 'A, B, C, ⋯ Z', 'a, b, c, ⋯ z' 의 순으로 정렬된다.

③ 문자열 방향

위쪽에서 아래쪽(T) 레코드를 정렬하는 것이 기본 선택이며, **[왼쪽에서 오른쪽(L)]**을 선택하면 목록의 데이터가 필드 이름순으로 정렬된다.

7.2 자동 필터

필터란 원래 무엇인가를 걸러내기 위해 사용하는 도구를 의미한다. 따라서 데이터 관리에 있어 필터 기능이란 많은 데이터 중에서 특정 조건을 만족하는 레코드나 현재 필요한 특정 필드의 내용만을 화면에 표시함으로써 원하는 데이터를 검색하는 기능을 의미한다. 이와 같은 필터 기능을 이용하면 원하는 레코드나 필드만을 대상으로 하여 데이터 관리를 보다 효율적으로 수행할 수 있다.

01 자동 필터에 의한 데이터 추출

자동 필터란 현재 작성된 워크시트 목록에서 사용자가 지정한 조건을 만족하는 레코드 행만을 표시하고 나머지는 자동으로 숨겨지는 레코드 검색 방법으로 **[데이터]** 메뉴의 **[필터]**에서 **[자동 필터]** 명령을 이용한다.

검색 조건이 복잡하지 않은 경우라면 아주 손쉽게 사용할 수 있는 레코드 검색 기능이다.

실습예제1

(1) 선택된 필드에서 셀의 내용이 일치하는 레코드 표시

다음과 같은 방법으로 '엑셀과목 수강생 성적' 시트의 목록에 자동 필터 명령을 실행한 다음 학과가 '컴퓨터과학'인 레코드 행만을 나타내어 보자.

① 목록 내에 셀을 둔 다음 **[데이터]** → **[필터]** → **[자동 필터]** 명령을 선택하
  면 목록의 각각 필드 제목 오른쪽에 화살표 단추가 표시된다.

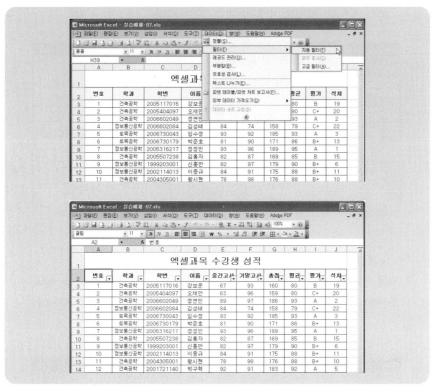

② 학과 필드명 옆에 표시된 화살표 단추를 누르면 다음과 같이 (모두),
  (Top 10...), (사용자 지정...), **[학과]** 필드의 각 내용 등이 자동 필터
  목록으로 표시된다.

③ 표시된 목록에서 '컴퓨터과학과'를 선택하면 다음 그림과 같이 학과
가 '컴퓨터과학과'인 레코드 행만이 화면에 표시되고 왼쪽의 열 번호
는 파란색으로 지정되며 나머지는 숨겨진다.

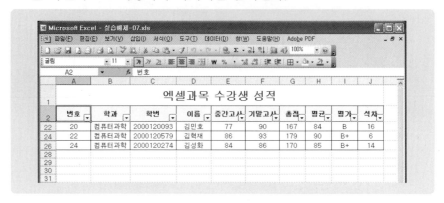

※ 숨겨진 레코드를 표시하는 방법
 자동 필터의 결과로 숨겨진 레코드 행을 다시 표시하려면 자동 필터
조건을 지정한 필드열의 자동 필터 목록에서 '(모두)'를 선택하면 된다.

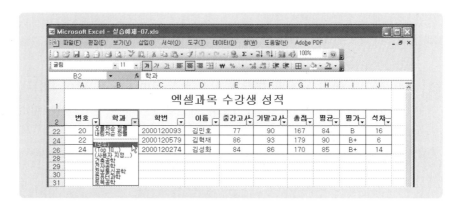

02 Top 10 기능에 의한 레코드 표시

선택할 필드 열의 자동 필터 목록에서 '(Top 10)'을 선택하면 레코드를
정렬하지 않고서도 필드 내용의 크기순으로 데이터를 검색할 수 있다.

　예를 들어 성적이 높은 순으로 10명만을 표시한다든지 성적이 좋지 않은 순으로 5명만을 표시하는 등의 검색이 가능하다.

실 습 예 제 2

다음 순서에 따라 자동 필터의 '(Top 10)' 기능을 이용하여 '**구매관리**' 시트의 목록에서 금액이 큰 순서로 7개의 레코드만을 표시해 보자.

① 제조회사 필드열에 모든 레코드가 표시되도록 만든다.

② 금액 필드명 옆에 표시된 화살표 단추를 누른 후 목록에서 '(Top 10)' 을 선택하면 다음과 같은 [**선택적 자동 필터**] 대화상자가 표시된다.

③ 대화상자의 표시 부분 목록에서 위쪽을 선택한다. 또한 총점이 큰 순 서대로 7개의 레코드를 표시해야 하므로 숫자 10이 표시된 부분에서 7을 지정한 다음 [**확인**] 단추를 누른다.

④ 자동 필터의 Top 10 기능을 이용하여 목록의 전체 레코드 중 금액이 큰 순서대로 7번째의 레코드만을 표시한 결과는 다음과 같다.

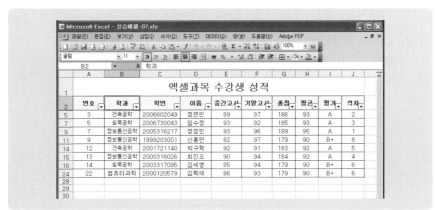

03 사용자 정의 조건 작성

자동 필터를 사용하여 원하는 레코드를 검색하는 경우 앞에서와 같이 특정 필드의 내용이 일치하는 레코드나 지정한 순위 안에 들어가는 레코드 행을 표시하는 것 이외에 비교적 간단한 사용자 정의 조건을 작성하여 조건을 만족하는 레코드를 표시할 수 있다.

사용자 정의 조건을 이용하면 부등호를 이용하는 비교 조건 및 두 개의 조건을 AND나 OR 등으로 연결하는 형태의 자동 필터 조건을 만들 수도 있다.

실 습 예 제 3

먼저 다음과 같이 자동 필터의 사용자 정의 기능을 이용하여 '엑셀과목수강생 성적' 시트의 목록에서 학과가 '컴퓨터과학' 또는 '정보통신공학'인 레코드 행을 표시해 보자.

① 현재 목록의 학과 필드열에서 다시 모든 레코드가 표시되도록 만든다.

② 학과 필드명 옆에 표시된 화살표 단추를 누른 후 목록에서 '(사용자 지정...)'을 선택하면 [사용자 지정 자동 필터] 대화상자가 표시된다.

③ [사용자 지정 자동 필터] 대화상자에서 다음과 같이 왼쪽 부분의 비교 연산자를 선택하는 목록에서는 등호(=)를, 오른쪽 목록에서는 원하는 학과 내용을 각각 선택한다. 또한 대화상자에서 작성한 두 개의 조건을 OR로 연결하기 위해 [또는(O)]을 선택한다.

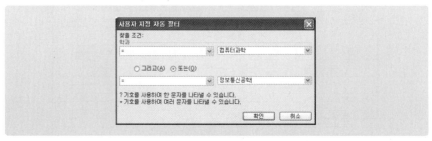

④ 대화상자에서 [확인] 단추를 누르면 다음 그림과 같이 목록에서 학과 가 '컴퓨터과학' 또는 '정보통신공학'인 레코드 행만이 표시된다.

실습예제 4

평균이 80점 이상 90점 이하인 레코드를 표시해 보자.

① 현재 목록의 학과 필드열에서 다시 모든 레코드가 표시되도록 만든다.

② 평균 필드명 옆에 표시된 화살표 단추를 누른 후 목록에서 '(사용자 지정...)'을 선택한다.

③ [사용자 지정 자동 필터] 대화상자에서 왼쪽 부분의 비교연산자를 선택하 는 목록에서는 [>=]와 [<=]를 각각 선택하고, 오른쪽 목록에서는 80과 90을 각각 입력한다. 마지막으로 대화상자에서 작성한 두 개의 조건 을 AND로 연결하기 위해 [그리고(A)]를 선택한다.

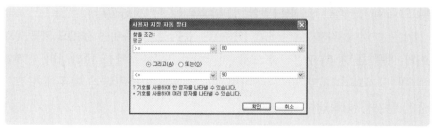

④ 대화상자에서 **[확인]** 단추를 누르면 다음 그림과 같이 총점이 80점 이
상 90 이하인 레코드 행만 목록에 표시된다.

도움말

찾을 조건은 다음과 같다.

[=] : 같다, [〈 〉] : 같지 않다, [〉=] : 크거나 같다, [〉] : 크다
[〈] : 작다, [〈=] : 작거나 같다

이 외에도 시작 문자, 끝 문자, 제외할 시작 문자, 제외할 끝 문자,
포함, 포함하지 않음이 있다. 이 조건을 사용하여 사용자가 원하는 데이
터만을 추출할 수 있다. 그리고 중간의 **[그리고(A)]**는 위의 조건과 아래의
조건 두 개 모두를 만족하는 데이터를 추출할 때 사용하고 **[또는(O)]**은 위
와 아래의 두 조건 중 하나만을 만족해도 될 때 사용한다.

[*]은 여러 문자를 나타내고 **[?]**은 한 문자를 나타내는 **[와일드 카드 문자
로]**의 예를 들면 **[총*]** 은 '총'으로 시작하는 모든 문자를 나타내며, **[?무?]**
은 첫 글자와 마지막 글자는 어떤 한 문자를 나타내면서 가운데가 '무'
자인 문자를 나타낸다.

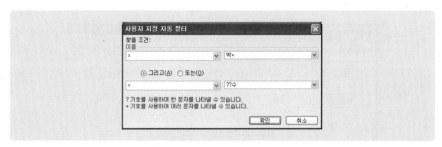

(첫 글자가 박으로 시작하고 마지막 글자는 수로 시작하는 데이터를 추출한다.)

04 자동 필터 해제

자동 필터 기능을 해제하려면 각 필드 열에서 숨겨진 레코드 행을 모두 표시한 다음 [데이터] → [필터] → [자동 필터] 명령을 다시 한 번 실행시킨다.

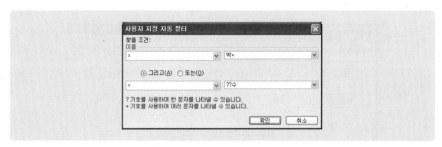

여러 필드열에 자동 필터 기능을 실행한 경우에는 [데이터] → [필터] → [모두 보기] 명령을 선택하면 목록의 모든 레코드행이 한번에 다시 나타난다.

실습예제 5

앞에서 설명한 방법으로 '엑셀과목수강생성적' 시트의 목록에서 모든 레코드를 표시한 다음 자동 필터 기능을 해제한다.

7.3 고급 필터

고급 필터란 자동 필터와 마찬가지로, 특정한 조건을 만족하는 레코드를 표시하기 위해 사용하는 데이터 관리 기능이다. 그러나 자동 필터와는 달리 다양한 조건을 작성할 수 있으며, 고급 필터에 의해 레코드를 검색한 결과를 목록 안에서만 표시하는 것이 아니라 워크시트의 다른 셀 영역에 복사할 수 있다.

01 고급 필터의 구성

고급 필터를 사용하려면 먼저 다음과 같이 세 가지 구성 요소를 갖춰야 한다.

1) 목록 범위(L) : ① 고급 필터에서 추출하기 위해서 사용할 실제 원
   본 데이터 영역 표시
2) 조건 범위(C) : ① 데이터를 추출할 때 사용할 조건이 설정된 영역
   표시 ② 아래의 그림처럼 표시할 조건 범위는 다양하게 나타낼 수
   있음
3) 복사 위치(T) : ① 필터한 데이터를 다른 곳에 추출할 경우 데이터
   가 표시될 영역 ② 현재 목록 범위에 추출한 데이터를 표시할 경우
   사용하지 않음 ③ 복사 위치를 지정하면 사용자가 원하는 필드만을
   나타낼 수 있음

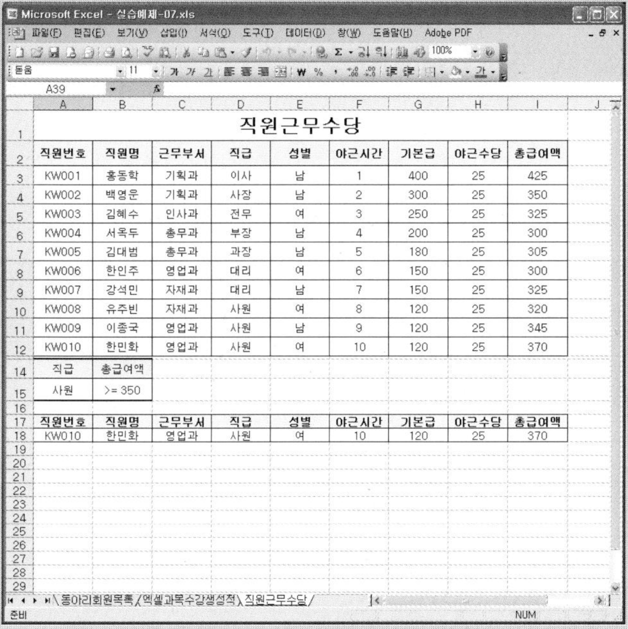

02 고급 필터를 이용한 데이터 추출

고급 필터 기능을 사용하려면 레코드를 검색하기 위한 조건식을 워크
시트의 빈 셀에 미리 작성해 두어야 하며, 이를 나중에 고급 필터 명령

실행시 조건 내용으로 선택해야 한다.

실습예제 1

위의 그림같이 '직원근무수당' 시트의 목록 (14행, 15행)에 직급이 '사원'인 조
건식과 급여액이 350만원 이상의 조건식을 각각 미리 작성한다.

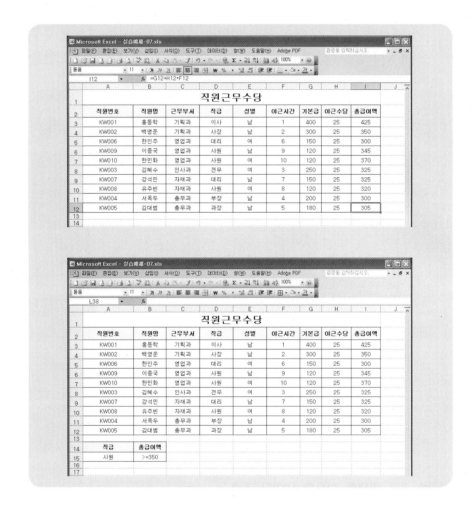

① 목록 내에 셀을 둔 다음 [데이터] → [필터] → [고급 필터] 명령을 실행한다.

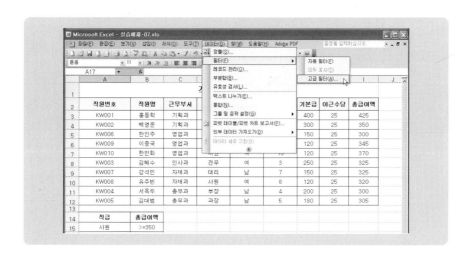

② '고급 필터' 대화상자에서 다음과 같이 각 부분의 내용을 지정한다.
[목록 범위(L)]에는 이미 목록 안에 셀을 두고 명령을 수행했기 때문에
목록의 전체 데이터 범위가 선택되어 있다. [조건 범위(C)] 부분의 입력
란에 'A14:B15' 셀 범위를 선택한다.

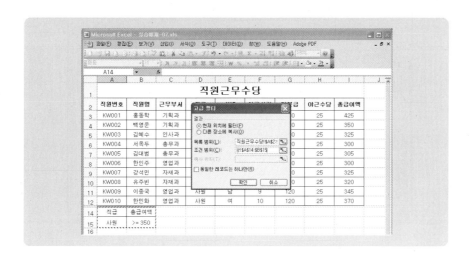

③ 마지막으로 대화상자의 결과 부분에서 **[복사 위치(T)]**를 선택하면 **[복사 위치(T)]**의 입력란이 활성화되는데 여기서 A17셀을 선택한다.

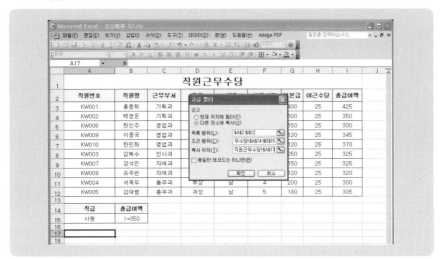

④ '고급 필터' 대화상자에서 **[확인]** 단추를 누르면 다음과 같이 워크시트의 A17셀 위치부터 조건에 일치하는 레코드가 목록으로부터 복사된다.

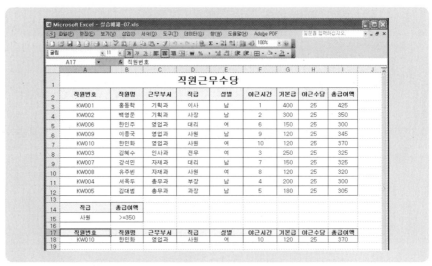

02 원하는 필드만을 복사하는 방법

앞에서 실습한 고급 필터는 선택한 조건을 만족하는 레코드의 모든 필드열이 복사되었다.

그러나 목록의 필드가 많은 경우, 조건을 만족하는 레코드의 특정 필드만을 검색하고자 할 때가 있다.

이러한 경우에는 고급 필터 명령을 선택하기 전에 출력을 원하는 필드명을 미리 워크시트의 빈 셀에 입력해 두어야 한다.

실 습 예 제 1

총급여액이 350 이상인 레코드의 직원명, 근무부서, 직급, 성별 필드만을 고급 필터의 검색 결과로 워크시트에 복사해 보시오.

① 먼저 앞에서 복사된 고급 필터의 결과를 삭제한 다음 아래와 같이 복사할 필드명을 A17:D17셀에 입력한다.

② 목록 내에 셀을 두고 **[데이터]** → **[필터]** → **[고급 필터]** 명령을 실행한 다음 **[고급 필터]** 대화상자에서 다음과 같이 각 부분의 내용을 지정한다. **[목록 범위(L)]**에는 이미 목록 안에 셀을 두고 명령을 수행했기 때문에 목록의 전체 데이터 범위가 선택되어 있다. 찾을 **[조건 범위(C)]** 부분의 입력란에 B14:B15 셀 범위를 선택한다. 마지막으로 대화상자의 결과 부분에서 다른 장소에 **[복사 위치(T)]**를 선택하기 위해 여기서 A17:D17셀 범위를 선택한다.

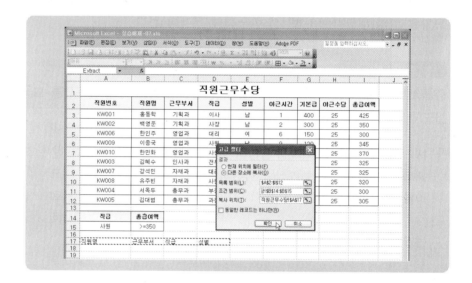

③ **[고급 필터]** 대화상자에서 **[확인]** 단추를 누르면 다음과 같이 워크시트의 A18셀 위치부터 총급여액이 350원 이상인 레코드의 직원명, 근무부서, 직급, 성별 필드만 복사된다.

7.4 부분합 기능을 이용한 데이터 처리

부분합이란 한글 엑셀2003의 대표적인 데이터 관리 기능으로 목록의 레코드가 특정 필드에 대해 정렬된 상태에서 필드의 내용이 같은 레코드 그룹별로 지정된 연산을 수행하는 것을 말한다.

예를 들면 '직원근무수당' 시트에서 근무부서별로 계산한 총급여액의 합계나 평균을 부분합 기능을 이용하여 목록 내에 삽입할 수 있다.

01 부분합 작성 방법

부분합을 작성하려면 먼저 부분합을 작성할 필드에 대해 레코드를 정렬시켜 같은 내용의 레코드끼리 그룹화시켜 놓아야 한다. 다음으로 **[데이터]** → **[부분합]** 명령을 이용한다.

실 습 예 제 1

다음 순서에 따라 '직원근무수당' 시트의 목록 내에 근무부서별로 금액의 합계를 삽입하는 과정을 통해 부분합 기능의 사용법을 알아보자.

① 먼저 '근무부서' 순서로 레코드를 정렬하기 위해 3행부터 12행까지 선택한 후, [데이터] → [정렬] 명령을 이용한다. 정렬 대화상자에서 첫 번째 기준으로 근무부서를 선택하고 오름차순을 선택하고 [확인]을 누른다.

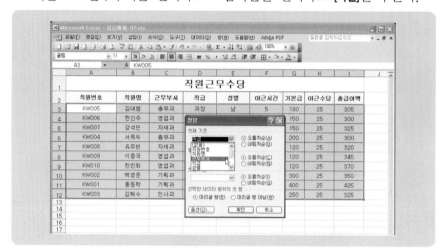

② 목록 내에 셀을 두고 [데이터] → [부분합] 명령을 실행한다.
③ '부분합' 대화상자에서 부분합 작성을 위한 각각의 내용을 선택한다. 즉 [그룹화할 항목 (A)]은 근무부서, [사용할 함수(U)]는 합계를 선택하고 [부분합 계산 항목(D)]에서는 총급여액에만 확인란을 체크한다.

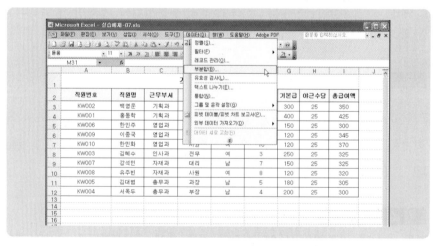

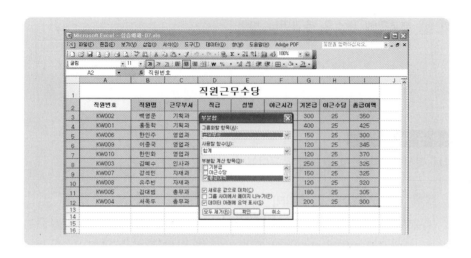

④ 대화상자에서 **[확인]** 단추를 누르면 아래와 같이 근무부서별로 합계가
자동 계산되어 목록 내에 삽입된 결과가 표시되며, 목록의 가장 아래
쪽에는 총급여액의 총합계가 나타난다.

02 부분합에 함수를 추가하는 방법

부분합 기능을 이용하면 그룹화한 항목별로 합계뿐만 아니라 평균, 곱, 개수, 최대값, 최소값 등의 다양한 계산을 수행할 수 있다.

실 습 예 제 1

앞서 작성한 부분합의 결과에 총급여액의 평균을 추가하시오.

① 목록 내에 셀을 두고 [데이터] → [부분합] 명령을 실행한다.
② '부분합' 대화상자에서 [그룹화할 항목(A)] 및 [부분합 계산 항목(D)]은 그대로 둔 상태에서 [사용할 함수(U)]의 목록을 열면 다양한 함수 종류가 표시되는데 여기서 평균을 선택한다.

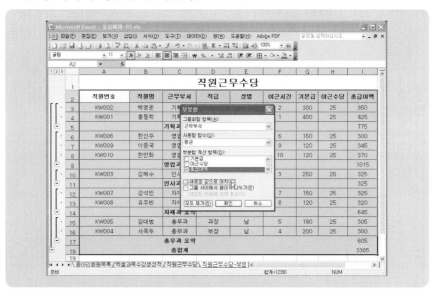

③ 마지막으로 대화상자의 [새로운 값으로 대치(C)] 부분에서 확인란 체크를 없앤 다음 [확인] 단추를 누르면 앞에서 표시한 근무부서별 합계와 함께 근무부서별 평균을 계산한 결과가 추가되며 목록의 가장 끝에 금액의 총평균이 표시된다.

※ 부분합에서 함수를 변경하는 방법

'부분합' 대화상자의 내용 중 [새로운 값으로 대치(C)] 부분의 확인란을 체크하면 이미 작성된 부분합 계산을 위한 함수가 새롭게 선택한 함수로 대치되며, 확인란의 체크를 없애면 새로 지정한 함수가 현재 표시된 함수와 함께 추가된다.

따라서 이미 작성한 부분합 계산 함수를 다른 함수로 변경하는 경우에는 반드시 [새로운 값으로 대치(C)] 부분의 확인란을 체크한 상태로 두어야 한다.

03 부분합 삭제

작성된 부분합을 모두 삭제한 다음 원래의 데이터 목록 상태로 돌아가려면 [데이터] → [부분합] 명령을 실행한 후 '부분합' 대화상자에서 [모두 제거] 단추를 누른다.

7.5 피벗 테이블을 이용한 데이터 처리

워크시트에 작성된 목록에서 원하는 필드만을 선택하여 다양한 각도에서 데이터를 분석, 처리할 수 있는 피벗 테이블의 개념 및 작성 방법에 대해 알아보자.

01 피벗 테이블이란?

피벗 테이블(Pivot Table)은 '축을 중심으로 다양한 각도로 회전시킨다.'는 의미를 가지고 있다. 따라서 워크시트에 작성된 2차원적인 평면적 데이터 형태인 원본 목록을 다양한 각도에서 데이터를 분석할 수 있는 형태로 작성한 것을 의미한다.

다음은 엑셀2003의 워크시트에 작성된 원본 목록에서 필드명에 따라 다양한 형태로 데이터를 처리할 수 있는 예를 보이고 있다.

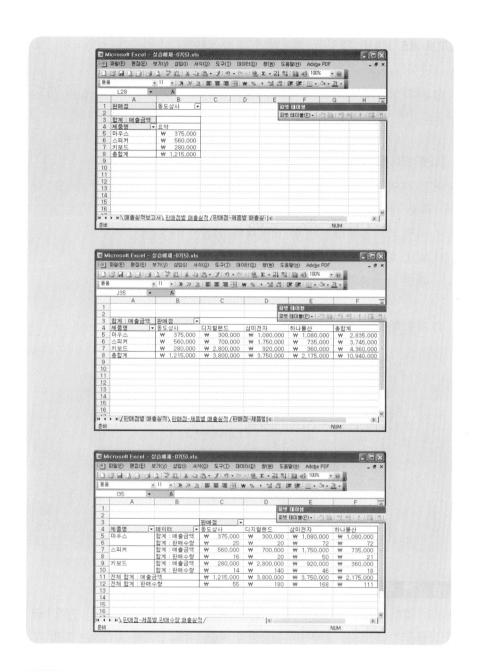

피벗 테이블 작성 방법

피벗 테이블은 마법사 기능을 이용하여 작성한다. [데이터] → [피벗 테이블/피벗 차트 보고서] 명령을 선택하면 피벗 테이블 마법사가 실행되며, 모두 3단계의 대화상자로 구성된다.

각 대화상자에서 원본 목록의 종류, 원본의 범위, 피벗 테이블의 필드 구조, 피벗 테이블을 표시할 위치 등을 지정하면 된다.

[피벗 테이블 마법사]

피벗 테이블 마법사를 사용하면 피벗 테이블을 간단하게 만들 수 있다. 피벗 테이블을 만드는 일반적인 순서는 다음과 같다.
- 피벗 테이블에서 사용할 데이터의 범위를 지정한다.
- 피벗 테이블이 삽입될 위치를 지정한다.
- 피벗 테이블의 모양을 지정한다.

1) 피벗 테이블 작성

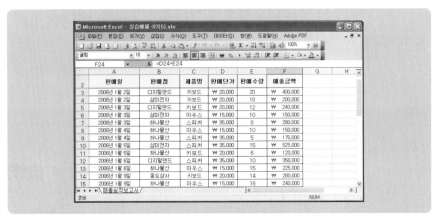

실 습 예 제 1

아래와 같이 '매출실적보고서' 시트의 원본 목록에서 판매점, 제품명, 판매수량 및 매출금액 데이터를 요약하여 제품명별 매출금액의 합계를 처리하는 피벗 테이블을 작성하시오.

① 원본 목록 내에 셀을 아무거나 하나 두고 [데이터] → [피벗 테이블/피벗 차트 보고서...] 명령을 실행한다.

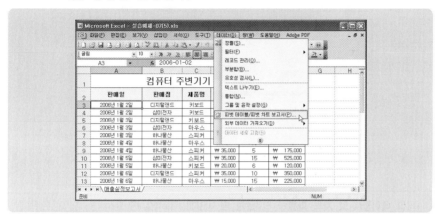

② [피벗 테이블/피벗 차트 마법사 - 3단계 중 1단계] 대화상자에서 분석할 원본 데이터가 작성되어 있는 위치를 선택한다. 현재 작성할 원본 목록이 엑셀 워크시트에 작성되어 있으므로 다음과 같이 [Microsoft Excel 목록이나 데이터베이스(M)]를 선택한 후 [다음]을 누른다.

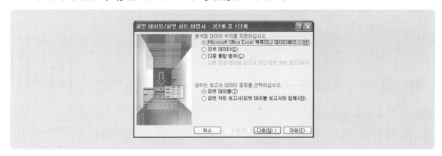

③ [피벗 테이블/피벗 차트 마법사 - 3단계 중 2단계] 대화상자에서는 원본 목록이 작성된 워크시트 범위를 선택한다. 대화상자의 [범위(R)] 부분에 이미 목록의 셀 범위가 자동 입력되어 있으므로 [다음] 단추를 누른다. 피벗 테이블을 작성하려는 원본의 범위를 수정하는 경우에는 이 대화상자에서 다시 워크시트의 셀 범위를 선택하면 된다.

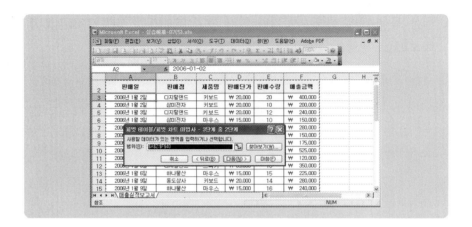

④ **[피벗 테이블/피벗 차트 마법사 - 3단계 중 3단계]** 대화상자에서는 피벗 테이블을 작성할 위치를 선택한다. 다음 그림과 같이 **[새 워크시트(N)]**를 선택하고 **[마침]**을 클릭한다.

다음으로 아래 그림과 같이 새로운 워크시트가 삽입되면서 피벗 테이블이 위치할 영역과 피벗 테이블 필드 목록이 화면에 표시된다.

피벗 테이블 필드 목록에는 데이터 목록 내에 있는 모든 필드명이 표시된다. 마우스를 사용하여 목록 내에 있는 필드명을 파란색으로 표시된 영역 내에 드래그하면 피벗 테이블이 만들어진다.

　-열 필드/행 필드 : 열 머리글, 행 머리글로 사용될 필드를 가리킨다. 이 필드들을 기준으로 데이터들이 요약 정리된다.

　-데이터 필드 : 열 필드, 행 필드를 기준으로 실제 요약 정리될 데이터가 들어 있는 필드를 가리킨다.

　-페이지 필드 : 어떤 필드를 기준으로 특정 값에 해당하는 데이터들만 표시되도록 할 때 사용한다.

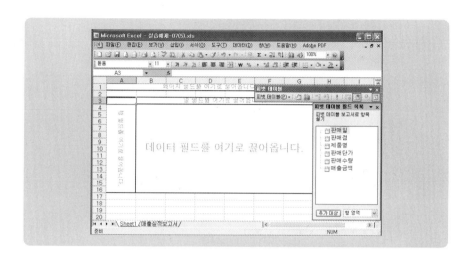

⑤ 피벗 테이블 필드 목록에서 판매점을 클릭한 뒤 페이지 필드 영역으로 드래그한다. '판매점' 필드에 해당하는 데이터들이 페이지 필드 위치에 표시된다.

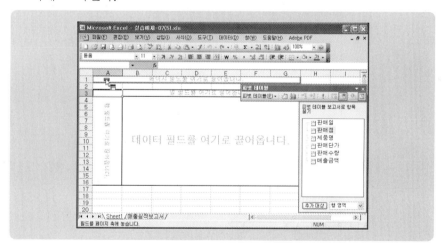

⑥ ⑤와 같은 방법으로 피벗 테이블 필드 목록에서 매출금액을 클릭한 뒤 행 필드 영역으로 드래그한다. '매출금액명' 필드에 해당하는 데이터들이 행 필드 위치에 표시된다.

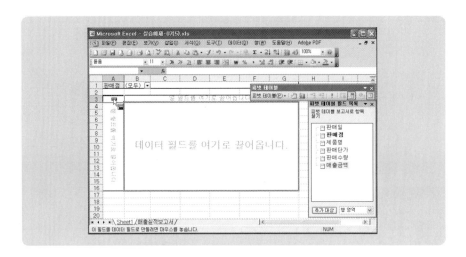

⑦ 피벗 테이블 필드 목록에서 제품명을 클릭한 뒤 행 필드의 '요약' 영
역으로 드래그한다.

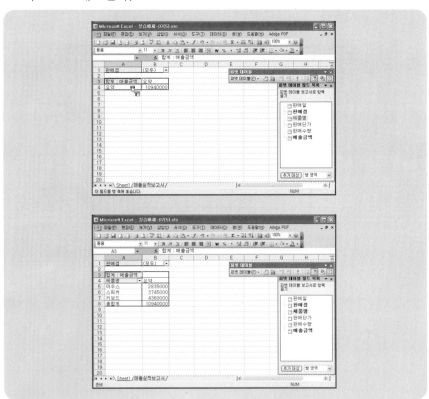

2) 피벗 테이블 조작

이미 만들어져 있는 피벗 테이블을 다른 형태로 조작하는 방법에 대해 알아본다. 테이블에 있는 필드를 다른 영역으로 이동시키려면 필드 레이블을 클릭한 뒤 해당 영역으로 드래그하면 된다.

새로운 필드를 삽입할 때에는, 필드 테이블을 만들 때처럼 필드 목록에 있는 항목을 해당 영역으로 드래그하면 된다. 또한 테이블에 있는 필드를 없애려면 테이블에 있는 필드 레이블을 테이블 밖으로 드래그하면 된다.

앞의 예제들에서는 각 영역마다 필드를 하나씩만 사용하였지만 여러 필드를 중첩해서 사용할 수 있다. 각 영역에 필드를 어떤 순서로 위치시키느냐에 따라 다양한 형태의 테이블이 만들어진다.

필드 이동 및 삽입하기

–셀 A1에 있는 [판매점] 레이블을 클릭한 뒤 B4로 드래그한다.

제품별 판매점별로 매출금액이 정리되는 테이블이 만들어졌다.

피벗 테이블 필드 목록에서 판매수량 필드를 선택하여 데이터 영역에
드래그한다.

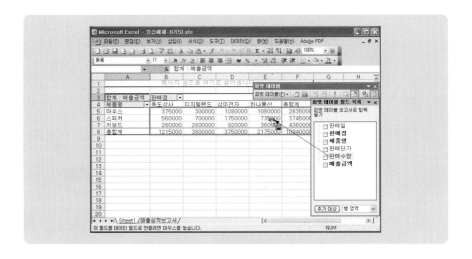

테이블의 모습이 바뀌었다. 데이터 영역에 필드가 여러 개 놓이면 [데이
터] 레이블이 새로 표시된다. 이 레이블을 행 필드 영역에 위치시키느냐,
열 필드에 시키느냐에 따라 테이블의 모양이 변경된다.

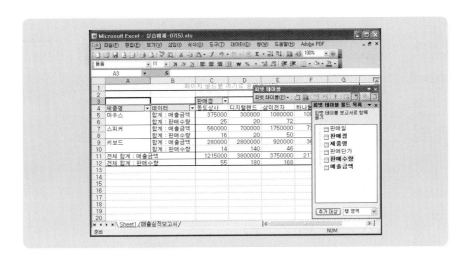

판매점 필드를 클릭한 뒤 A5:A12와 B5:B12의 경계로 드래그한다.

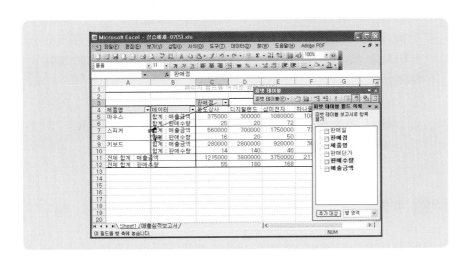

제품명 필드와 판매점 필드가 중첩되는 형태로 바뀌었다.

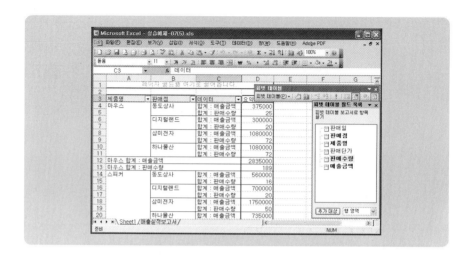

※ 피벗 테이블 작성 위치

① [피벗 테이블 마법사 – 3단계 중 3단계] 대화상자에서 [새 워크시트(N)]를 선택하면 원본 목록이 작성된 워크시트 앞에 새로운 워크시트가 자동 삽입되면서 삽입된 새 워크시트의 A1셀부터 피벗 테이블이 작성된다.

② [기존 워크시트(E)]를 선택하는 경우에는 현재 원본 목록이 있는 워크시트나 현재 통합 문서에 이미 포함된 다른 워크시트의 특정 셀 위치부터 피벗 테이블을 작성할 수 있다.

03 피벗 테이블의 수정

피벗 테이블의 구조 및 데이터 계산의 종류, 원본 목록의 데이터가 수정된 경우 피벗 테이블의 내용을 새롭게 고치는 방법에 대해 알아보자.

1) 피벗 테이블의 구조 변경

피벗 테이블로 작성된 원본의 필드 내용을 수정하려면 이미 작성된 피벗 테이블 내에 셀을 위치하고 **[데이터]** → **[피벗 테이블/피벗 차트 보고서]** 명령을 선택하면 **[피벗 테이블 마법사 - 3단계 중 3단계]** 대화상자가 바로 표시되어 피벗 테이블의 구조를 변경할 수 있게 된다.

2) 원본 목록이 수정된 경우

피벗 테이블의 셀에는 특정한 수식이 작성된 형태가 아니므로 피벗 테이블로 작성한 원본 목록의 내용이 변경되는 경우 피벗 테이블의 내용은 자동으로 고쳐지지 않는다.

그러므로 수정된 원본 목록의 내용을 피벗 테이블에 표시하여 항상 최신의 데이터 상태를 유지하려면 작성된 피벗 테이블 내에 셀을 두고 **[데이터]** → **[데이터 새로 고침]** 명령을 선택한다. 그러면 수정된 원본 목록의 내용에 맞게 피벗 테이블이 변경된다.

7.6 데이터 통합을 이용한 데이터 처리

월별 또는 분기별 데이터가 여러 장의 워크시트에 각각 작성되어 있는 경우 이를 하나의 워크시트에 통합하여 데이터를 처리하는 방법에 대해 알아보자.

01 데이터 통합의 의미

데이터 통합은 여러 개의 워크시트에서 중요한 데이터 요소를 요약하여 문서를 작성하기 위해 사용하는 데이터 관리 기능으로 서로 다른 셀 위치나 워크시트에 들어 있는 많은 양의 데이터를 하나의 워크시트에 다양한 계산 함수를 이용하여 요약할 수 있다.

1) 원본 영역과 대상 영역

데이터를 통합할 정보가 들어 있는 셀 영역을 '원본 영역'이라 하고, 통합된 데이터를 넣을(표시할) 범위를 '대상 영역'이라고 한다.

또한 원본 영역은 별도의 통합 문서, 같은 통합 문서의 다른 워크시트, 같은 워크시트 등에서 선택한 셀 범위일 수 있다.

2) 데이터 통합의 종류

데이터 통합 방식에 따라 다음과 같은 두 가지 종류의 데이터 통합 유형이 있다.

통합 방법	내 용
위치별 통합	통합하려는 데이터 항목들이 워크시트상의 각 원본 영역에서 상대적으로 동일한 위치에 있을 때 위치별로 통합한다. 따라서 원본 영역과 대상 영역을 배열할 때 각 워크시트상의 절대 위치에 동일하게 배열해야 한다.
항목별 통합	원본 영역에서의 위치는 서로 다르지만 항목의 구성이 유사한 경우에는 항목별 통합 방법으로 데이터를 통합한다. 항목별 통합시에는 원본 영역의 각 행이나 열의 이름표가 항목으로 사용되며, 통합될 대상 영역의 행이나 열의 머리글로 쓰여 진다.

02 데이터 통합 방법

실 습 예 제 1

다음과 같은 방법으로 3개의 워크시트에 각각 작성되어 있는 1월 판매실적, 2월 판매실적, 3월 판매실적에 해당하는 원본 데이터를 통합 계산하여 하나의 워크시트에 1-3월 판매실적으로 데이터 통합 기능을 사용하시오.

① 새 통합 문서를 열어 Sheet1, Sheet2, Sheet3에 다음과 같이 데이터 통합을 위한 원본 내용을 작성한 다음 시트 이름을 '1월 판매실적', '2월 판매실적', '3월 판매실적'으로 각각 변경한다.

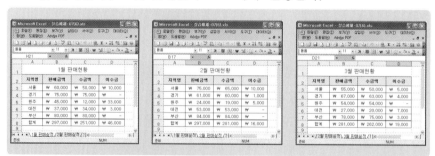

② Sheet4를 추가하고 다음과 같이 제목을 작성한 다음 시트 이름을
'1-3월 판매실적통계'라고 변경한다.

③ 통합의 결과를 표시할 셀 위치인 '1-3월 판매실적통계' 워크시트의
A2셀을 선택한 다음 [데이터] → [통합] 명령을 실행한다.

④ '통합' 대화상자의 사용할 [함수(F)] 목록에서 합계를 선택한다. 또한
[참조(R)] 입력란에서 '1월 판매실적' 시트의 시트 탭을 클릭하고,
A2:D8 셀 범위를 선택한 다음 [추가] 단추를 누르면 다음과 같이 [모
든 참조 영역(E)] 목록에 현재 선택한 원본 영역의 셀 범위가 표시된다.

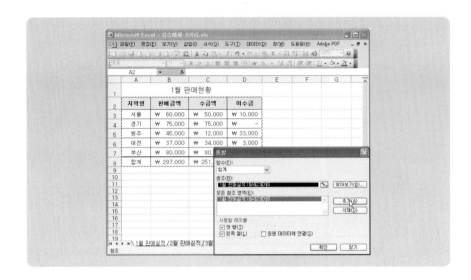

⑤ 같은 방법으로 **[참조 영역(R)]** 입력란에서 '하반기' 시트의 시트 탭을 클릭하고, B4:D13 셀 범위를 선택한 다음 **[추가]** 단추를 누른다. 또한 사용할 레이블에서 **[첫 행(T)]**과 **[왼쪽 열(L)]**의 확인란을 모두 체크하면 '통합' 대화상자의 내용이 다음과 같이 작성된다.

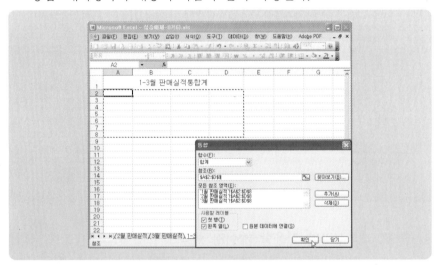

⑥ '통합' 대화상자에서 **[확인]** 단추를 누르면 '1-3월 판매실적통계' 시트의 B4셀부터 원본 영역의 데이터를 각 항목별로 통합한 결과가 표시된다.

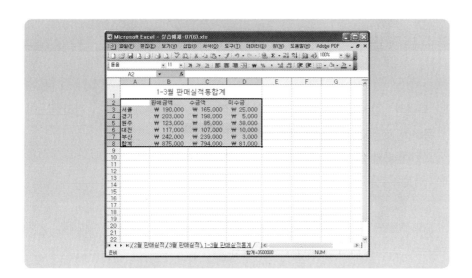

연 습 문 제

1. 다음과 같이 '대학원 신입생 입학성적' 표를 작성하고 '레코드 관리'를 이용하여 조건에 맞게 데이터를 처리하시오.

   (1) 아래의 학생을 레코드 관리를 이용하여 추가하시오.

2007232511	한순영	여	토목공학과	박사	765	456	90	84
2007232512	정민형	남	전파공학과	박사	875	534	87	89
2007232513	강희석	남	토목공학과	박사	775	512	96	78
2007232514	문순재	남	건축공학과	박사	695	488	98	79

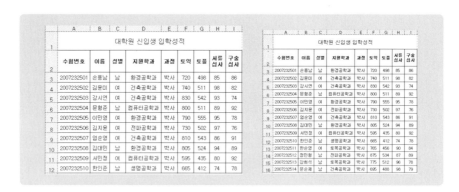

   (2) '김지윤' 학생을 검색하여 삭제하시오.

   (3) '한인준' 학생을 검색하여 '생명공학과'를 '토목공학과'로 수정하시오.

2. '대학원 신입생 입학성적'표에서 부분합을 이용해 성별을 기준으로 토익, 토플, 서류심사, 구술심사 결과의 평균을 구하시오.

3. 아래의 표를 작성하고 조건에 맞게 필터링하시오.

[조 건]
제조사가 '삼성전자'이고 수량이 20 이상인 구입날짜의 데이터를 필터링하시오.

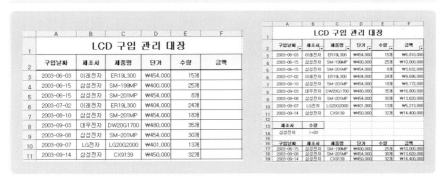

4. 아래의'대학원 신입생 입학성적'을 작성한 후 조건에 맞게 피벗 테이블을 작성하시오.

(1) 아래의 조건에 알맞게 피벗 테이블을 작성하시오.

[조 건]

(1) 지원학과를 선택한 결과를 볼 수 있도록 한다.

(2) 석사 박사과정을 구분하고 성별을 구분하여 토익, 토플점수의 총점을 나타낸다.

(2) 아래의 조건에 알맞게 피벗 테이블을 작성하시오.

[조 건]

(1) 지원학과별로 학생의 이름, 과정, 토익성적을 출력하고 각 학과별로 토익점수 합계를 출력하시오.

	합계 : 토익			
3	지원학과 ▼	이름 ▼	과정 ▼	요약
4				
5	건축공학과	강시연	박사	830
6		강시연 요약		830
7		김윤미	박사	740
8		김윤미 요약		740
9		노민택	석사	695
10		노민택 요약		695
11		문순재	박사	695
12		문순재 요약		695
13		엄순열	박사	810
14		엄순열 요약		810
15	건축공학과 요약			3770
16	생명공학과	서재석	석사	753
17		서재석 요약		753
18		양호경	석사	885
19		양호경 요약		885
20	생명공학과 요약			1638
21	전파공학과	구혜민	석사	710
22		구혜민 요약		710
23		김지윤	박사	730
24		김지윤 요약		730
25	전파공학과 요약			1440
26	정보통신공학과	안민영	석사	815
27		안민영 요약		815
28		우순용	석사	815
29		우순용 요약		815
30	정보통신공학과 요약			1630
31	컴퓨터공학과	문형준	박사	800
32		문형준 요약		800
33		서민정	박사	595
34		서민정 요약		595
35		황민주	석사	760

매크로(Macro)를 사용하면 Microsoft Excel에서 자주 수행하는 작업을 자동화할 수 있다. 매크로는 해당 작업이 필요할 때마다 실행할 수 있도록 일련의 명령과 함수를 Microsoft Visual Basic 모듈로 저장해 놓은 것이다.

8.1 매크로 작성

엑셀에서 매크로를 사용하게 되는 경우는 제한된 범위 내에서 일정한 규칙을 갖는 특정한 작업이 반복적으로 또는 빈번하게 발생될 때 유용하게 사용된다. 매크로는 엑셀 함수를 직접 입력하거나 마우스를 통해 수행되는 일련의 동작들을 순차적으로 기록하여 저장하고, 이를 실행하게 함으로써 문서 작성 시간을 단축시키는 효과를 갖게 된다.

엑셀에서 매크로를 생성하는 방법은 크게 두 가지로, 수행해야 할 모든 과정을 기록하게 하는 '새 매크로 기록(R)' 방법과 VBA(Visual Basic for Applications) 코드를 직접 입력하는 'Visual Basic Editor(V)' 방법을 제공하고 있다.

'새 매크로 기록' 방법은 기존의 엑셀 문서를 작성하듯 기록을 하면 VBA 코드가 자동 생성되는 장점이 있지만, VBA 코드의 최적화와 세심한 작업을 하기에는 적합하지 못한 단점을 갖는다. 반면 'Visual Basic Editor' 방법은 보다 상세한 코드 작성과 최적화를 필요로 하는 작업에서 효율성이 높은 장점을 갖고 있지만, Visual Basic Editor를 통해 직접 VBA 코드를 작성해야 하므로 어느 정도의 프로그램 작성 능력을 갖춰야 하는 단점을 갖고 있다. Visual Basic Editor 방법은 4절에서 간략히 다루기로 한다.

그러나 이 두 가지 방법 모두 내부적으로는 VBA 코드로 저장되고 실행됨으로써 엑셀 문서를 쉽고 편리하게 작성할 수 있고, 사용자는 매크로 기능을 자신만의 새로운 메뉴에 추가하여 사용할 수 있으므로 엑셀의 활용도를 한층 높일 수 있다.

01 매크로 기록

① 매크로를 기록하기 위해서는 메뉴에서 **[도구]-[매크로]-[새 매크로 기록]**을 선택한다.

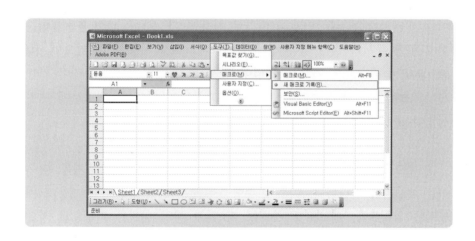

② 매크로 기록 대화 상자가 나타나면, 우선 **[매크로 이름]** 상자에 매크로의 이름을 입력한다. **[매크로 이름]**의 첫 글자는 반드시 문자여야 하며, 나머지는 문자와 숫자 그리고 밑줄('_')의 혼합 입력이 가능하지만, 공백이나 특수문자는 허용되지 않는다. 또한 셀 참조가 되는 이름을 매크로 이름으로 사용할 경우 오류 메시지가 나타날 수 있다.

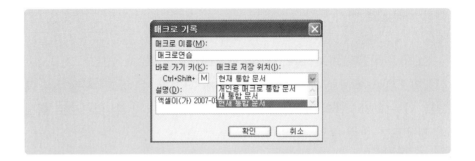

[바로 가기 키] 단축키를 입력하지 않아도 무관하지만, 입력할 경우 키 값의 중복이 없도록 주의해야 한다.

[매크로 저장 위치]는 매크로가 저장될 위치를 지정하는 것으로 매크로가 실행될 수 있는 상태를 결정하게 된다. 즉, [개인용 매크로 통합 문서]는 엑셀이 실행된 상태에서는 언제나 매크로 사용이 가능하며, [현재 통합 문서]는 현재 통합 문서가 열려 있는 상태에서만 매크로를 사용할 수 있으며, [새 통합 문서]는 매크로를 기록한 파일이 열려 있는 상태에서만 실행이 가능하다. [설명]에는 작성자와 작성 날짜가 기록되어 있으며, 매크로에 대한 설명이 필요한 경우 내용을 입력한 후 [확인] 버튼을 클릭한다.

③ 매크로 기록이 시작된 상태에서는 엑셀의 상태 표시줄에 '기록 중'이라는 메시지가 나타나며, 이후에 수행되는 모든 동작이나 입력 내용이 매크로에 기록된다. 매크로를 기록할 때 현재 셀의 위치를 기준으로 상대 주소로 셀을 참조할 경우, 기록 중지 도구모음의 [상대적 참조] 버튼을 클릭한 후 작업을 수행한다. 작업을 모두 수행한 후 [기록 중지] 아이콘을 클릭하면 그동안 수행된 모든 내용이 앞서 정의한 매크로 이름으로 저장된다.

매크로를 작성할 때 주의해야 할 사항은 매크로가 기록되면서 한 번 수행되고, 수행된 내용은 실행 취소(〈Ctrl〉+〈Z〉)가 적용되지 않으므로 신중하게 작성을 해야 한다는 점이다. 또한, 매크로가 실행될 때 항상 정해진 위치 즉, 특정한 양식이나 서식을 갖는 문서의 특정한 위치에서 수행되어야 할 경우가 아니라면, 기록 중지 도구모음에 있는 [상대적 참조] 버튼을 클릭 후 매크로 작업을 시작하는 것이 좋다.

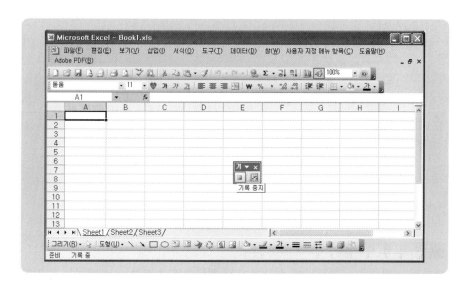

예를 들어 처음 A1셀이 선택된 상태에서 **[상대적 참조]** 버튼을 클릭하지
않고 **[셀 서식]**의 **[글꼴 스타일]**을 '굵게'(⟨Ctrl⟩+⟨2⟩)로 매크로를 기록하였다
면, 매크로 수행 시 선택된 셀에 관계없이 항상 A1셀만 굵게 표시되겠
지만, **[상대적 참조]** 버튼을 클릭한 후 기록을 하였다면 현재 선택된 셀의
내용이 굵게 표시될 것이다.

　다음은 단원 실습 문제에서 매크로 기록을 위한 예제로 사용하게 될
현재 날짜와 현재 시간에 대한 셀 서식의 사용자 정의 형식에 대해 간단
히 설명하기로 한다.

　엑셀에서는 현재 날짜(⟨Ctrl⟩+⟨;⟩)와 현재 시간(⟨Ctrl⟩+⟨Shift⟩+⟨;⟩)
을 입력하는 단축키를 제공하고 있으며, 날짜는 2007-01-20, 시간은
10:04 AM 형태로 입력된다.

　시간과 날짜에 대한 서식은 국가 코드인 미국([$-409]:생략가능), 일
본([$-411]), 한국([$-412]), 중국([$-804]) 코드에 따른 각각의 년, 월,
일, 요일, 오전/오후 시, 분, 초에 대한 날짜와 시간의 [셀 서식]-[사용
자 지정] 형식에 적용한 결과이다.

입력한 예 : ⟨Ctrl⟩+⟨;⟩ ⟨Space⟩ ⟨Ctrl⟩+⟨Shift⟩+⟨;⟩

입력 결과 : 2007-01-21 10:15 AM

적용 서식 : [국가 코드]yyyy/mmmm/dd(dddd) AM/PM h:mm.ss

국가	국가 코드	출력 형태
한국	[$-412]	2007/1월/21(일요일) 오전 10:15.00
일본	[$-411]	2007/1月/21(日曜日) 午前 10:15.00
미국	[$-409](생략가능)	2007/January/21(Sunday) AM 10:15.00
중국	[$-804]	2007/一月/21(星期日) 上午 10:15.00

실습예제 1

매크로 이름을 각각'날짜_한국'과'시간_한국'으로 하고, 단축키는 각각 ⟨Ctrl⟩+⟨D⟩와 ⟨Ctrl⟩+⟨T⟩로 하여 입력한 날짜나 시간이'2007/1월/21(일요일)'과'오전 10:11.12'가 되도록 각각의 매크로를 기록하시오(단, 셀 주소는 상대적 참조를 사용할 것).

1. [도구]-[매크로]-[새 매크로 기록]을 선택한다.

2. [매크로 기록] 도구 상자에 매크로 이름 '날짜_한국'과 바로 가기 키 값 'D'를 입력하고, [확인] 버튼을 클릭한다(시간 : '시간_한국'/ T).

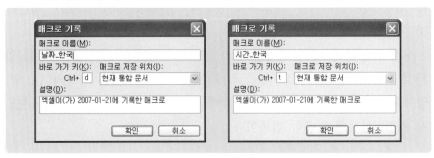

3. **[기록 중지]** 상자에서 **[상대적 참조]** 버튼을 클릭한다.

4. ⟨Ctrl⟩+⟨;⟩을 입력한다(시간 : ⟨Ctrl⟩+⟨SHift⟩+⟨;⟩).

5. ⟨Ctrl⟩+⟨1⟩ → 사용자 지정 → 형식에 "**[$-412]yyyy/mmmm/dd (dddd)**"
   를 입력하고 **[확인]** 버튼을 클릭한다(시간 : **[$-412]AM/PM h:mm.ss**).

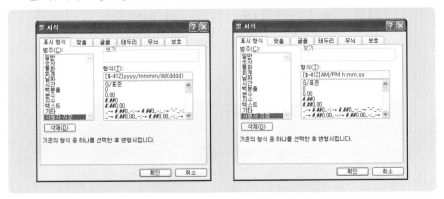

6. **[기록 중지]** 버튼을 클릭하여 매크로 기록을 종료한다.

8.2 매크로 실행

01 매크로 실행

① 매크로가 들어 있는 통합 문서를 연다.

② 도구 메뉴에 [매크로(M)]를 선택하고, [매크로(M) Alt+F8]을 클릭한다.

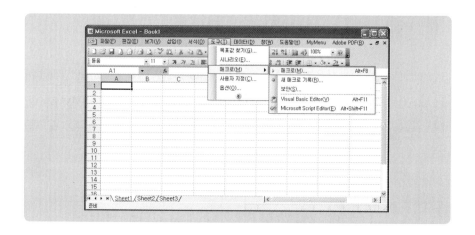

③ 매크로 이름 상자에서 실행할 매크로 이름을 선택한다.

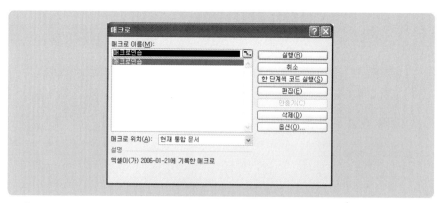

④ [실행(R)] 버튼을 클릭한다. 중단하려면 〈ESC〉를 누른다.

02 **바로 가기 키로 매크로 실행**

바로 가기 키는 매크로 기록 상자에서 매크로를 기록할 때 정의한 키를 바로 입력하면 매크로가 실행이 된다. 그러나 바로 가기 키를 모를 경우 아래와 같은 방법으로 키 값을 확인할 수 있다.

① 도구 메뉴에 [매크로(M)]를 선택하고, [매크로(M) Alt+F8]을 클릭한다.

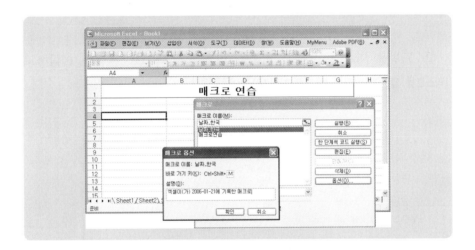

② 바로 가기 키에 지정할 매크로 이름을 선택한 후 [옵션] 버튼을 클릭하면 매크로 옵션 상자에서 [바로 가기 키(K)] 값을 확인할 수 있다.

03 **도형 연결을 통한 매크로 실행**

① [메뉴]-[도구 모음]-[그리기]를 체크하고, [도형]-[기본 도형] 중에서 임의의 도형을 선택하여 그린다.

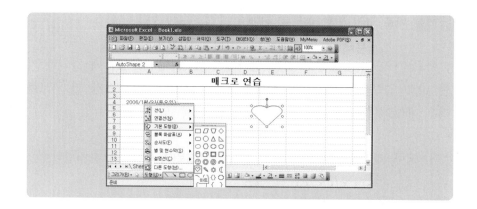

② 도형을 마우스 오른쪽 버튼을 클릭하여 텍스트 편집을 클릭하고 **[텍스트를 입력(X)]**하여, **[매크로 지정(N)]**을 클릭한다.

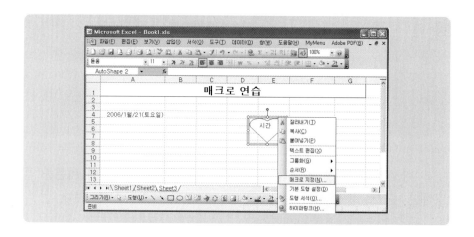

③ 매크로 지정 상자에서 매크로 이름을 선택하고 **[확인]** 버튼을 클릭한다.

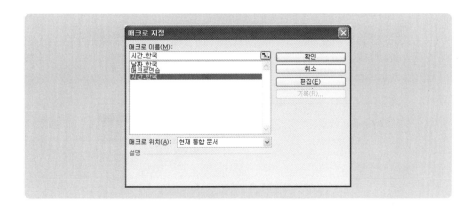

④ 도형을 클릭하면 매크로가 실행된다.

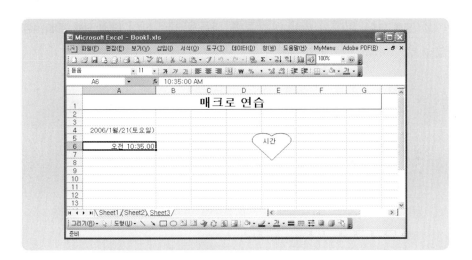

04 명령 단추 연결을 통한 매크로 실행

① [메뉴]-[도구 모음]-[컨트롤 도구 상자]를 체크하고, [명령 단추]를 선택하여
그린다.

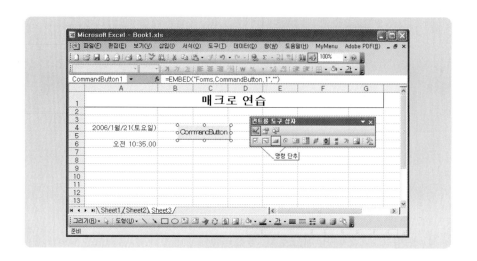

② **[명령 단추]** 위에서 마우스 오른쪽 버튼을 클릭하여 **[명령 단추 개체]**-**[편집]**을 클릭하고 이름을 변경한다.

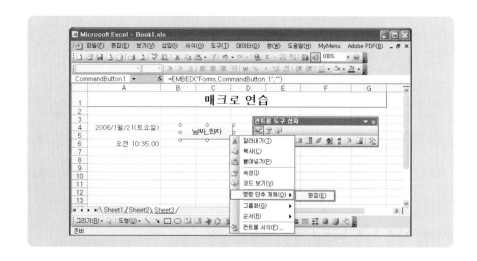

③ **[명령 단추]** 위에서 마우스 오른쪽 버튼을 클릭하여 **[코드 보기]**를 클릭한 후 '날짜_한국' 매크로의 코드를 복사하여 Commandbutton1의 Private Sub Commandbutton1_Click( )과 End Sub 사이에 붙여 넣고, **[$-412]**를 **[$-411]**로 변경한 후 닫고 나온다.

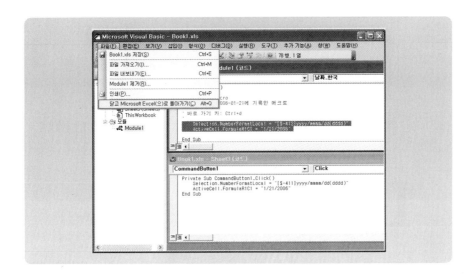

④ 날짜_한자의 명령 단추를 클릭하면 매크로가 실행된다.

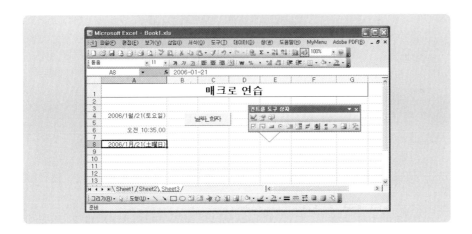

05 사용자 지정 단추 연결을 통한 매크로 실행

① [도구]-[사용자 지정]을 선택한다.

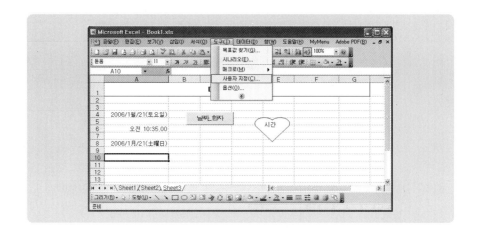

② 사용자 지정 상자의 명령 탭에서 범주는 **[매크로]**, 명령은 **[사용자 지정 단추]**를 선택한다.

③ **[사용자 지정 단추]**를 드래그(drag)하여 표준 또는 서식 도구 상자의 아이콘 옆에 드롭(drop)한 후 **[사용자 지정 단추]**를 클릭하면 매크로 지정 상자가 나타난다. 이때 매크로 이름을 선택하고 **[확인]** 버튼을 클릭하면 된다. 만약 기존의 매크로를 편집할 필요가 있다면, **[편집]** 버튼을 클릭한 후 편집하고 나오면 된다.

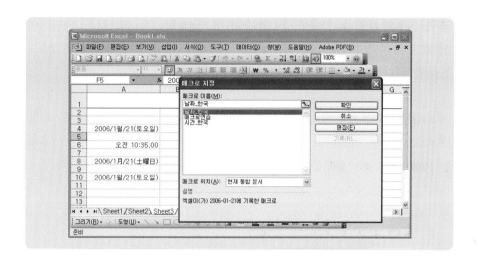

④ [사용자 지정 단추]를 삭제하거나 모양 변경 또는 편집할 경우, [도구]-
[사용자 지정]을 선택한 후 [사용자 지정 단추]를 마우스 오른쪽 버튼을 클릭하
면 삭제, 변경, 편집을 위한 메뉴가 나타난다.

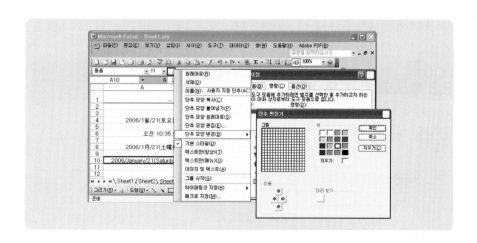

06 사용자 지정 메뉴 항목 연결을 통한 매크로 실행

① [사용자 지정 메뉴 항목] 연결 역시 [사용자 지정 단추] 연결과 마찬가지로

[도구]-[사용자 지정]을 선택한 후 [명령(C)] 탭의 [범주]에서 [매크로]를 선택하여 [명령(D)] 부분에 [사용자 지정 메뉴 항목]이 나타나면, [메뉴 모음]에 드래그&드롭하면 된다.

② [사용자 지정 메뉴 항목]을 클릭하면 매크로 지정 상자가 나타나고, 이때 매크로 이름을 선택하고 [확인] 버튼을 클릭하면 연결이 완료된다. 이후에는 [사용자 지정 메뉴 항목]을 클릭함으로써 해당 매크로를 수행하게 된다.

8.3 매크로 편집 및 삭제

01 매크로 편집

① [도구]-[매크로]-[매크로]를 클릭한다.

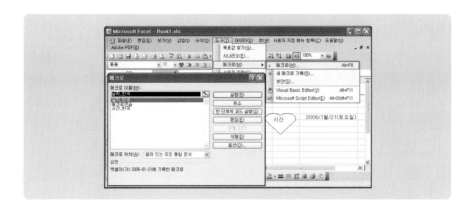

② 매크로 상자에서 매크로 이름을 선택하고 **[편집(E)]** 버튼을 클릭한다.

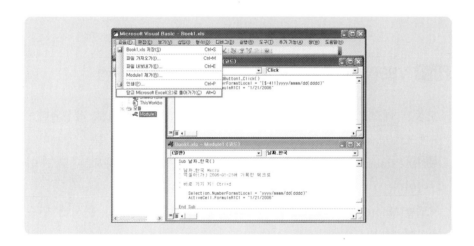

③ 편집을 마치면 [파일]-[닫고 Microsoft Excel로 돌아가기]로 나오면 된다.

02 매크로 삭제

① [도구]-[매크로]-[매크로]를 클릭한다.

② 매크로 상자에서 삭제할 매크로 이름을 선택하고 **[삭제]** 버튼을 클릭한다.

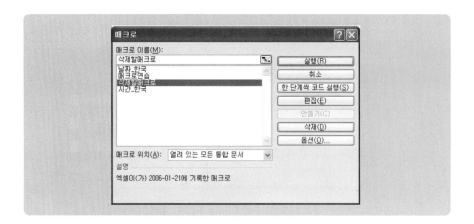

8.4 VBA 기초

01 VBE(Visual Basic Editor)를 통한 매크로 작성

모듈은 매크로 저장에 사용되는 일종의 컨테이너로 VBA로 작성된다.
-매크로(Macro) : 특정 동작을 실행하는 코드로 고유의 이름을 갖는다.
-VBA(Visual Basic for Applications) : 매크로에 사용되는 코드 언
어이다.
-모듈(Module) : 매크로가 저장되는 컨테이너로서 통합 문서에 연결
되어 있다.

① Visual Basic Editor로 매크로를 작성하기 위해서는 **[도구]-[매크
로]-[Visual Basic Editor]**를 클릭한다.

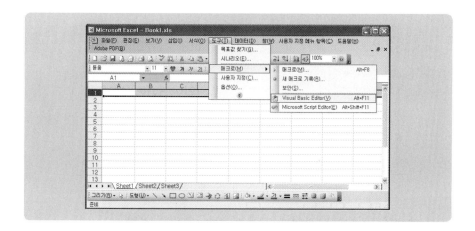

② Visual Basic Editor에서 **[삽입]-[모듈]**을 선택하여 새 모듈을 추가하면, 에디터의 주 창에 빈 모듈 창이 나타난다.

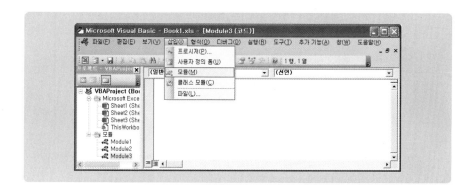

③ 매크로의 이름을 'MyMacro'로 정의하기 위해 빈 모듈 창에 Sub MyMacro( )라고 입력하고 〈Enter〉를 치면, 마지막 줄에 End Sub가 자동으로 입력된다. 즉, Sub와 End Sub는 MyMacro의 시작과 끝을 나타낸다.

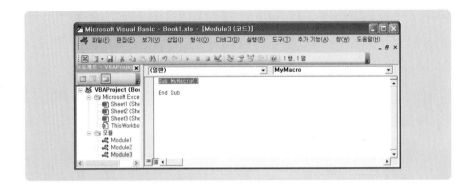

④ Sub와 End Sub 사이에 다음과 같이 입력해 보자.

MsgBox "매크로 시작"

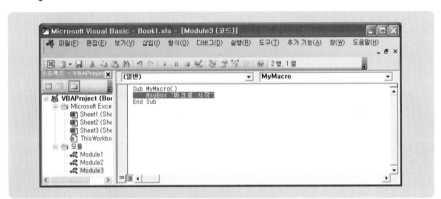

⑤ [실행]−[Sub / 사용자 정의 폼 실행 F5]를 클릭하면, '매크로 시작'이라는 메시지를 알리는 팝업 창이 나타난다.

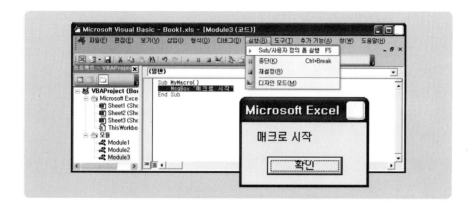

02 Loop를 이용한 매크로

루프는 자동으로 반복 실행되는 작업을 효율적으로 처리하기 위해 주로 사용된다. 위의 문서를 이용하여 루프를 이용한 매크로를 연습한다.

① Do~Loop문

Do~Loop문은 시작은 알고 그 끝을 모를 경우에 사용하며, 구조는 다음과 같다.

```
Do While Cells(x, 1).Value 〈〉 ""
' 셀 x행 1열의 값이 공백이 아니면 작업 수행하고
' 그렇지 않으면 Loop 밖으로 빠져 나감
{ 작업 }
x = x + 1 ' 셀의 다음 행으로 이동
Loop
```

```
Sub 요일( )
 y = 1
 Do While Cells(4, y).Value 〈〉 ""
' "일"부터 공백이 아닌 "토"까지
 With Cells(4, y).Font
.FontStyle = "굵게"
' 글꼴 스타일은 굵게, 크기는 14로 함
.Size = 14
 End With
 y = y + 1
 Loop
End Sub
```

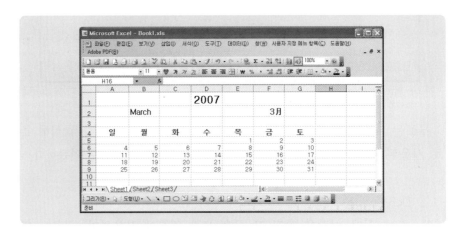

앞의 요일 매크로는 A4~G4까지 글꼴 스타일은 '굵게', 크기는 '14'로
하는 매크로이다.

② For~Next문
For~Next문은 시작과 끝을 알고 있을 경우에 사용하며, 구조는 다음
과 같다.

```
For i=1 to n
For j=1 to m
{ cell(i,j)에 관한 작업 }
Next
Next
```

```
Sub 색()
 For i = 4 To 9 ' 4행~9행 사이에
 For j = 1 To 7
 With Sheet1.Cells(i, j).Font
 If j = 1 Then ' 1열이면
 .ColorIndex = 3 ' 빨간색
 .Bold = True
 ElseIf j = 7 Then ' 7열이면
 .ColorIndex = 5 ' 파란색
 .Bold = True
 End If
 End With
 Next
Next
```

위의 요일 매크로는 A열은 '빨간색', '진하게', G열은 '파란색', '진하게'
하는 매크로이다.

실습예제

임의의 셀을 선택하고 '⟨Ctrl⟩+⟨;⟩'을 입력하면 현재 날짜(예:2007-03-27)가 자동으로 입력된다. 이렇듯 바로 가기 키(⟨Ctrl⟩+⟨y⟩)를 입력하면 현재의 요일(예: 화요일)이 입력되도록 매크로를 작성하시오. (매크로 이름은 '요일', 사용 함수는 now( ), 표시 형식은 [$-412]dddd)

① [도구]−[매크로]−[새 매크로 기록]을 클릭한다.

② 매크로 이름(요일)과 바로 가기 키 값(y)을 입력한다.

③ 기록 중지 상자의 상대 참조 버튼을 클릭한다.

④ ⟨Ctrl⟩+1(셀 서식)을 눌러 사용자 정의 표시 형식을 입력한다.

⑤ 해당 셀에 =now( )를 입력한다.

⑥ 기록 중지 상자의 [중지] 버튼을 클릭한다.

실 습 예 제

작성한 '요일' 매크로를 [사용자 지정 단추]로 서식 모음에 추가하고, 단추 모양을 '♥'모양으로 변경하시오.

① [도구]-[사용자 지정]-[명령]-[매크로]-[사용자 지정 단추]를 선택한다.

② 선택한 [사용자 지정 단추]를 드래그하여 서식 도구 모음에 드롭한다.

③ 단추 위에서 오른쪽 버튼을 클릭하여 [매크로 지정]을 선택한다.

④ 매크로 지정 상자에서 매크로 이름을 '요일'로 지정한다.

⑤ 단추 위에서 오른쪽 버튼을 클릭하여 [단추 모양 변경]을 선택한다.

⑥ 단추 모양을 '♥'를 클릭한다.

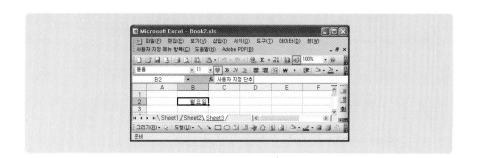

실 습 예 제

[표1]의 '급여 지급 내역' 표에서 [C4:C12] 영역에 대하여 백분율 스타일(%)로 표시하고, [D4:F13] 영역에 대하여 쉼표 스타일(,)로 표시하는 매크로를 각각 만들고, 실행하시오.

▶ [C4:C12] 영역에 백분율 스타일(%)로 표시하는 매크로를 생성하고, 매크로 이름은 '상여율'로 지정

▶ [D4:F13] 영역에 쉼표 스타일(,)로 표시하는 매크로를 생성하고, 매크로 이름은 '구분'으로 지정

▶ '상여율' 매크로는 그리기 도구 모음의 [도형]-[기본 도형]의 웃는 얼굴 ☺에, '구분' 매크로는 그리기 도구 모음의 [도형]-[기본 도형]의 '하트' ♡에 지정한 후, 동일 시트의 [H4:H5], [H7:H8] 영역에 각각 위치시키시오.

▶ 커서가 어느 위치에 있어도 매크로가 실행되어야 정답으로 인정됨

	A	B	C	D	E	F	G
1				[표1] 급여 지급 내역			
2							
3	사원명	직위	상여지급율	기본급	상여금	총급여액	
4	전영민	과장	0.27	1756000	474120	2230120	
5	홍기자	사원	0.18	1550000	279000	1829000	
6	한사랑	대리	0.38	1685000	640300	2325300	
7	이나영	과장	0.44	1987000	874280	2861280	
8	정구대	부장	0.2	2156000	431200	2587200	
9	전민철	대리	0.33	1625000	536250	2161250	
10	소시민	사원	0.25	1750000	437500	2187500	
11	탁발승	과장	0.22	1876000	412720	2288720	
12	성지은	부장	0.32	2300000	736000	3036000	
13		합계		16685000	4821370	21506370	
14							

POWERPOINT

Part II

파워포인트

프레젠테이션의 개념과 작성 방법

1.1 프레젠테이션이란?

21세기 정보화 시대는 프레젠테이션의 시대라고 할 정도로 모든 비즈니스 세계에서 프레젠테이션의 중요성이 부각되고 있다. 자기가 가지고 있는 의견이나 상품의 정보, 계획의 의도 등을 보다 효과적으로 상대방에게 전달하는 커뮤니케이션 능력은 개인뿐만 아니라 정부 행정업무 분야에까지 매우 중요한 의미를 갖는다. 개인기업에서 중소기업, 그리고 대기업까지 자신들의 상품을 보다 효과적으로 홍보하고 기능을 효율적으로 설명하는 것은 영업 전략에서 매우 중요한 요소가 되고 있다. 또한 공공사업을 위주로 하는 관공서나 각종 서비스 관련 사업을 하는 의료 분야, 관광 분야, 교육 분야, 행정 서비스 분야 등 다양한 비즈니스 분야에서도 민원인이나 소비자에게 대상 서비스에 대한 효과적인 프레젠테이션은 매우 중요하게 대두되고 있다. 따라서 프레젠테이션을 행하는 대상자도 특정 분야의 특정인으로 한정되지 않고 다양한 분야의 다양한 연령층에서 이루어지고 있다.

그러면 프레젠테이션은 무엇인가? 프레젠테이션(presentation)이라는 단어는 증여, 소개, 제출, 표현, 발표 등의 의미를 가지고 있다. 단어의 의미에서도 알 수 있듯이 일정한 주제를 갖는 정보를 특정한 사람에게 주기 위해 소개하고, 표현하며, 발표한다는 개념을 가지고 있다.

따라서 특정한 정보를 특정한 사람에게 잘 소개하고 전달하기 위해서는,

① 먼저 전달하고자 하는 정보를 잘 파악해야 하고

② 이를 효율적으로 표현해야 하며

③ 설득력 있게 전달하기 위해 인간의 감성을 자극하는 발표를 해야 하는 것이 프레젠테이션의 기본이다.

그러나 특정한 정보의 의미를 다른 상대방에게 전달하여 의미를 이해

하게 하고 정보를 전달한다는 것은 단순하면서도 매우 어려운 일이다. 따라서 이러한 프레젠테이션 방법은 상대방을 이해시키고 설득시킬 수 있는 적절한 의사소통 기술과 발표 기술이 필요하다.

발표 자료를 준비하는 사람은 먼저 프레젠테이션 대상이 되는 청중에 대한 성향을 분석하고, 인간이 감지할 수 있는 오각(시각, 청각, 촉각, 미각, 후각)을 자극하여 정보가 전달될 수 있도록 적절한 프레젠테이션 도구를 이용하여 자료를 준비해야 한다. 발표자는 발표 자료를 이용하여 단순한 문서나 언어로 전달하기보다는 발표자와 청중이 하나가 될 수 있도록 공간적, 시간적 분위기를 연출하고 다양한 커뮤니케이션 행위로 발표함으로써 발표자가 원하는 방향으로 청중에게 정보가 전달될 수 있도록 해야 한다. 이때 발표자와 청중 사이에 정보를 효과적으로 전달하기 위한 프레젠테이션 매체로서의 도구가 중요하다.

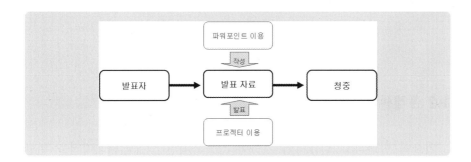

예로 한 학생이 레포트 내용을 발표한다고 하자. 그 학생은 레포트 내용을 정리하여 학생들에게 레포트 내용을 보다 효과적으로 전달할 수 있도록 발표해야 할 것이다. 그러면 단순히 문자로 작성된 레포트를 인쇄하여 나누어준 다음 말로 발표하는 것 보다는 발표 내용을 그림과 문자를 사용하여 멀티미디어로 작성한 후, 화면으로 보여주며 발표자와 발표를 듣는 학생이 하나의 공간 내에서 발표를 한다면 보다 효과적으로 레포트 내용을 전달할 수 있을 것이다.

따라서 효과적으로 멀티미디어를 사용하여 성공적인 프레젠테이션 자료를 만들고 전달하기 위해서는 적절한 도구가 필요하다. 예로 파워포인트(Power Point)와 같이 문자나 그림을 그리고 동영상까지도 쉽게 작성할 수 있도록 도와주는 소프트웨어 도구가 필요하며 멀티디미어 자료를 효과적으로 청중에게 보여줄 수 있도록 하는 프로젝터와 같은 도구가 필요하다.

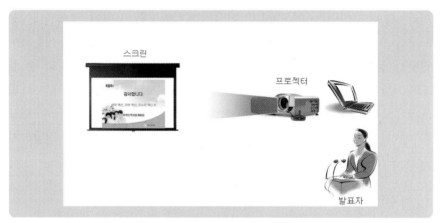

프로젝터를 이용한 멀티디미어 프레젠테이션의 예

1.2 프레젠테이션 도구

기술이 발전하고 컴퓨터의 기능이 고도화되면서 프레젠테이션을 위한 도구 또한 다양하게 발전하고 있다. 프레젠테이션의 초기 발표 도구로 많이 사용되었고 지금도 많이 사용되고 있는 OHP를 비롯한 실물 환등기, 슬라이드 프로젝터 등이 사용되고 있지만 이것들은 정지 영상이나 자료들을 보여주면서 설명하는 도구로 이용되고 있다. 그렇지만 컴퓨터의 발전은 동영상과 음성의 내용을 쉽게 전달할 수 있는 LCD 프로젝터와 같은 도구를 요구하고 있으며 고가였던 프로젝터가 저가로 공급되면서 대표적인 프레젠테이션 도구로 자리 잡고 있다.

· 프로젝터(Projector)
프로젝터는 VCR, DVD Player, 컴퓨터 등의 각종 영상 기기들의 신호를 입력받아서 렌즈를 통해 확대한 영상을 스크린상에 나타내주는 장비이다. 프로젝터는 외형은 비슷하지만 내부의 광학소자에 따라 빔 프로젝터, LCD 프로젝터, 그리고 DLP 프로젝터 등이 있으며 현재 가장 많이 사용되고 있는 프로젝터는 LCD 프로젝터이다. 이들 프로젝터는 동영상뿐만 아니라 소리도 재생하여 주므로 완벽한 멀티미디어 자료를 프레젠테이션 하도록 도와준다.

· 슬라이드 프로젝터

슬라이드 프로젝터는 35mm의 슬라이드 필름을 이용하여 제작된 자료를 스크린에 투사 확대하여 볼 수 있는 프로젝터이다.

· 오버헤드 프로젝터

오버헤드 프로젝터(Over Head Projector : OHP)는 OHP용 전용 필름을 이용하여 프레젠테이션 자료를 출력하고 스크린에 투사 확대하여 볼 수 있는 간이용 프로젝터이다.

프레젠테이션 도구

1.3 프레젠테이션 작성법

정해진 시간 내에 청중에게 전달하고자 하는 정보를 효과적이고 성공적으로 전달하기 위해서는 프레젠테이션 위한 자료를 작성하는 것부터 철저하게 준비해야 성공적인 프레젠테이션을 할 수 있다. 먼저 프레젠테이션 자료 작성은 세 단계로 나누어 생각할 수 있다. 첫 번째 단계는 우선 무엇을 프레젠테이션 할 것인가를 정하고, 발표 대상은 누구인지, 그리고 어떠한 자료를 수집하여 어떻게 자료를 작성할 것인지를 결정하는 프레젠테이션 기획/설계 과정이다. 두 번째는 발표 자료의 키워드를 돌출시켜 슬라이드별로 발표 자료를 작성하는 프레젠테이션 자료 제작 과정이다. 그리고 세 번째는 제작된 발표 자료를 이용하여 충분한 모의 발표 연습과 성공적인 발표를 위한 프레젠테이션 실시 과정이다. 첫 번째 프레젠테이션 기획/설계 과정 작성자는 일반적으로 프레젠테이션 자료 작성자나 발표자가 작성하며 프레젠테이션 자료 제작과 프레젠테이션 실시는 프레젠테이션 도구를 이용하게 되는데 대표적인 도구가 파워포인트이다.

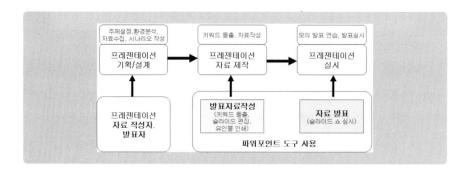

1.4 성공적인 프레젠테이션 방법

앞에서 살펴본 것처럼 성공적인 프레젠테이션을 하기 위해서는 성공적인 프레젠테이션 자료를 만들어야 한다. 다시 말해 자료 준비부터 프레젠테이션 자료 작성, 발표까지 목표에 대한 성과를 내기 위해 준비를 철저하게 해야 한다. 다음의 7가지 과정을 이용하여 프레젠테이션 준비를 해보자.

① 첫 번째 단계 - 명확한 주제와 목표를 정한다.

좋은 프레젠테이션을 작성하기 위해서는 첫 번째 단계에서 "무엇을 프레젠테이션 하는가?" "프레젠테이션을 왜 하는가?"라는 주제와 목표를 명확하게 설정해야 한다. 이와 같은 주제와 목표의 설정은 프레젠테이션에 대한 결론으로 이어지며 명확한 결론을 얻기 위한 근거 자료를 기반으로 프레젠테이션 내용을 작성하면 된다. 명확한 주제와 목표를 갖는 프레젠테이션 자료 작성은 프레젠테이션이 끝난 후 "아~, 그런 것이었구나"하고 청중이 주제에 대해 쉽게 인식할 수 있도록 해주는 것이다.

② 두 번째 단계 - 프레젠테이션 환경을 분석한다.

성공적인 프레젠테이션을 위해서는 프레젠테이션을 해야 할 대상 청중의 나이, 성별, 직업 등이 어떤지, 발표 내용은 무엇이며 발표해야 할 장소와 시간은 어떠한지, 발표 장비는 어떤 것을 사용할 것인지 등 발표 환경에 대한 분석이 제대로 되어야만 어떻게 프레젠테이션을 할 것인지 결정할 수 있다.

③ 세 번째 단계 - 자료를 수집한다.

프레젠테이션 할 주제에 맞는 자료를 수집하는 것은 성공적인 프레젠테이션 자료 작성의 성공의 열쇠이다. 프레젠테이션 내용에 관한 자료부터 그림, 사진 등 멀티미디어 자료를 만들기 위한 자료, 그리고 프레젠테이션을 표현하기 위한 컬러부터 배경 이미지 등 모든 자료 수집이 요구된다.

이러한 자료는 인터넷이나 신문, 잡지, 전문 서적 등에서도 찾아서 준비한 후 사용할 수도 있지만, 준비되지 않은 자료는 자료 작성 중이라도 인터넷을 통하여 쉽게 찾아 사용할 수 있다.

④ 네 번째 단계 - 시나리오를 작성한다.

프레젠테이션을 하기 위한 자료 작성은 발표 환경 분석에 따라 시나리오를 작성하여야 한다. 시나리오 작성은 발표 주제에 맞도록 〈서론,

본론, 결론〉 순으로 작성한 후 발표 방법에 따라 발표 시나리오를 작성하여야 한다. 발표 방법에 따른 시나리오 작성은 발표 취지에 맞는 근거들을 먼저 발표한 후 결론은 제시할 것인지, 아니면 결론을 먼저 발표하고 나중에 근거 자료들을 제시할 것인지에 따라 달라지게 된다.

⑤ 다섯 번째 단계 – 키워드를 돌출한다.

프레젠테이션 자료 작성에 있어 한 페이지에 하나의 주제어를 가지고 발표 자료를 작성하는 것이 일반적이며 청중에게 내용을 전달하기에도 가장 효과적이다. 따라서 작성된 시나리오 내용을 발표 자료로 작성하기 위해서는 먼저 발표 내용에 대한 키워드를 찾아 페이지별 주제어로 정리해야 한다.

발표 내용이 서술 형태로 작성되면 청중에게 효과적인 내용 전달이 어렵게 되므로 키워드를 이용하여 간결하면서 한눈에 알아볼 수 있는 자료로 작성되어야 한다.

⑥ 여섯 번째 단계 – 멀티미디어 형태로 자료를 작성한다.

파워포인트와 같은 프레젠테이션 도구를 이용하여 청중의 눈과 귀를 집중시킬 수 있는 멀티미디어 형태의 자료를 작성해야 한다. 멀티미디어 형태의 자료 작성은 키워드를 이용한 단순한 내용 위주의 자료 작성보다는 표, 차트, 도형, 그림 그리고 소리들을 적절히 이용하여 내용을 작성함으로써 시각적·청각적 정보 전달의 효과를 극대화시킬 수 있다. 또한 회사의 이미지나 제품의 이미지 그리고 발표에 대한 이미지 전달을 위한 문자나 그림들을 발표 자료에 연속적인 표시를 하여 발표 자료에 대한 신뢰와 홍보를 배가시킬 수 있다.

⑦ 일곱 번째 – 발표 자료에 대한 모의 발표를 연습한다.

작성된 프레젠테이션 자료를 이용하여 모의 발표를 하면서 내용을 검토하고 수정한다. 이 과정은 성공적인 프레젠테이션을 위한 매우 중요한 과정으로 실제 발표 시간과 환경을 생각하여 모의 발표를 해봄으로써 내용을 충분히 검토할 수 있으며 실제 발표에서 예상될 질문이나 답변들도 예측할 수 있어 보다 성공적인 프레젠테이션을 할 수 있게 된다.

1.5 프레젠테이션 구성과 작성 방법

① 프레젠테이션 내용 구성은 서론, 본론, 결론 3단으로 구성하자.

프레젠테이션을 구성하기 위한 내용의 전개는 서론, 본론, 결론의 내용 형식을 갖도록 작성해야 한다. 성공적인 프레젠테이션 작성의 핵심은 발표자가 청중에게 전달하고자 하는 주제를 정확하게 전달하도록 하는 것이다. 따라서 "지금부터 말씀드리고자 하는 내용은 이것입니다."라고 결론을 전달한 후 이유를 설명하는 형식을 갖거나 이유를 설명하고 후에 "말씀드리고자 하는 내용은 이것입니다."라고 결론을 전달하는 형식이 전달의 호소력을 극대화시킬 수 있는 것이다.

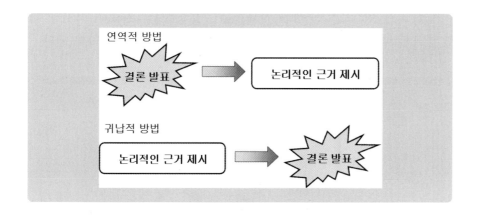

② 내용은 간단하게 구성하자.

내용의 작성을 서술적으로 전개하면서 작성하면 청중도 지루함을 느끼고 발표자도 논리적인 발표를 하기가 어렵다. 따라서 키워드를 돌출시켜 단어 위주로 간단한 프레젠테이션 자료를 준비하는 것이 무엇보다 중요하다.

성공적인 프레젠테이션을 위해서는 프레젠테이션해야 할 대상 청중의 나이, 성별, 직업 등이 어떻게 되는지, 발표 내용은 무엇이며, 발표해야 할 장소와 시간은 어떠한지, 발표 장비는 어떤 것을 사용할 것인지 등 발표 환경에 대한 분석이 되어야 어떻게 프레젠테이션을 할 것인지 결정할수 있다.

- 성공적 프레젠테이션 조건
- 청중의 나이, 성별, 직업 파악
- 발표 장소, 시간, 장비 등 환경 분석
- 프레젠테이션 방법 결정

③ 내용을 시각적으로 구성하자.

사람들의 오각 중 정보 전달력이 가장 큰 것은 시각이다. 따라서 전달 내용을 보다 효과적으로 전달하고 기억시키기 위해서는 비주얼한 시각자료로 프레젠테이션 내용을 작성하는 것이 좋다.

예를 들어 텍스트로 구성된 자료를 비주얼한 시각 자료로 바꾸게 되면 발표할 때 설명하기도 쉬워지고 청중들도 훨씬 쉽게 이해하게 된다.

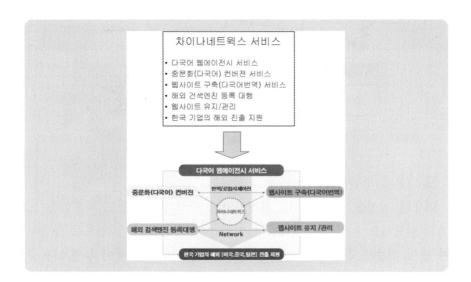

02 파워포인트 2003 들어가기

2.1 파워포인트 2003 기본 화면 구성 둘러보기

파워포인트 2003의 기본 화면은 제목 표시줄, 메뉴 표시줄, 표준 도
구 모음, 서식 도구 모음, 개요 및 슬라이드 탭, 화면보기 전환 단추,
그리기 도구 모음, 슬라이드 창, 슬라이드 노트 창, 화면 조절 버튼, 작
업 창, 상태 표시줄로 나눌 수 있다.

01 제목 표시줄

제목 표시줄은 'Microsoft PowerPoint'라는 프로그램 이름과 현재 작
업 중인 파일 이름이 나타나는 곳으로 파일을 저장하지 않은 상태에서는
'프레젠테이션1', '프레젠테이션2'와 같이 순서대로 표시되어 나타난다.

Microsoft PowerPoint - [프레젠테이션1]

02 메뉴 표시줄

파워포인트에서 제공하는 주 메뉴 항목이 표시되는 곳이다. 각 메뉴 항목을 마우스로 클릭하면 아래로 해당 메뉴의 하위 메뉴가 나타난다.

파일(F) 편집(E) 보기(V) 삽입(I) 서식(O) 도구(T) 슬라이드 쇼(D) 창(W) 도움말(H)

03 표준 도구 모음

파워포인트의 메뉴 항목 중 자주 사용하는 메뉴 기능들을 좀 더 쉽게 사용할 수 있도록 도구 아이콘을 만들어 모아둔 것이 도구 모음이다. 그 중에서 가장 기본적인 것이 바로 표준 도구 모음으로 파일 관리, 편집, 인쇄, 차트 삽입, 표 삽입 등이 이곳에 모여 있다.

04 서식 도구 모음

글꼴, 글꼴 크기, 글꼴 색 등 텍스트의 서식과 관련된 도구들을 아이콘 모양으로 만들어 모아둔 곳이다.

05 개요 및 슬라이드 탭

파워포인트의 개요 보기 창과 슬라이드 탭이 나타나는 곳이다. 개요 아이콘과 슬라이드 탭을 눌렀을 때 모양이 달라지며 개요가 보이는 상태에서는 문자열 입력/편집이나 슬라이드 추가/삭제 등의 작업을 할 수 있다. 개요 탭에서는 각 슬라이드에 입력되어 있는 텍스트나 전체적인 모양을 확인할 수 있다.

슬라이드 탭에서는 슬라이드 창에서 편집한 슬라이드의 모습을 작은 그림으로 보여 주며, 슬라이드의 전체적인 모양을 표시한다.

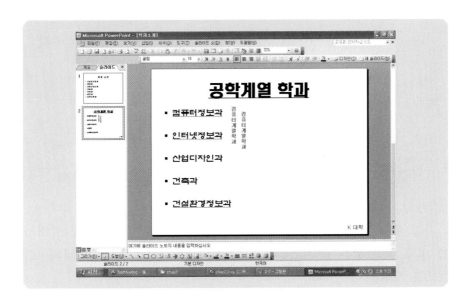

06 화면 보기 전환 아이콘

화면 좌측 하단에 위치한 '화면 보기 전환' 아이콘 그룹(▦▦▾◂)은 오피스 프로그램 중에서 파워포인트에만 있는 특징적인 도구로 각각의 기능은 다음과 같다.

가장 좌측에 있는 기본 보기 아이콘 (▦)을 클릭하면 앞에서 나타난 화면과 같이 개요 및 슬라이드 탭, 슬라이드 창, 슬라이드 노트 창을 동시에 볼 수 있다. 보통 파워포인트 작업을 할 때는 이와 같은 기본 보기 상태에서 슬라이드를 작성하게 된다.

가운데 있는 여러 슬라이드 보기 아이콘(▦)을 클릭하면 작성된 슬라이드 전체가 축소된 형태로 한 화면에 슬라이드 번호와 함께 순서대로 나타나게 된다.

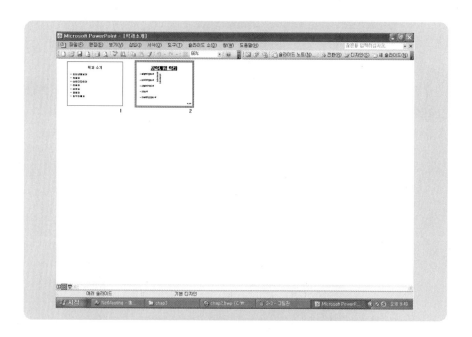

가장 우측에 있는 현재 슬라이드부터 슬라이드 쇼 아이콘(▦)을 클릭하면 현재 열려 있는 슬라이드가 화면 가득 나타나며, 적용한 애니메이션 효과를 실행할 수 있다.

학과 소개

- 인터넷정보과
- 관광과
- 산업디자인과
- 간호과
- 건축과
- 경영과
- 피부미용과

07 그리기 도구 모음

슬라이드에 각종 도형과 선을 그리고 보기 좋게 꾸미는 데 사용하는 도구들을 아이콘 모양으로 만들어 모아둔 곳이다. 주로 다이어그램과 표를 그리는 작업에 이용한다.

08 슬라이드 창

현재 선택한 슬라이드의 전체 모습을 나타내며, 슬라이드를 작성할 때 실제 작업이 이루어지는 공간이다. 이곳에 문자를 입력하고 도형과 표를 그리며, 그림과 동영상 등을 삽입해 슬라이드를 만든다.

09 슬라이드 노트 창

청중에게 발표할 내용을 미리 메모해 두는 곳으로, 실제로 프레젠테이션을 수행할 때 이곳에 입력된 정보는 표시되지 않는다. 또 발표자나 청중의 이해를 돕기 위해 슬라이드 내용에 대한 부연 설명을 입력하는 곳으로 이곳에 입력한 내용은 유인물 형태로 인쇄할 수도 있다.

여기에 슬라이드 노트의 내용을 입력하십시오

10 화면 조절 버튼

파워포인트 화면의 크기를 조절할 때 사용하는 버튼이다. 일반적인 다른 윈도우 화면과 같이 파워포인트 화면을 최대화해서 모니터에 가득 차게 할 수도 있고, 최소화해서 바탕화면에서 사라지게 할 수도 있으며, 또한 프로그램을 종료시킬 수도 있다.

11 작업 창

처음 파워포인트를 실행했을 때는 최근에 사용한 파일 목록과 새로 만들기와 관련된 메뉴 항목 등이 표시되고 자주 사용하는 슬라이드 레이아웃, 슬라이드 디자인 등의 하위 옵션이 표시되는 창이다.

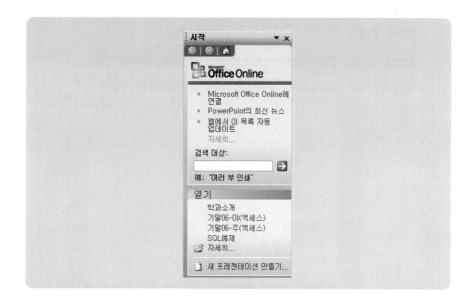

12 상태 표시줄

현재 작업 중인 슬라이드의 번호, 슬라이드에 적용된 디자인, 한글/영문 입력 상태 등 작업 상태에 대한 정보가 표시된다.

2.2 자신에 맞게 도구 모음 배치하기

파워포인트를 빠르고 효율적으로 사용하기 위해서는 도구 버튼과 작업 창을 이용하는 것이 중요하다. 파워포인트를 처음 실행하면 기본적으로 '표준' 도구 모음과 '서식' 도구 모음이 한 줄로 붙어 있는데, 이 때문에 자주 사용하는 도구들이 보이지 않게 될 수 있다. 따라서 두 줄로 분리해 놓아 사용하기 편리하게 바꾸어 보도록 하자.

① 서식 도구 모음의 맨 끝 부분에 있는 **[도구 모음 옵션]**을 클릭한 후 **[단추를 두 줄로 표시]**를 선택한다.

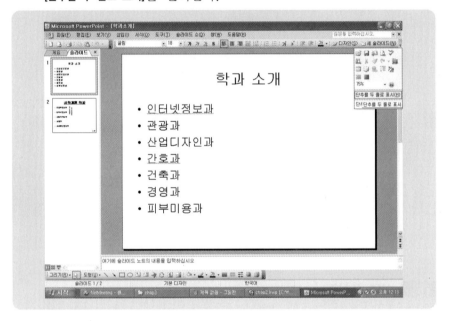

또 다른 방법으로는 **[표준 도구 모음]**과 **[서식 도구 모음]**을 구분하는 경계선 위로 마우스 포인터를 가져간 다음, 마우스 포인터가 십자 모양으로 바뀌면 아래쪽으로 살짝 드래그한다. **[서식 도구 모음]**이 **[표준 도구 모음]**과 분리되어 아래로 내려오게 된다.

② 도구 모음을 파워포인트 화면에서 분리할 수도 있다. 각 도구 모음 앞에 있는 경계선에 마우스 포인터를 가져간 다음, 마우스 포인터가 십자 모양으로 바뀌었을 때 화면 중앙쪽으로 드래그하면 도구 모음이 파워포인트 화면에서 분리되게 된다.

③ 분리된 도구 모음의 제목 표시줄을 드래그하여 파워포인트 화면의 상하, 좌우 어디로든 이동시켜 보면 분리된 도구 모음이 이동시킨 방향에 따라 파워포인트 화면의 상하, 좌우 중 한 곳에 위치하게 된다.

④ 도구 모음을 화면에서 숨길 수도 있다. **[보기]** → **[도구 모음]**을 선택한 다음, 도구 모음 목록 중에 숨길 도구 모음을 클릭해 ☑ 표시를 없앤다. 다시 나타나게 하려면, **[보기]** → **[도구 모음]**을 선택한 뒤 필요한 도구 모음 항목을 클릭하여 ☑ 표시하면 나타난다.

2.3 내용 구성 마법사를 이용하여 만들기

내용 구성 마법사는 만들고자 하는 프레젠테이션의 디자인뿐만 아니라 해당 프레젠테이션에 들어갈 대략적인 개요까지 입력해 주는 기능이다. 따라서 자신이 만들고자 하는 프레젠테이션에 어떤 내용을 담을지 잘 모르는 사용자라면 내용 구성 마법사를 이용하는 것이 효과적이다.

① 파워포인트를 실행한 후, 작업 창에서 **[새 프레젠테이션 만들기]**를 클릭한 후 작업 창에 나타난 **[내용 구성 마법사]**를 찾아 클릭하면 내용 구성 마법사 대화상자가 나타난다.

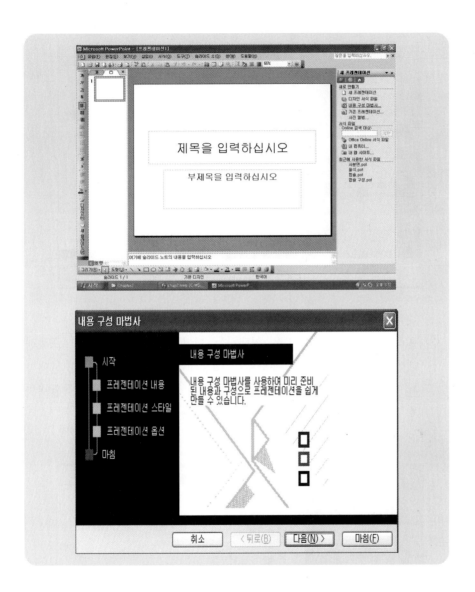

② 내용 구성 마법사 대화상자에서 **[다음]** 버튼을 클릭하면, 제공되는 프레젠테이션의 내용을 선택하는 단계가 표시된다. 내용 구성 마법사는 프레젠테이션의 내용을 크게 4가지 범주로 분류시켰다. 각 범주에서 자신이 만들고자 하는 프레젠테이션의 유형을 선택하면 된다. 여기에서는 **[회사]** 유형에서 **[회사 소개]**를 선택한 후 **[다음]** 버튼을 클릭한다.

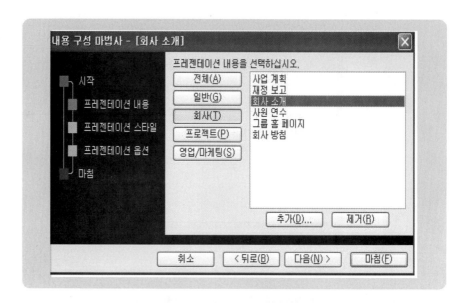

③ 프레젠테이션의 스타일을 선택하는 단계가 표시된다. 이때 프레젠
   테이션 스타일은 어떤 용도로 프레젠테이션을 만들 것인지 선택하
   는 것으로 5가지로 분류된다. 여기서는 **[화면 프레젠테이션]**을 선택한
   후 **[다음]** 버튼을 클릭한다.

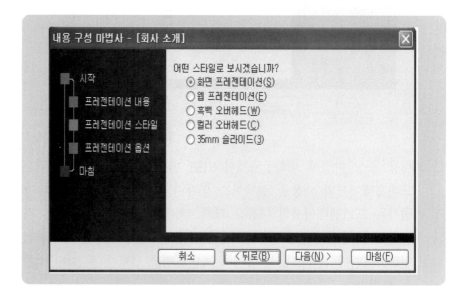

④ 다음 단계로 나타난 대화상자에서 프레젠테이션의 제목으로는 'K 회사 소개', 바닥글에는 'Welcome to K Corps'라고 입력한 후 **[다음]** 버튼을 클릭한다.

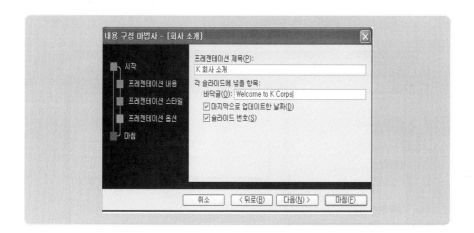

⑤ 프레젠테이션을 만들 준비가 끝났다는 메시지가 나타난다. **[마침]** 버튼을 클릭하면 마무리된다. 만약 앞에서 만들었던 여러 설정들을 수정하고 싶다면 **[뒤로]** 버튼으로 이전 단계로 거슬러 올라가서 다시 새롭게 선택해주면 된다.

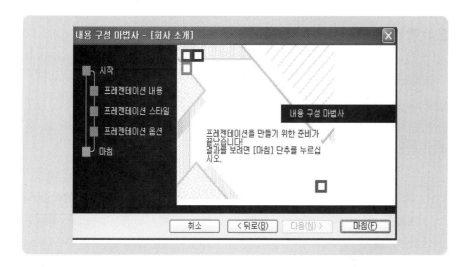

⑥ 앞에서 설정한 대로 자동으로 프레젠테이션이 완성된다. 자동으로 만들어진 프레젠테이션은 선정한 주제에 어울리는 대략적인 내용을 포함하고 있으므로, 사용자가 상황에 맞게 제공된 프레젠테이션을 편집하면 효율적으로 프레젠테이션을 만들 수 있게 된다.

2.4 파워포인트 길잡이 활용하기

Office 길잡이는 프로그램을 사용하다 궁금한 점이 있을 때 이용하는 일종의 도우미라고 할 수 있다. 파워포인트를 설치한 후 처음 실행하면 Office 길잡이가 보이지 않는다. 따라서 Office 길잡이를 표시한 후 활용하면 된다.

① 화면 상단에 위치한 메뉴 표시줄에서 [도움말]을 선택한 후 [Office 길잡이 표시]를 클릭한다. 강아지 모양의 길잡이가 표시되면 마우스로 클릭한다. 그러면 클릭과 동시에 '무엇을 도와드릴까요'라는 상자가 나타난다.

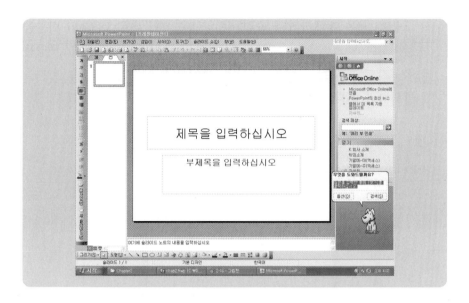

② 검색 창에 '내용 구성 마법사'라고 입력한 후 **[검색]** 버튼을 클릭하면, '내용 구성 마법사'와 관련된 도움말 주제 목록이 화면이 분할되면서 오른쪽 작업창에 표시된다. 그 중에서 알고 싶은 내용을 선택하여 클릭하면 관련된 내용을 볼 수가 있다.

③ 도움말 창은 확대하거나 숨길 수 있으며, 다 읽은 후 [닫기] 버튼을
클릭하여 닫으면 된다. Office 길잡이를 숨기거나 길잡이의 모양을
바꾸기 위해서는 길잡이 아이콘 위에서 마우스의 오른쪽 버튼을
클릭하면 된다.

④ 강아지 도우미에 마우스 포인트를 맞추고 마우스 오른쪽 버튼을
클릭하여 나온 단축 메뉴에서 [옵션]을 선택하면 다양한 옵션을 선
택할 수 있는 대화상자가 표시된다.

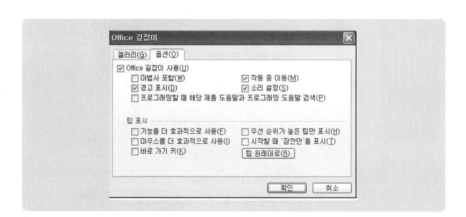

⑤ 앞에서 나타난 대화상자에서 **[옵션]** 왼쪽에 위치한 **[갤러리]** 탭을 클릭
하면 길잡이의 캐릭터를 변경하는 곳으로 **[뒤로]**나 **[다음]** 버튼으로
캐릭터를 변경할 수 있다. 또는 기존의 캐릭터에서 바로 오른쪽
마우스 버튼을 클릭하고 **[길잡이 선택]**을 클릭하여 캐릭터를 변경해도
같은 결과가 나온다.

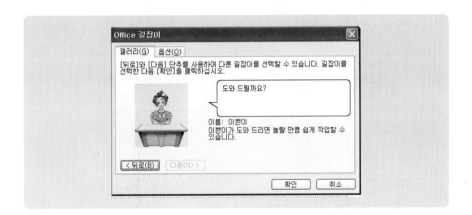

⑥ 길잡이 아이콘 위에서 마우스의 오른쪽 버튼을 클릭하여 **[애니메이션]**
을 선택하면 작업 중 잠시 쉬는 시간에 길잡이 캐릭터의 다양한
애니메이션을 구경할 수 있다.

□3

슬라이드 만들기

3.1 처음으로 슬라이드 만들기

① 파워포인트를 실행하여 초기 화면이 나타나게 한다.

② 초기 화면과 다른 형태의 슬라이드를 만들려면 초기 화면에서 우측
하단에 위치한 **[새 프레젠테이션 만들기]**를 클릭한 후 나타난 화면에서,
우측 상단에 위치한 **[새 프레젠테이션]**을 다시 클릭한다.

③ 화면 우측의 스크롤바를 아래 또는 위로 움직이면 다양한 형태의
슬라이드 레이아웃이 나타나는데, 이 중에서 원하는 제목 및 텍스
트 레이아웃을 선택하여 슬라이드에 적용하기로 한다.

④ 선택된 슬라이드 레이아웃에서 표현하고 싶은 제목과 텍스트를 각
각 입력한 후, 메뉴 표시줄에서 **[파일]** → **[저장]** 메뉴를 선택하여
'학과소개'라는 파일명을 주고 저장하면 확장자가 .ppt로 된 파워
포인트 파일 '학과소개.ppt'가 만들어지게 된다.

⑤ 앞에서 저장한 '학과소개.ppt' 파일을 찾아 더블클릭하여 열어보면
저장된 슬라이드가 나오게 되는데, 이 곳에서 새로운 슬라이드를
같은 방법으로 만들어 계속 추가시키면 된다.

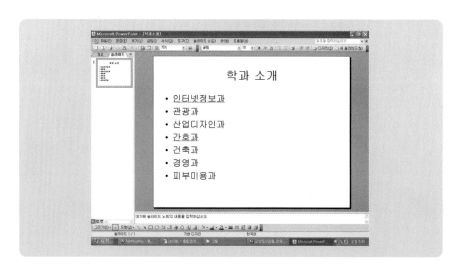

3.2 정해진 텍스트 레이아웃에서 문자 입력하기

① 앞에서 작성하여 저장한 '학과소개.ppt' 파워포인트 파일을 열어 메뉴 표시줄에서 [삽입] → [새 슬라이드] 메뉴를 선택하면 기존 슬라이드와 같은 양식의 새로운 슬라이드가 나타나게 된다.

② 화면 상단에 위치한 서식 도구 모음에서 글자체 선택(굴림　　▾) 및 크기 조정(32 ▾) 등을 위한 해당 아이콘을 찾아 다양한 형태의 텍스트를 시도하도록 한다.

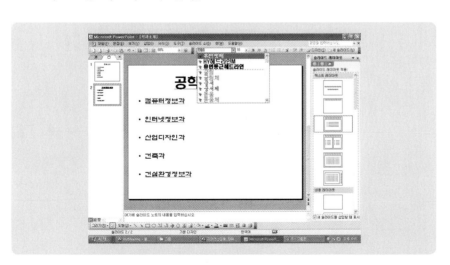

3.3 텍스트 상자를 이용하여 문자 입력하기

① 화면 하단에 위치한 텍스트 상자 아이콘(🔳)을 클릭한 후 슬라이드 우측 하단에 적당한 위치를 선정하여 'K 대학'이라고 문자를 입력한다.

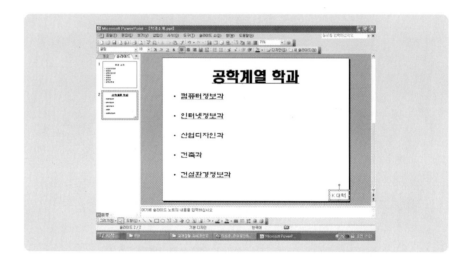

② 화면 하단에 위치한 세로 텍스트 상자 아이콘(🔳)을 클릭한 후 슬라이드에서 적당한 위치를 선정하여 세로로 '컴퓨터계열학과'라고 문자를 입력한다.

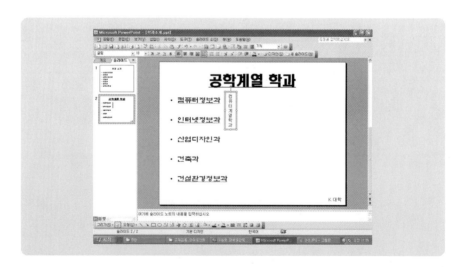

3.4 텍스트 복사하여 붙여넣기

① 적용하고자 하는 텍스트 상자를 선택한 후, 메뉴 표시줄에서 [편집] → [복사하기] 메뉴를 선택한다. 또는 키보드에서 〈Ctrl〉을 누른 상태에서 〈C〉를 눌러 클립보드에 복사해 둔다.

② 메뉴 표시줄에서 [편집] → [붙여넣기] 메뉴를 선택하여 복사한 텍스트가 나타나게 한다. 또는 키보드에서 〈Ctrl〉을 누른 상태에서 〈V〉를 눌러 클립보드에 복사해 둔 내용이 나타나게 한다.

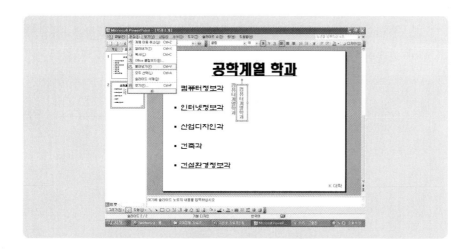

3.5 글자 색상 변경하기

① 적용하고자 하는 텍스트 상자를 선택한 후, 화면 상단의 서식 도구 모음에서 글꼴 색 아이콘(가▾)을 클릭하여 원하는 색상을 선택, 적용한다. 자동으로 기본 색상은 검정색으로 되어 있다.

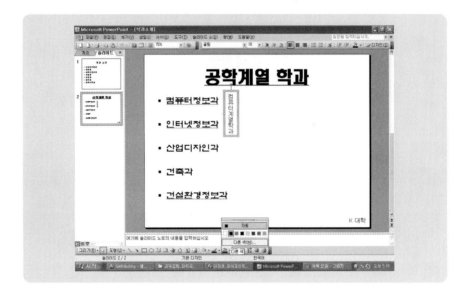

② 글꼴 색 아이콘(가▾)을 클릭하면 앞에서 선택된 몇 가지 색상만 나타나게 되는데, 더 많은 색상을 보기 위해서는 다른 색(다른 색(M)...)을 클릭하여 원하는 색상을 선택한다. 이때 선택한 색상은 저장되어 다음에 글꼴 색 아이콘(가▾)을 클릭하면 바로 나타나게 된다.

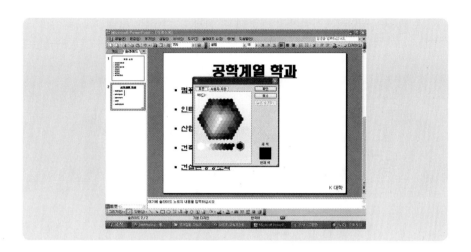

3.6 글머리 기호 삭제 및 변경하기

① 적용하고자 하는 텍스트 상자를 선택한 후, 화면 상단에 있는 서식 도구 모음에서 글머리 기호 아이콘(▤)을 클릭하면 설정되어 있던 글머리 기호가 사라지게 된다.

② 기존의 글머리 기호를 사라지게 한 후, 적용하고자 하는 텍스트 상자를 클릭하고, 메뉴 표시줄에서 [서식] → [글머리 기호 및 번호 매기기] 메

뉴를 선택한 다음 나타난 화면에서 원하는 글머리 형태를 선택한다.

3.7 기호 / 특수문자 입력하기

① 기호나 특수문자를 입력하기 위해서는 메뉴 표시줄에서 **[삽입]** →

[기호] 메뉴를 선택하면 된다. 이때 텍스트 상자 안에 커서가 표시되어 있을 때만 사용 가능하며, 만약 [삽입] → [기호] 메뉴를 선택할 수 없다면 텍스트 상자 안에 커서가 표시되어 있지 않다는 것이므로 주의한다.

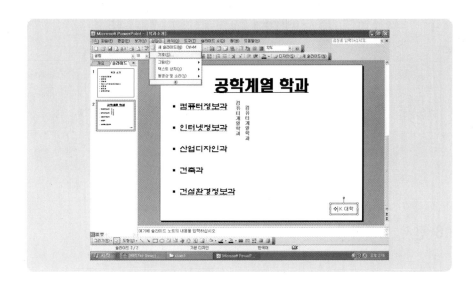

② 나타난 기호 대화상자에서 글꼴 목록을 클릭하여 원하는 기호 그룹이 있는 글꼴을 선택한 후, 원하는 기호를 찾아 더블클릭하거나 [삽입] 버튼을 클릭한다.

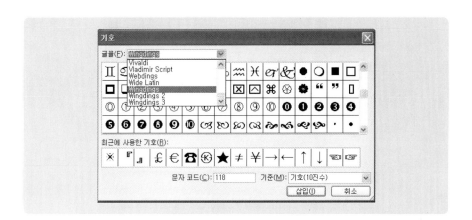

③ 선택했던 기호가 텍스트 상자 안에 나타나게 된다.

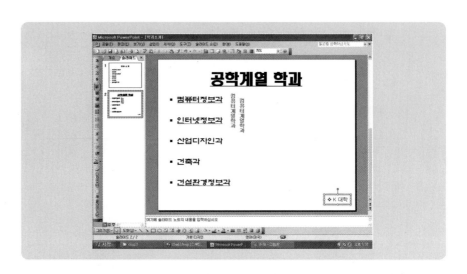

3.8 한자 입력하기

① 한자의 음에 해당하는 한글을 먼저 입력한다. 변환하고자 하는 글
자를 블록 선택한 후, 메뉴 표시줄에서 **[도구]** → **[한글/한자 변환]** 메뉴
를 선택한다.

② 한글/한자 변환 대화상자가 나타나면 바꿀 내용에 있는 글자의 음에 해당하는 여러 한자들이 나타난다. 원하는 한자가 있다면 선택한 후 [변환] 버튼을 클릭한다.

③ 슬라이드에 선택했던 글자가 한자로 변환되어 나타난다.

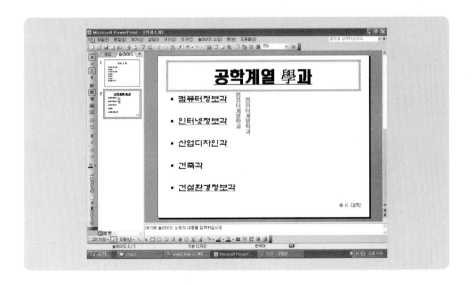

3.9 개요 창에서 문자 입력하기

슬라이드에 글자를 입력하는 것은 개요 창에서도 직접 할 수 있다.

① 앞에서 작성했던 '학과소개.ppt'에서 개요 창 상단에 있는 **[개요]** 탭을 클릭하면, 개요 창은 슬라이드에 입력되어 있는 글자들만 표시된다. 또한 표시된 내용을 보면 각 글자들이 수준에 따라 들여 쓰기 되거나 정렬 크기 등에 따라 슬라이드에 다르게 나타난다.

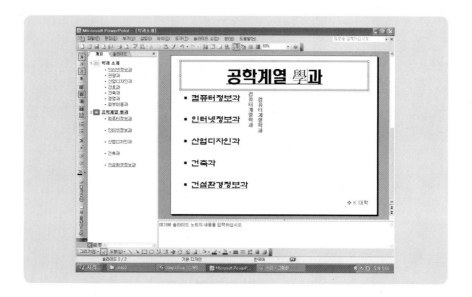

② 개요 창에서 직접 '산업디자인과'를 블록 지정하여 선택한다.

③ 이렇게 블록 지정이 된 글자를 〈Del〉를 눌러서 개요 창에서 글자를 없애면, 슬라이드 창에도 글자가 없어지게 된다. 개요 창 바로 그 자리에서 〈Enter〉를 눌러 입력할 공간을 확보한 후, 영어로 'Dept. of Industrial Design'이라고 입력하는 순간 슬라이드 창에도 그대로 나타나는 것을 볼 수 있다.

슬라이드 조작 및 디자인 서식

하나의 프레젠테이션은 여러 개의 슬라이드로 구성된다. 따라서 프레젠테이션을 작성한다는 것은 필요한 슬라이드를 하나씩 만들어가는 것을 의미하는데, 자신에게 필요하고 알맞는 슬라이드 작성을 위해 슬라이드에 적용할 수 있는 다양한 기능을 활용하는 것이 프레젠테이션 완성에서 중요하다고 볼 수 있다.

4.1 새 슬라이드 만들기

슬라이드를 새롭게 만드는 방법은 여러 가지가 있다. 이 중에서 사용자가 원하는 방식으로 선택하여 만들어도 결과는 똑같다.

① 방법 1 : 서식 도구 모음에서 새 슬라이드 도구 버튼(🗋 새 슬라이드(N))을 클릭하거나 메뉴 표시줄에서 [삽입] → [새 슬라이드] 메뉴를 선택한다.

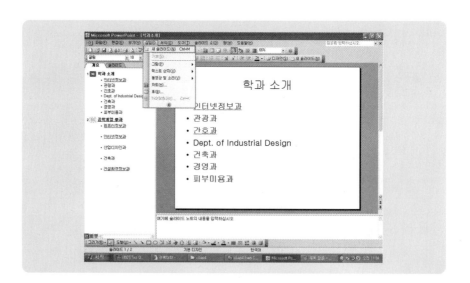

② 방법 2 : 개요 창에서 마우스의 오른쪽 버튼을 클릭하여 [새 슬라이
드] 버튼을 클릭하면 새롭게 슬라이드가 추가된다.

③ 방법 3 : 슬라이드 창에서 마우스의 오른쪽 버튼을 클릭하여 [새 슬
라이드] 버튼을 클릭하면 새롭게 슬라이드가 추가된다.

④ 방법 4 : 여러 슬라이드 보기 창에서 마우스의 오른쪽 버튼을 클릭하여 [**새 슬라이드**] 버튼을 클릭하면 새롭게 슬라이드가 추가된다.

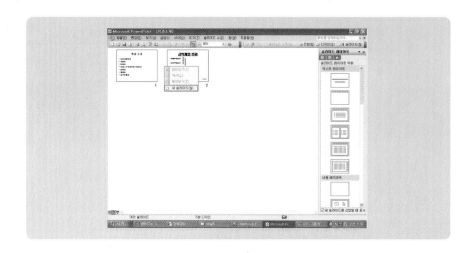

4.2 슬라이드 삭제하기

① 방법 1 : 개요 창에서 삭제하고 싶은 슬라이드에 마우스 포인트를 두고 마우스의 오른쪽 버튼을 클릭한 후 [**슬라이드 삭제**]를 누르면 슬라이드가 삭제된다.

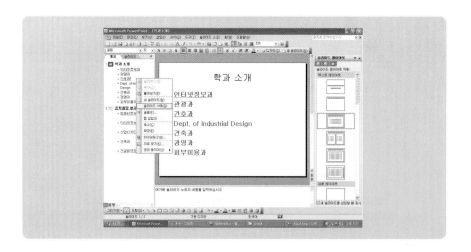

② 방법 2 : 개요 창에서 삭제하고 싶은 아이콘 모양의 슬라이드를 마우스로 클릭하면 선택된 슬라이드의 모든 내용이 블록화되는데, 이 때 〈Del〉를 누르면 선택된 슬라이드가 삭제된다.

③ 방법 3 : 여러 슬라이드 보기 창에서 삭제하고 싶은 슬라이드에 마우스의 오른쪽 버튼을 클릭한 후 **[슬라이드 삭제]**를 선택하면 삭제된다.

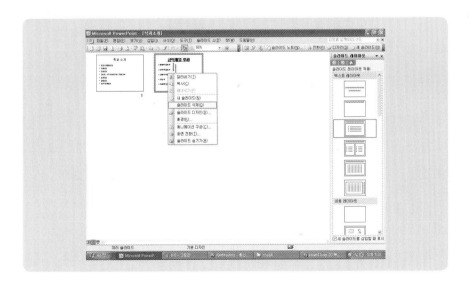

④ 방법 4 : 현재 보이는 슬라이드는 메뉴 표시줄에서 **[편집]** → **[슬라이드 삭제]** 메뉴를 선택하면 삭제된다.

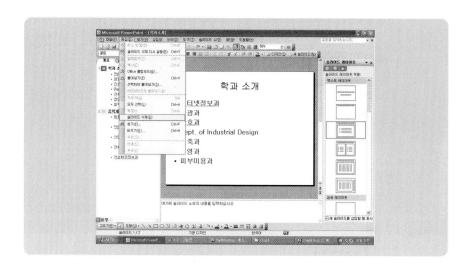

⑤ 방법 5 : 여러 슬라이드를 삭제할 경우에는 먼저 삭제를 원하는 맨 처음 슬라이드를 클릭한 후, 〈Ctrl〉을 누른 상태에서 원하는 다음 슬라이드를 차례로 클릭하면, 클릭한 슬라이드는 모두 선택된다. 이 상태에서 〈Del〉를 누르면 선택된 여러 슬라이드가 한번에 삭제된다.

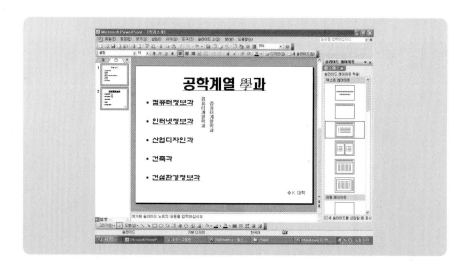

⑥ 방법 6 : 여러 슬라이드 보기 창에서 여러 슬라이드를 동시에 삭제
하는 방법은 개요 창에서 선택하는 방법처럼 동일하게 〈Ctrl〉을
누른 상태에서 삭제하고 싶은 슬라이드를 선택한 상태로 〈Del〉를
누르면 선택된 슬라이드가 삭제된다. 또는 선택한 여러 개의 슬라
이드 위에서 마우스 오른쪽 버튼을 클릭하여 **[슬라이드 삭제]** 버튼을
클릭해도 된다. 이때 연속적으로 여러 개의 슬라이드를 선택할 경
우에는 〈Ctrl〉보다는 〈Shift〉를 사용하면 더 편리하게 원하는 슬라
이드들을 선택할 수 있다.

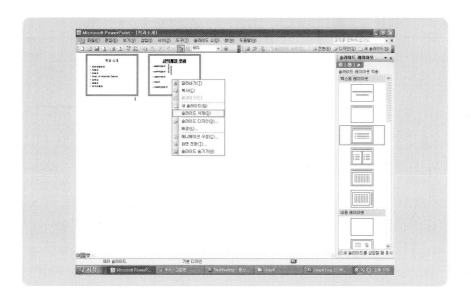

4.3 슬라이드 이동하기

① 방법 1 : 앞에서 작성한 '학과소개.ppt' 프레젠테이션 파일을 열고,
개요 창에서 슬라이드 탭을 클릭하고 1번 슬라이드를 마우스로 드
래그하여 2번 슬라이드 밑부분 쪽으로 가져가면, 1번 슬라이드가 2
번 슬라이드 자리 밑으로 이동된 것을 볼 수 있다.

② 방법 2 : 앞에서 개요 창에서 슬라이드를 이동한 동일한 방법으로
여러 슬라이드 보기 창에서도 이동하고자 원하는 슬라이드를 마우
스로 드래그하여 움직이면 된다.

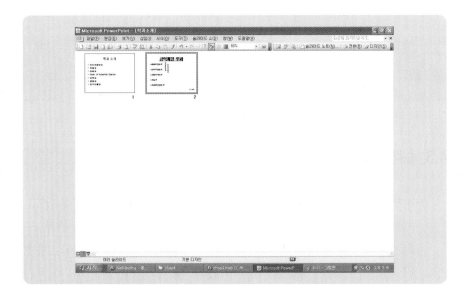

4.4 슬라이드 복사하기

① 방법 1 : 개요 창의 슬라이드 보기 상태에서 복사하고자 하는 슬라이드를 선택하고 표준 도구 모음에서 복사 아이콘(📄)을 클릭한 후, 복사하고자 하는 위치에 마우스 커서를 위치하고 표준 도구 모음에서 붙이기 아이콘(📋)을 클릭한다.

② 방법 2 : 개요 창의 슬라이드 보기 상태에서 복사하고자 하는 슬라이드를 선택한 후, 그 슬라이드 위에서 마우스 오른쪽 버튼을 클릭하여 **[복사]** 단축 메뉴를 선택한 후, 복사하고자 하는 위치에 마우스 커서를 위치하고 다시 마우스 오른쪽 버튼을 클릭하여 **[붙이기]** 단축 메뉴를 선택한다.

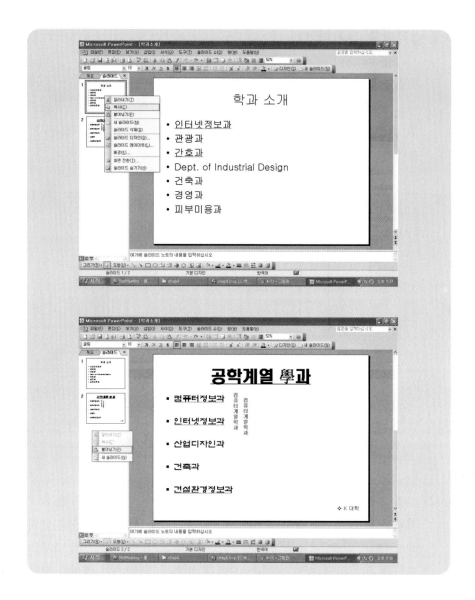

③ 방법 3 : 개요 창의 슬라이드 보기 상태에서 복사하고자 하는 슬라
이드를 선택한 후, 메뉴 표시줄에서 **[편집]** → **[복사]** 메뉴를 선택한
다음, 복사하고자 하는 위치에 마우스 커서를 위치하고, 다시 메뉴
표시줄에서 **[편집]** → **[붙이기]** 메뉴를 선택한다.

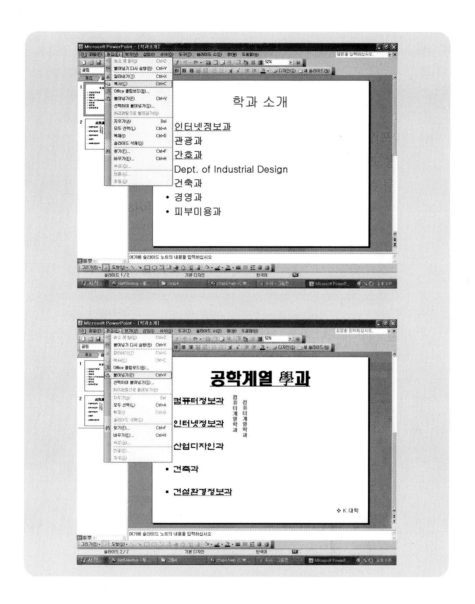

④ 방법 4 : 여러 슬라이드 보기 창에서 복사하고자 하는 슬라이드를
선택한 후, 그 슬라이드 위에서 마우스의 오른쪽 버튼을 클릭하여
[복사] 단축 메뉴를 선택한 다음, 복사하고자 하는 위치에 마우스 커
서를 위치하고 다시 마우스 오른쪽 버튼을 클릭하여 [붙이기] 단축 메
뉴를 선택한다.

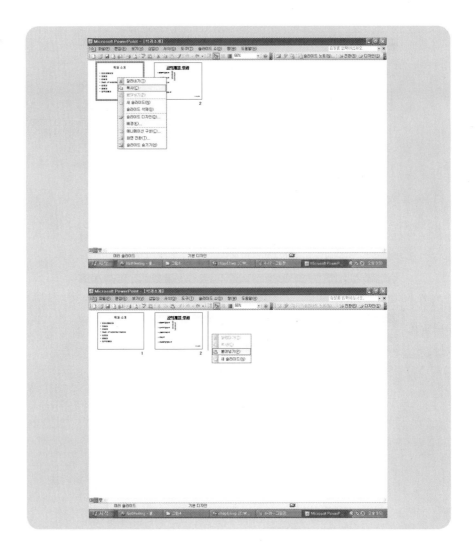

4.5 슬라이드 레이아웃의 종류

슬라이드에 적용되는 슬라이드의 형식을 슬라이드 레이아웃이라고 한
다. 파워포인트에서는 여러 가지 종류의 슬라이드 레이아웃을 지원한다.
사용자는 자신이 원하는 슬라이드 레이아웃을 상황에 맞게 선택하여 보
다 쉽게 슬라이드를 작성할 수 있다. 파워포인트에서 제공하는 슬라이드

레이아웃의 종류는 31가지로 다소 많지만 주로 사용하는 슬라이드는 한정되어 있으며 사용 또한 비슷하다. 자주 사용되는 슬라이드로는 '제목 슬라이드', '제목 및 텍스트', '제목 및 내용', '제목, 텍스트 및 클립 아트', '제목 및 표', '제목 및 다이어그램', '제목 및 차트', '빈 화면'이다. 먼저 슬라이드 레이아웃을 적용하기 위해 새롭게 프레젠테이션을 만든다. 새롭게 프레젠테이션을 만들면 화면의 오른쪽에 슬라이드 레이아웃들이 보인다.

01 제목 슬라이드

프레젠테이션에서 첫 슬라이드에 기본적으로 나타나는 레이아웃으로 제목과 부제목으로 구성되어 있다.

02 제목 및 텍스트

목록 형식으로 작성하거나 텍스트 위주로 이루어진 슬라이드를 작성할 때 사용하며, 글자 앞에 원하는 글머리 기호, 숫자 등을 넣어 사용하는 레이아웃이다.

03 제목, 텍스트 및 클립 아트

슬라이드 제목과 텍스트, 클립 아트를 삽입하여 사용하는 레이아웃이다.

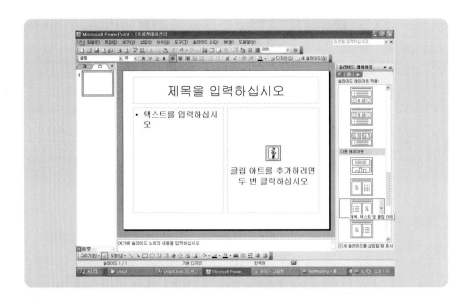

04 **제 목 및 표**

표를 쉽게 작성하여 제목과 함께 사용하는 레이아웃이다.

05 **제 목 및 다이어그램 또는 조직도**

여러 가지 항목의 상호 관계를 한눈에 표시해주는 다이어그램을 작성하거나 회사나 단체의 상하 체계를 나타내는 조직도를 작성할 때 사용하는 레이아웃이다.

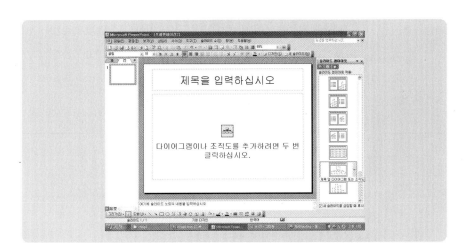

06 제목 및 차트

숫자 데이터의 관계를 한눈에 파악할 수 있도록 차트를 작성할 때 사용하는 레이아웃이다.

07 제목 및 내용

슬라이드 제목과 함께 표, 차트, 클립 아트, 다이어그램, 또는 조직도, 미디어 클립 등 원하는 개체를 선택하여 사용하는 레이아웃이다.

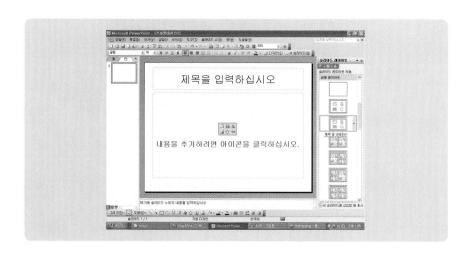

08 빈 화면

아무런 텍스트 상자나 개체(표, 차트, 클립 아트, 다이어그램, 또는 조직도, 미디어 클립)들이 없는 슬라이드로 사용자가 모든 내용을 알아서 채우고자 할 때 사용되는 레이아웃이다.

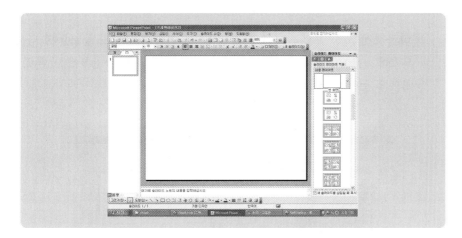

09 제목만

빈 화면 슬라이드와 용도는 같지만 차이점은 제목 입력 상자가 있다는 것이다. 슬라이드 제목이 들어가고, 나머지는 사용자가 원하는 개체를 삽입하고자 할 때 사용하는 레이아웃이다.

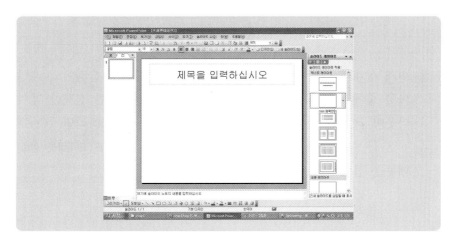

4.6 슬라이드 레이아웃 변경하기

슬라이드 레이아웃은 슬라이드를 작성하기 전에 선택해도 되지만 먼저 작성을 한 후 레이아웃을 나중에 적용해도 된다. 앞에서 작성하여 저장한 '학과소개.ppt' 파일을 연 후 적용해 보자.

① '학과소개.ppt' 프레젠테이션 파일의 두 번째 슬라이드를 선택한다. 우측에 슬라이드 레이아웃이 보이지 않을 경우에는 마우스 오른쪽 버튼을 클릭하여 [슬라이드 레이아웃]을 선택한다.

② 현재 상태의 슬라이드 레이아웃을 변경하기 위하여 슬라이드 레이아웃 중에서 '제목, 텍스트 및 클립 아트'를 클릭하면 선택한 레이아웃이 적용된 것을 볼 수 있다. 실행한 것을 취소하려면 〈Ctrl〉+〈Z〉를 누르거나 메뉴 표시줄에서 [편집] → [슬라이드 레이아웃 취소] 메뉴를 선택하면 원래 상태대로 된다.

4.7 디자인 서식 파일 적용하기

파워포인트에서 제공하는 디자인 서식을 사용하면 전문가의 손을 빌리지 않아도 멋진 슬라이드를 만들 수 있다. '디자인 서식 파일'은 슬라이드의 배경, 색상 구성, 글꼴 서식, 글머리 기호 등을 하나의 테마에 맞추어 미리 지정해 놓은 것으로 '템플릿'이라고도 한다. 디자인 서식은 적용하면 모든 슬라이드에 적용되기 때문에 이것을 '슬라이드 마스터'라고 한다.

2003 MS Office 파워포인트에서 제공하는 기본적인 디자인 서식 파일은 〈C: \ Program Files \ Microsoft Office \ Templates \ Presentation Designs〉에 저장되어 있으며 58개를 지원한다. 파워포인트로 프레젠테이션을 작성할 때 내용을 먼저 채우고 디자인 서식을 적용해도 된다. 하지만 디자인 서식을 먼저 선택하고 슬라이드에 필요한 내용을 채워나가는 작업 방식도 있다. 순서에 상관하지 말고 사용자가 원하는 시점에서 디자인 서식을 적용해도 된다.

① 먼저 새롭게 프레젠테이션을 시작한다. 우측에 위치한 작업 창에서 **[새 프레젠테이션]**을 클릭하거나 메뉴 표시줄의 **[파일]** → **[새로 만들기]** 메뉴를 클릭하면 된다.

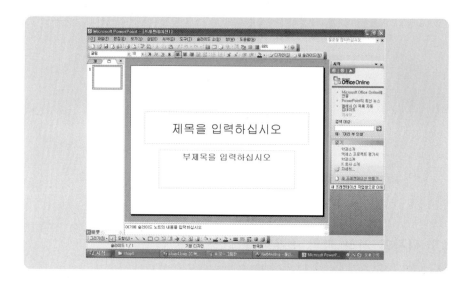

② 메뉴 표시줄의 **[서식]** → **[슬라이드 디자인]** 메뉴를 클릭하면 된다.

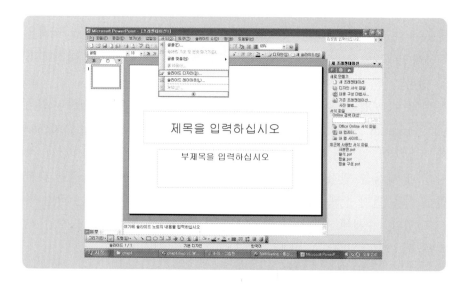

③ 작업창에 2003 MS Office 파워포인트에서 제공되는 슬라이드 디자인 서식이 나온다.

④ 디자인 서식 중에서 사용자가 원하는 모양을 클릭하면 동시에 슬라이드에 적용이 된다. 여기에서는 '캡슐'을 선택하였다.

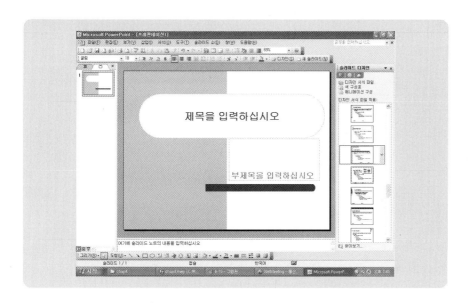

⑤ 새 슬라이드를 만들어 보면 디자인 서식이 한번 정해지면 프레젠
테이션이 끝날 때까지 같은 서식으로 적용됨을 알 수 있다.

4.8 디자인 서식 파일 추가로 다운로드 받기

MS Office 2003 파워포인트에서 제공하는 디자인 서식은 한정되어 있다.
따라서 더 많은 디자인 서식 파일을 사용자의 프레젠테이션에 적용하기 위해
서는 Microsoft Office Online〈http://office.microsoft.com/home/default.aspx〉
에서 제공하는 서식 디자인을 다운로드 받아 사용할 수 있다.

① 먼저 표준 도구 모음에서 [새로 만들기] 버튼을 클릭한 후, 메뉴 표시
줄의 [서식] → [슬라이드 디자인] 메뉴를 클릭하여 나타난 서식 파일 리
스트에서, 맨 밑에 있는 [웹에 있는 디자인 서식을 보려면 클릭하세요]를 클
릭한다.

② 웹 사이트가 연결되면서 범주별로 파워포인트에 적용할 수 있는
디자인 슬라이드 서식 파일 페이지가 나타나게 되는데, 이 곳에서
원하는 서식을 찾아 다운로드하면 된다.

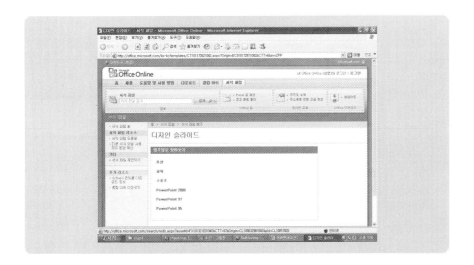

③ 그 외의 서식 파일을 찾으려면, 화면 좌측에 위치한 [서식 파일 홈]을 클릭한 후 나타난 다양한 주제에서 '프레젠테이션' 범주를 선택한다. 여기서 제공되는 서식 파일은 파워포인트뿐만 아니라 MS Office에 포함된 워드, 엑셀, 액세스에서 사용 가능한 모든 서식 파일이 섞여 있으므로 파워포인트에 적용할 '프레젠테이션' 범주를 선택한 것이다.

④ '프레젠테이션' 범주를 선택한 후 나타난 범주에서 원하는 범주를 선택하면 되는데, 여기서는 '기타 프레젠테이션'을 선택하도록 한다.

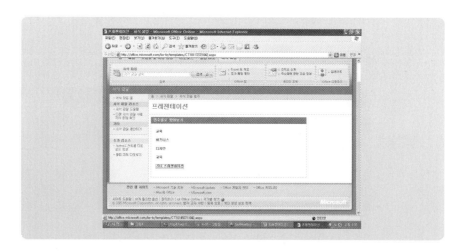

⑤ 여기서 나타난 서식 파일들 중에서 다운로드 수와 평가가 가장 좋은 '브레인스토밍 프레젠테이션'을 선택해 본다.

⑥ 선택한 서식 파일을 확인하고 [지금 다운로드] 버튼을 클릭한다.

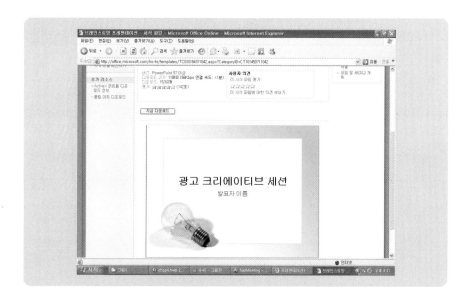

⑦ 전부 8개의 슬라이드로 구성된 프레젠테이션 샘플 파일이 나타나
게 되는데, 사용자는 이것을 참고로 원하는 대로 수정을 가하면
빠르고 효과적으로 파워포인트 파일을 완성할 수 있게 된다.

□5

도형 그리기 및 다루기

파워포인트에서 텍스트만을 사용하는 것이 아니라, 파워포인트 화면 아래쪽에 위치한 그리기 도구 모음을 이용하여 여러 가지 도형들을 만들어 슬라이드에 넣을 수 있다. 이번 장에서는 여러 가지 도형들을 그리고 다루는 방법에 대하여 알아보도록 한다.

5.1 도형의 종류 둘러보기

① 도형을 자유롭게 그려 넣을 빈 슬라이드 레이아웃을 선택한다.

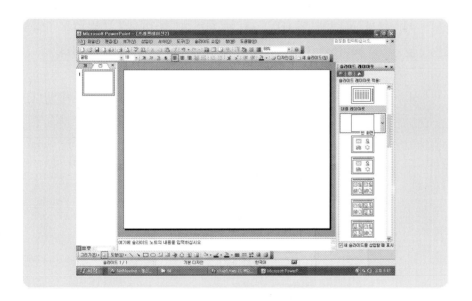

② 화면 하단에 위치한 그리기 도구 모음에서 도형 목록 버튼(도형(U)▾) 을 클릭하여 나온 단축 메뉴에서 맨 위에 있는 선을 선택해 보면 다양한 선의 종류가 나타난다.

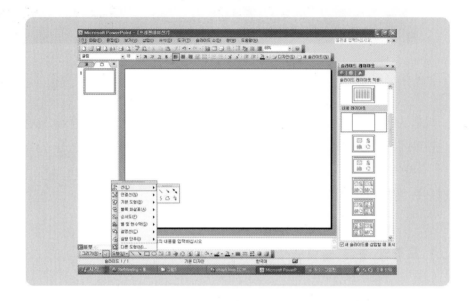

③ 마찬가지 방법으로 보면 도형에는 선을 비롯하여 연결선, 기본 도형, 블록 화살표, 순서도, 별 및 현수막, 설명선, 실행 단추, 다른 도형 등 여러 가지의 도형들이 모여 있는 것을 볼 수가 있다.

· 선 : 선, 화살표, 곡선, 자유형 등 여러 가지 종류의 선이 모여 있다.

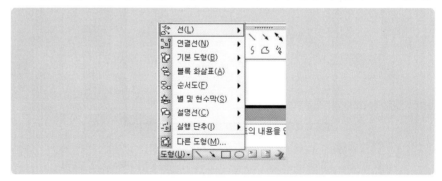

· 연결선 : 순서도, 조직도를 그릴 때나 두 개의 도형을 연결하는 연결선을 그릴 때 사용한다. 클릭만 하면 자동으로 선이 그려지고 연결한 도형이 움직이면 선도 따라서 움직인다.

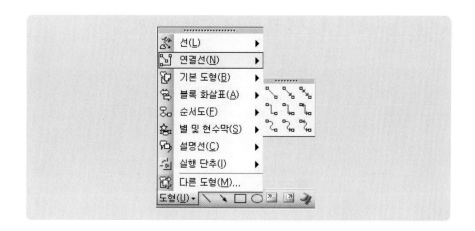

· 기본 도형 : 사각형, 삼각형, 타원, 팔각형 등 일반적으로 많이 사
  용되는 도형들이 모여 있다.

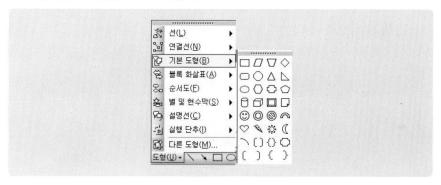

· 블록 화살표 : 블록 모양의 여러 가지 화살표들이 모여 있다.

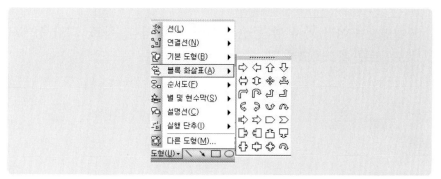

· 순서도 : 순서도를 그릴 때 필요한 도형들이 모여 있다.

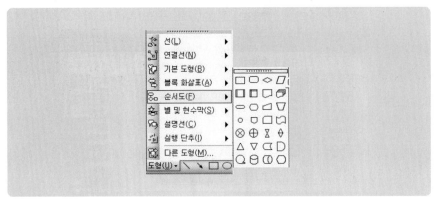

· 별 및 현수막 : 여러 가지 별 모양과 현수막 모양이 들어 있다. 포
인트를 강조하고자 할 때 많이 사용되지만 너무 자주 사용하면 복
잡해 보이므로 주의한다.

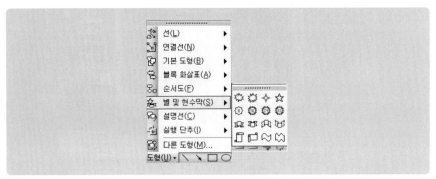

· 설명선 : 여러 가지 말 풍선 모양이 들어 있다. 차트, 그림 등에서
포인트를 강조하고자 할 때 사용한다.

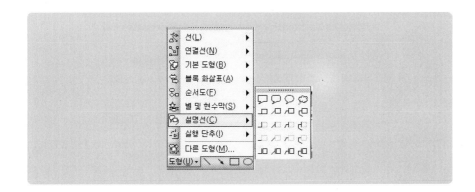

· 실행 단추 : 하이퍼링크, 프로그램 실행 등 단추를 마우스로 클릭했을 때 특정한 동작이 수행되도록 할 경우에 사용한다. 실행 단추를 삽입하면 자동으로 실행 설정 대화상자가 표시된다.

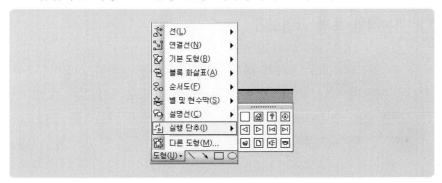

· 다른 도형 : 클릭하면 그림 형태의 도형을 삽입할 수 있도록 화면 우측 작업 창에 클립 아트 삽입 창이 표시된다.

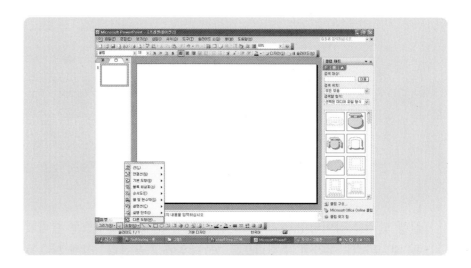

5.2 기본적인 도형 그려보기

① 도형을 자유롭게 그리기 위해 빈 슬라이드를 슬라이드 레이아웃에
   서 선택한 후, 화면 아래에 있는 그리기 도구 모음에서 [도형] →
   [기본 도형] → [직사각형]을 선택한 후 슬라이드에 마우스를 드래그하
   여 적당한 크기로 그린다.

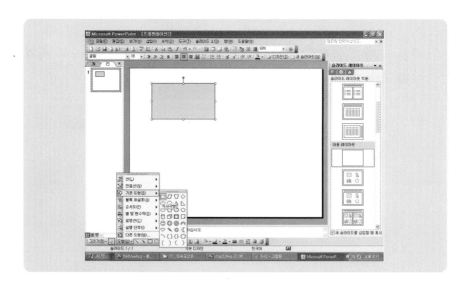

② 같은 방법으로 [기본 도형]에서 [타원], [블록 화살표]에서 [아래쪽 화살표]를
선택하여 그려 본다.

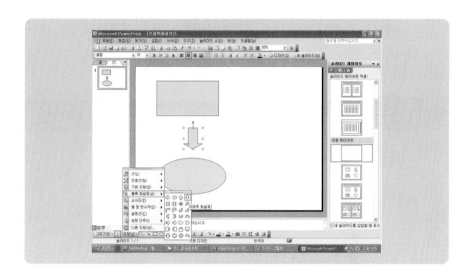

③ 이번에는 화면 아래에 있는 그리기 도구 모음에서 [도형] → [선] →
[자유형]을 선택한 후 마우스 포인트를 슬라이드로 이동하면 선이 따
라 나오게 되는데, 이때 원하는 모양을 자유롭게 그리면 된다. 자
유형을 끝내려면 마우스를 더블클릭하면 된다.

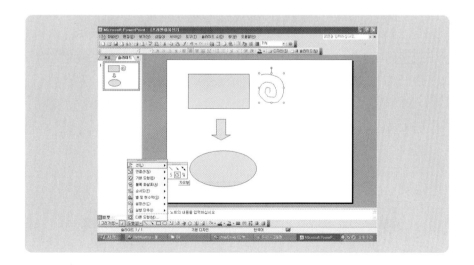

5.3 도형 복사하기

① 방법 1 : 먼저 복사할 도형을 선택한 다음, 메뉴 표시줄에서 **[편집]**
→ **[복사]**를 클릭한 후, 다시 **[편집]** → **[붙여넣기]**를 선택하면 복사본이
나타나게 된다.

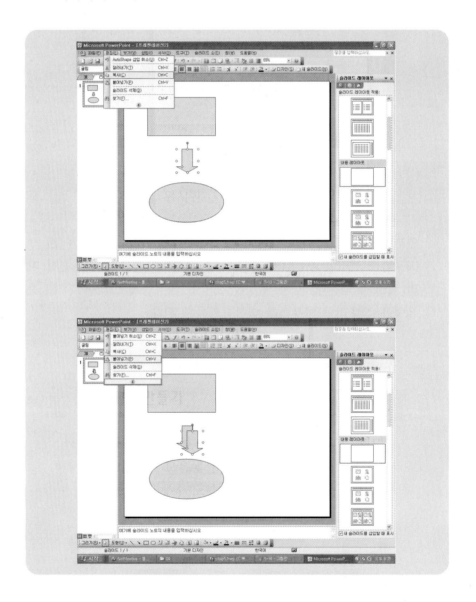

② 방법 2 : 복사할 도형을 선택하고 표준 도구 모음에서 **[복사]** 도구
버튼을 클릭한 후 **[붙여넣기]** 도구 버튼을 클릭하면 복사본이 나타나
게 된다.

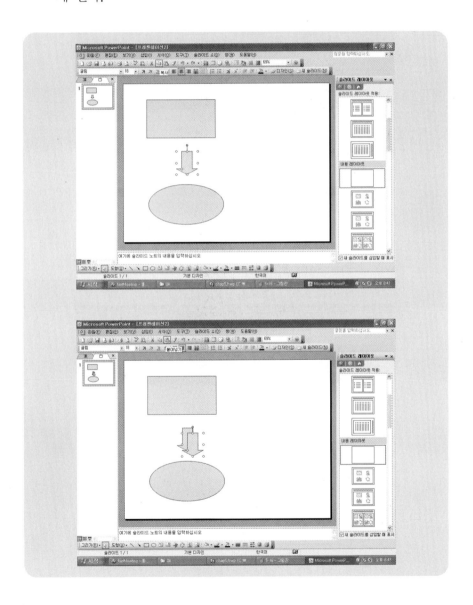

③ 방법 3 : 복사할 도형 위에서 마우스의 오른쪽 버튼을 누른 다음
나타나는 단축 메뉴에서 **[복사]**를 선택한 후, 슬라이드의 빈 곳을
클릭하고 마우스의 오른쪽 버튼을 클릭하여 **[붙여넣기]**를 선택하면
도형의 복사본이 나타난다.

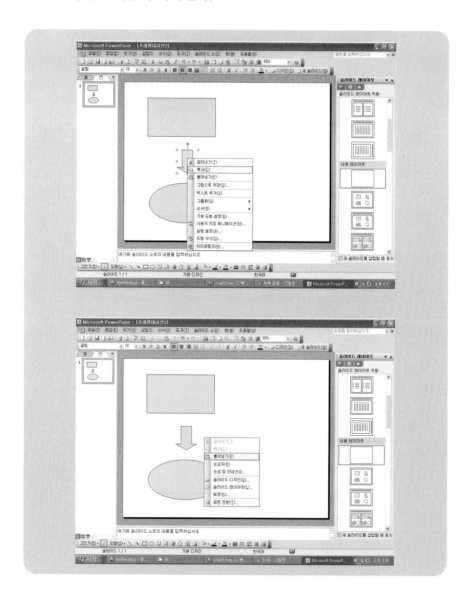

④ 방법 4 : 복사할 도형을 선택한 다음, 복사하는 단축키인 〈Ctrl〉+〈C〉
를 누른다. 그런 다음 붙여넣기의 단축키인 〈Ctrl〉+〈V〉를 누르면 복
사본이 슬라이드에 나타난다.

⑤ 방법 5 : 복사할 도형을 선택한 후 〈Ctrl〉을 누르면 마우스 포인트
가 바뀌게 된다. 이때 마우스를 드래그하면 그 곳에 복사본이 나타나
게 된다.

5.4 도형 이동하기

① 방법 1 : 먼저 이동할 도형을 선택하고 마우스로 드래그하여 원하
는 위치로 옮기면 된다.

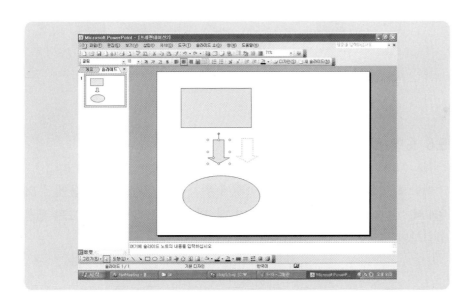

② 방법 2 : 먼저 이동할 도형을 선택하고 키보드의 상, 하, 좌, 우
방향키를 이용하여 원하는 위치로 옮기면 된다. 이때 보다 섬세하
게 이동을 하려면 키보드의 〈Ctrl〉을 누른 상태에서 상, 하, 좌,
우 방향키를 누르면 된다.

5.5 도형에 채우기 없애기

해당 도형을 선택한 후, 화면 아래에 위치한 그리기 도구 모음에서 **[채우기 색]** → **[채우기 없음]**을 선택하여 도형 안에 색이 없도록 지정한다.

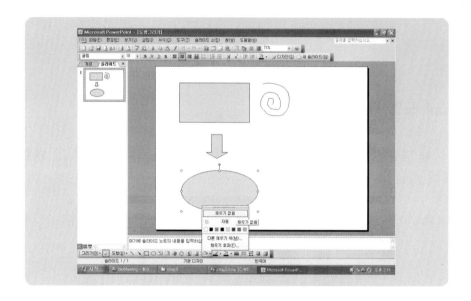

5.6 도형 색 바꾸기

해당 도형을 선택한 후, 화면 아래에 위치한 그리기 도구 모음에서 **[채우기 색]** → **[다른 채우기 색]**을 선택하여 색 대화상자가 나타나면 **[표준]** 탭을 클릭하여 원하는 색을 선택한다.

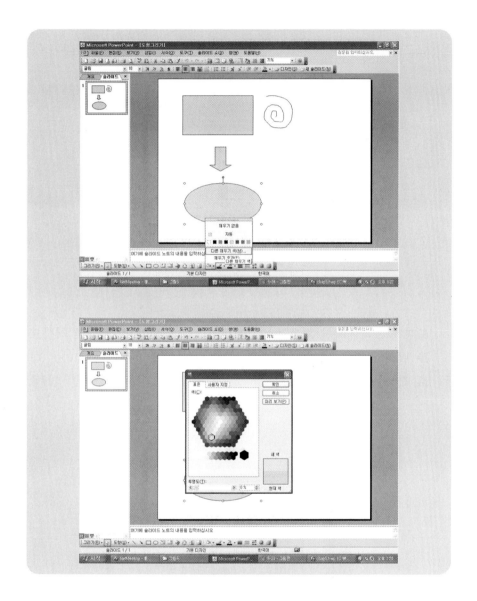

5.7 도형에 효과 채우기

먼저 적용할 도형을 선택한 후, **[채우기 색]** 버튼을 클릭하고 **[채우기 효과]**
를 클릭하면, 그라데이션, 질감, 무늬, 그림과 같은 여러 가지 기능이
있는 채우기 효과 대화상자가 나타난다.

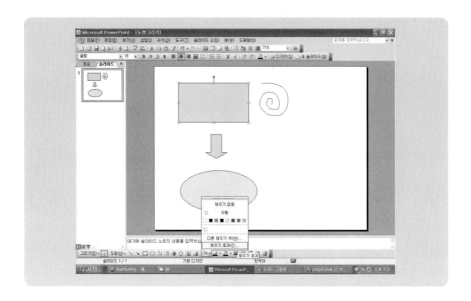

· 도형에 그라데이션 채우기 : 그라데이션은 색상이 점차 다른 색상으로 변해가는 효과로 색, 투명도, 음영 스타일을 사용자가 원하는 대로 적용할 수가 있다.

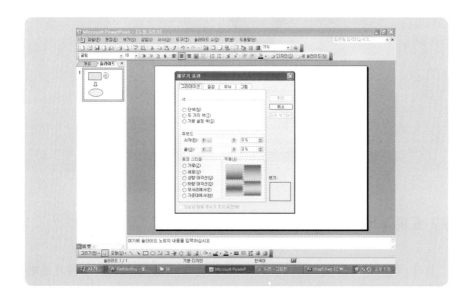

· 도형에 질감 채우기 : 채우기 효과 대화상자에서 **[그라데이션]** 탭 옆에
있는 **[질감]** 탭을 클릭하면 다양한 질감이 나타나는데, 여기서 사용자
가 원하는 질감을 선택하면 되고, 더 많은 질감을 보려면 대화상자
우측 하단에 위치한 **[다른 질감]**을 클릭하면 된다.

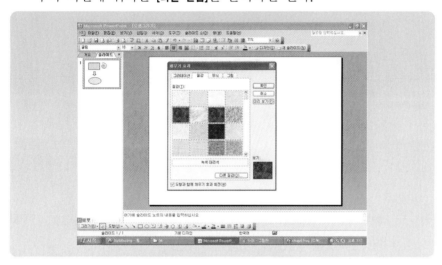

· 도형에 무늬 채우기 : 채우기 효과 대화상자에서 **[질감]** 탭 옆에 있는
[무늬] 탭을 클릭하면 다양한 무늬가 나타나는데, 여기서 사용자가 원하
는 무늬를 선택하면 된다.

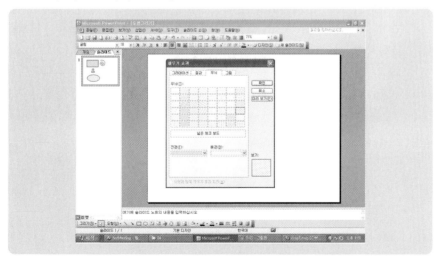

· 도형에 그림 채우기 : 채우기 효과 대화상자에서 **[무늬]** 탭 옆에 있는 **[그림]** 탭을 클릭한 후 나타난 대화상자에서 우측하단에 위치한 **[그림 선택]**을 클릭하여 원하는 그림을 삽입하면 된다.

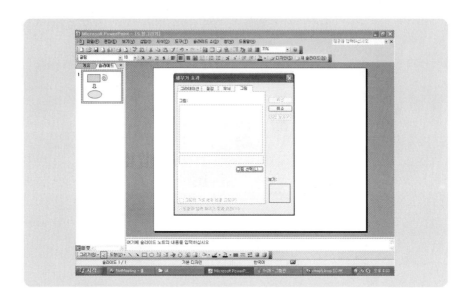

5.8 선 모양 바꾸기

① 먼저 모양을 바꿀 선을 선택한 상태에서 마우스의 오른쪽 버튼을 클릭하여 나타난 단축 메뉴에서 **[도형 서식]**을 선택한다.

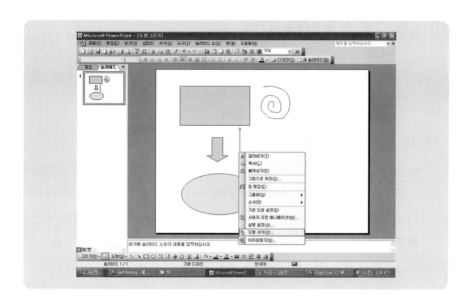

② 도형 서식 대화상자에서 선택한 선에 색상, 두께, 화살표 시작 또
　는 끝 스타일 등의 변화를 줄 수가 있다.

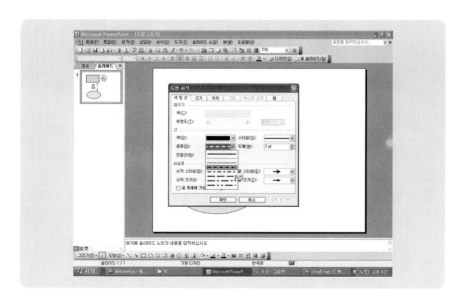

5.9 도형 그룹 설정 / 해제하기

여러 개의 도형을 그룹으로 설정하면 한 번에 복사하거나 이동할 때, 또는 하나의 도형처럼 사용할 때 편리하게 사용할 수 있다.

1) 그룹 설정하기

① 방법 1 : 그룹을 묶고자하는 도형을 마우스 드래그로 일괄 선택하거나, 〈Ctrl〉을 누른 상태에서 선택적으로 도형을 클릭한 후, 마우스 오른쪽 버튼을 클릭하여 나타나는 단축 메뉴에서 **[그룹화]** → **[그룹]**을 선택한다.

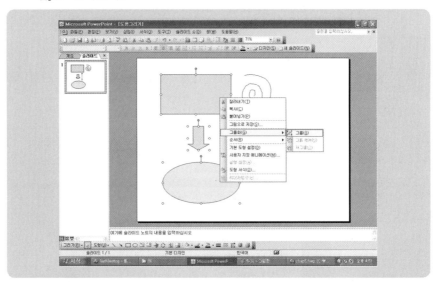

② 방법 2 : 그룹을 묶고자 하는 도형을 마우스 드래그로 일괄 선택하거나, 〈Ctrl〉을 누른 상태에서 선택적으로 도형을 클릭한 후, 화면 하단에 위치한 그리기 도구 모음에서 **[그리기]** → **[그룹]**을 선택한다.

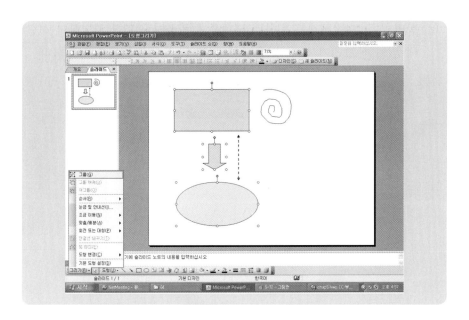

2) 그룹 해제하기

① 방법 1 : 그룹 해제를 원하는 도형을 클릭하여 선택한 후, 오른쪽
   마우스 버튼을 클릭하여 나타나는 단축 메뉴에서 **[그룹화]** → **[그룹 해
   제]**를 선택한다.

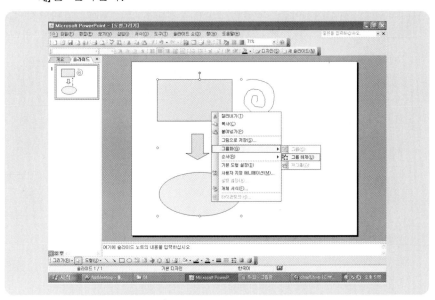

② 방법 2 : 그룹 해제를 원하는 도형을 클릭하여 선택한 후, 화면 하단
에 위치한 그리기 도구 모음에서 **[그리기]** → **[그룹 해제]**를 선택한다.

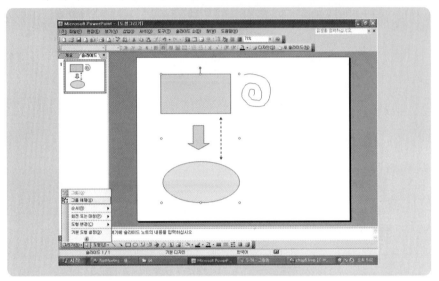

5.10 도형 정렬하기

① 그룹을 묶고자 하는 도형을 마우스 드래그로 일괄 선택하거나,
⟨Ctrl⟩을 누른 상태에서 선택적으로 도형을 클릭한 후, 화면 하단
에 위치한 그리기 도구 모음에서 **[그리기]** → **[맞춤/배분]**을 선택한다.

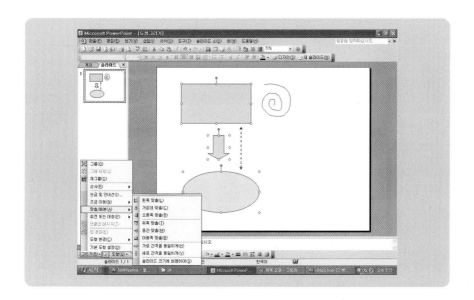

② 선택한 도형들 중 가장 왼쪽에 위치한 도형에 맞추려면 **[왼쪽 맞춤]**, 가장 위쪽에 위치한 도형에 맞추려면 **[위쪽 맞춤]**을 선택한다. 도형의 위치는 변화시키지 않고 각 도형의 가로나 세로의 간격을 일정하게 맞추려면 **[가로 간격을 동일하게]** 또는 **[세로 간격을 동일하게]**를 선택하면 된다.

5.11 도형 순서 바꾸기

① 타원형을 가리고 있는 직사각형을 선택한 후, 화면 하단에 위치한 그리기 도구 모음에서 **[그리기]** → **[순서]** → **[뒤로 보내기]**를 선택한다.

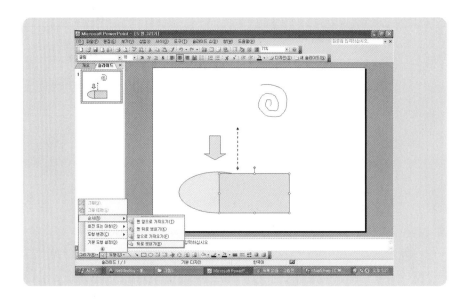

② 타원형을 가리고 있는 직사각형이 뒤로 가고, 뒤에 있던 타원형이 앞으로 오면서 반대로 직사각형을 가리게 된다.

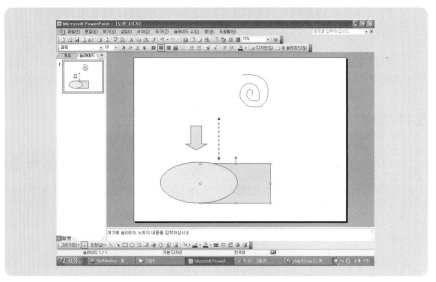

③ 여러 개의 도형이 있을 때 선택한 도형을 다른 도형들의 맨 앞으로 가져올 경우에는 **[맨 앞으로 가져오기]**, 맨 뒤로 보낼 때는 **[맨 뒤로**

보내기]를 선택하면 된다.

5.12 도형 회전 / 대칭시키기

① 회전시키고자 하는 도형을 선택한 후, 화면 하단에 위치한 그리기
도구 모음에서 **[그리기]** → **[회전 또는 대칭]** → **[사용자 정의 회전]**을 선택
한 후, 선택된 도형의 회전 점 위로 마우스를 올리면 마우스 포인
트가 회전 모양으로 바뀌는데, 이때 360도로 자유롭게 도형을 회
전시키면 된다.

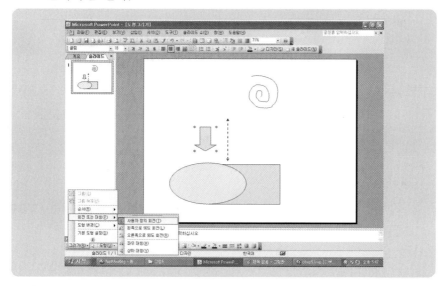

② 선택한 도형을 왼쪽으로 90도 회전하고 싶으면 **[왼쪽으로 90도 회전]**,
오른쪽으로 90도 회전하고 싶으면 **[오른쪽으로 90도 회전]**을 선택하면
된다.
③ 선택한 도형을 왼쪽에서 오른쪽으로 또는 오른쪽에서 왼쪽으로 대
칭시키고 싶으면 **[좌우 대칭]**, 아래쪽으로 위쪽으로 또는 위쪽에서
아래쪽으로 대칭시키고 싶으면 **[상하 대칭]**을 선택하면 된다.

5.13 도형에 그림자 넣기

① 그림자를 넣기 위한 도형을 선택한 후, 화면 하단에 위치한 그리기 도구 모음에서 **[그림자 스타일]**을 클릭하면 나타나는 다양한 그림자 스타일에서 도형에 어울리는 그림자 스타일을 선택하면 된다.

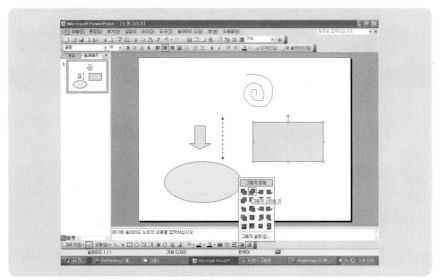

② 지정한 그림자 스타일은 바꿀 수 있으며, 원하지 않을 때는 **[그림자 없음]**을 선택하면 된다.

5.14 3차원 도형 만들기

① 3차원 스타일을 적용하기 위한 도형을 선택한 후, 화면 하단에 위치한 그리기 도구 모음에서 **[3차원 스타일]**을 클릭하고 나타나는 다양한 3차원 스타일에서 도형에 어울리는 3차원 스타일을 선택하면 된다.

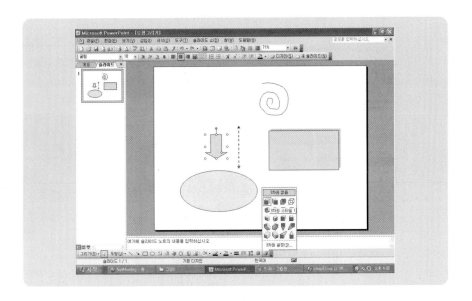

② [3차원 설정]을 선택하면 3차원 스타일을 적용한 후 기울기 각도, 깊이, 조명, 표면, 3차원 색 등 여러 가지 세부 설정을 변경할 수 있으며, 설정된 것을 없애려면 [3차원 없음]을 선택하면 된다.

5.15 도형 안에 텍스트 입력하기

① 방법 1 : 텍스트를 입력하고자 하는 도형을 선택한 후, 마우스의 오른쪽 버튼을 클릭하여 [텍스트 추가]를 선택하면 도형 안에 커서가 생기는데, 이때 텍스트를 입력하면 된다.

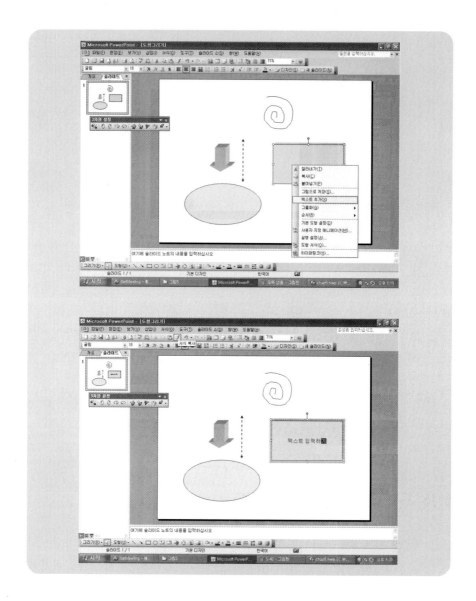

② 방법 2 : 도형을 선택하고 원하는 문자를 바로 입력해도 된다.

5.16 도형 안에 텍스트 서식 바꾸기

① 텍스트가 들어 있는 도형을 선택한 후, 화면 상단에 위치한 서식

도구 모음에 있는 아이콘들을 이용하여 텍스트의 색과 글꼴, 크기 등을 수정할 수 있다.

② 텍스트가 들어 있는 도형을 선택한 후, 메뉴 표시줄에서 **[서식]** → **[도형]**을 선택하여 나타나는 도형 서식 대화 상자에서 **[텍스트 상자]** 탭을 클릭하면, 도형 안에서의 텍스트 위치를 지정할 수 있다.

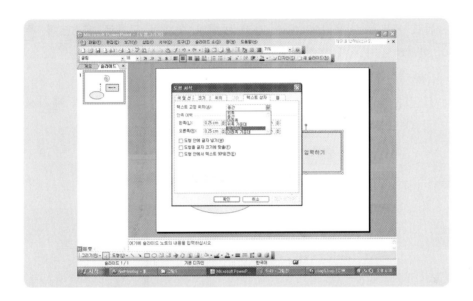

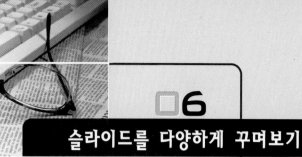

6.1 워드 아트 삽입하기

워드 아트를 이용하여 여러 가지 변형된 형태의 글자로 텍스트를 좀 더 화려하고 멋지게 표현할 수 있다.

① 기존에 만들어 놓은 '학과소개.ppt'를 열고 새 슬라이드를 추가시킨 다음 빈 슬라이드 레이아웃으로 새롭게 만든다.

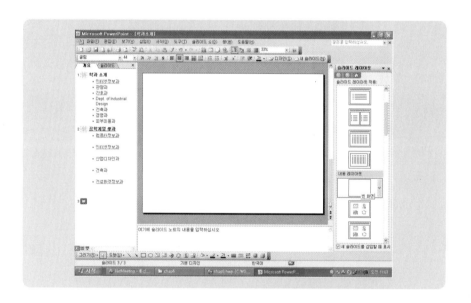

② 화면 상단에 위치한 메뉴 표시줄에서 [삽입] → [그림] → [WordArt]를 선택한다.

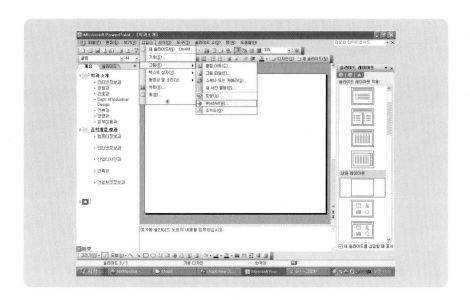

③ 워드 아트의 스타일을 모아둔 WordArt 갤러리 대화상자가 나타나
면 원하는 스타일을 선택한 후 **[확인]** 버튼을 클릭한다.

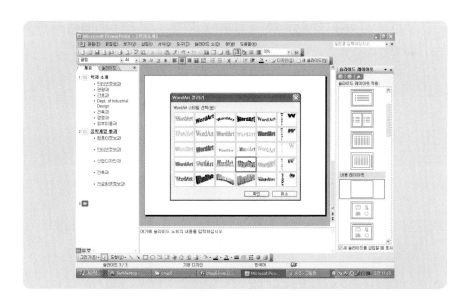

④ 스타일을 선택하면 실제로 워드 아트로 만들고자 하는 내용을 입
력하는 WordArt 텍스트 편집 대화상자가 나온다.

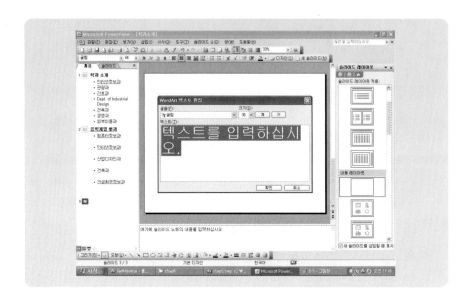

⑤ 원하는 글씨를 입력한 후 글꼴과 크기 등을 지정하여 **[확인]** 버튼을
클릭한다.

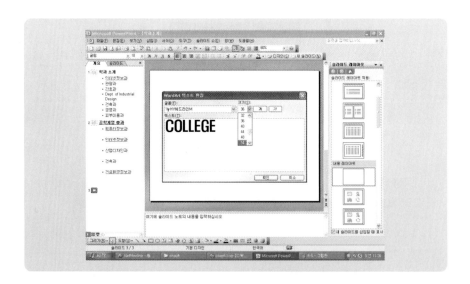

⑥ 슬라이드 위에 원하는 워드 아트의 스타일로 입력한 글씨가 나타나게 된다. 워드 아트는 도형처럼 선택하면 조절점이 나타나서 크기를 자유자재로 조절할 수 있으며, 위치의 이동이나 회전도 가능하다.

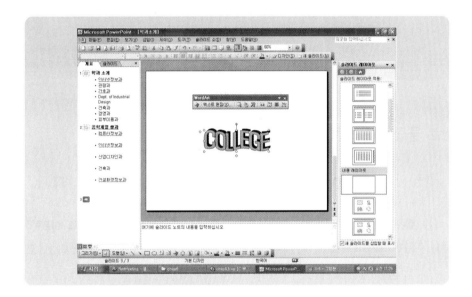

⑦ 워드 아트 도구 모음은 워드 아트의 서식을 편집할 때 쓰이는 도구이며 워드 아트를 삽입하거나 삽입된 워드 아트를 선택하면 자동으로 나타난다.

· 워드 아트 삽입 : 새로운 워드 아트를 삽입한다.
· 텍스트 편집 : 슬라이드에 삽입한 워드 아트의 텍스트를 수정하거나 편집한다.
· 워드 아트 갤러리 : 슬라이드에 삽입한 워드 아트를 새로운 스타일로 바꾼다.
· 워드 아트 서식 : 슬라이드에 삽입한 워드 아트의 색, 선, 크기, 위

치 등 서식을 편집한다.

- 워드 아트 도형 : 슬라이드에 삽입한 워드 아트의 모양을 변경한다.
- 워드 아트와 같은 문자 높이 : 영문 대소문자, 받침이 있는 문자와 없는 문자의 높이를 같게 만든다.
- 워드 아트 세로 텍스트 : 슬라이드에 삽입한 워드 아트를 세로 쓰기 상태로 바꾼다.
- 워드 아트 정렬 : 워드 아트를 왼쪽, 가운데, 오른쪽 등으로 정렬한다.
- 워드 아트 문자 간격 : 워드 아트의 텍스트 간격을 조절한다.

6.2 클립 아트 삽입하기

클립 아트(Clip Art)란 문서에 삽입할 수 있는 작은 조각 그림을 말한다.

① 화면 상단에 위치한 메뉴 표시줄의 **[삽입] → [그림] → [클립 아트]**를 클릭하거나, 화면 하단에 위치한 그리기 도구 모음에서 클립 아트 삽입 아이콘(🖼)을 클릭한다.

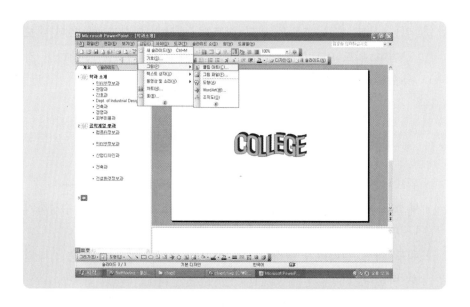

② 작업 창에 클립 아트 검색 창이 띄워진 상태에서 [검색 위치]의 내림
단추를 클릭한 다음, [모든 범위] 앞의 네모칸을 클릭하여 ☑ 표시를
없애준다.

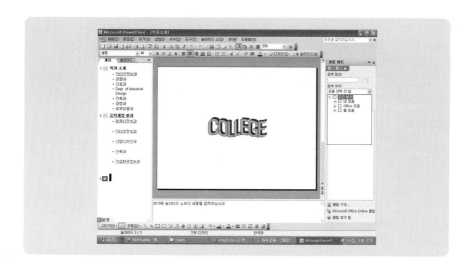

③ [검색 위치]에서 [Office 모음] 앞의 ☑ 표시를 마우스로 클릭하면
Office 모음의 세부 카테고리가 펼쳐지며, 세부 카테고리 중에서
[사람]을 찾아 ☑ 표시를 한다.

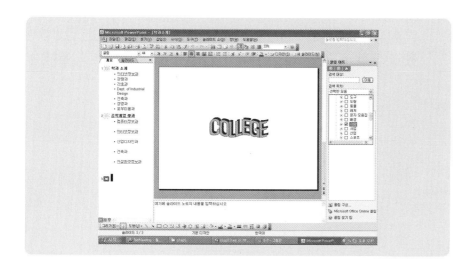

④ **[검색할 형식]**의 내림 단추를 누른 다음, **[클립 아트]**에만 ☑ 표시를 하고 나머지 항목에는 ☑ 표시를 없앤다. **[검사 대상]**에서 **[이동]** 버튼을 클릭하면 지금 설정한 곳에 해당되는 클립 아트를 빠르게 검사하여 찾아온다.

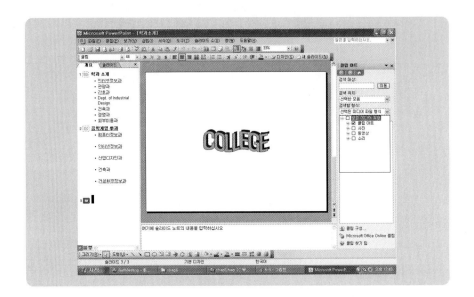

⑤ 클립 아트를 슬라이드에 삽입하기 위해서 작업 창에 있는 검색된 클립 아트의 중앙 부분을 클릭하거나 클립 아트 위로 마우스를 올려놓으면 나타나는 내림 단추를 클릭하여 **[삽입]** 버튼을 클릭하면 된다. 또한 클립 아트를 드래그하여 슬라이드 위로 옮겨도 된다.

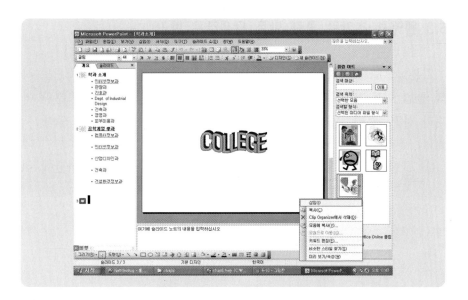

⑥ 슬라이드로 삽입된 클립 아트를 선택하여 사용자가 원하는 곳으로
이동 및 축소/확대가 가능하다.

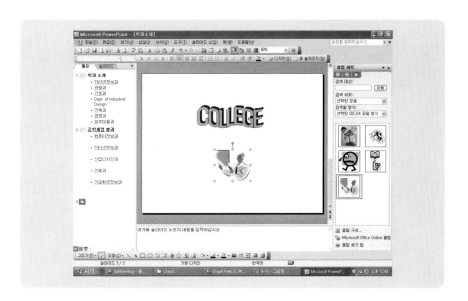

6.3 웹에서 추가로 클립 아트 다운로드 받기

기본적으로 제공하는 클립 아트만으로 부족하다면, 마이크로소프트 사의 클립 아트 및 미디어 홈페이지 사이트에 접속하면 클립 아트뿐만 아니라 사진, 소리, 동영상 등을 추가로 다운로드 받아 사용할 수 있다.

① 클립 아트 삽입 아이콘(📷)을 클릭하여 나타난 작업 창 하단에 위치한 [Microsoft Office Online 클립 아트]를 클릭한다.

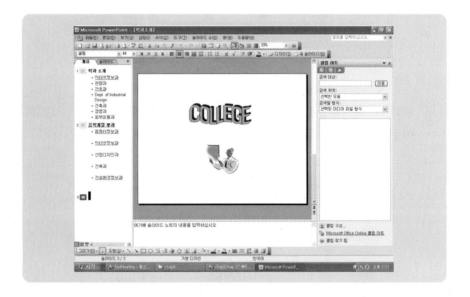

② 마이크로소프트 사의 클립 아트 및 미디어 웹 페이지가 자동으로 연결된다.

③ 화면 오른쪽에 위치한 스크롤바를 아래로 내리면 **[클립 아트 및 미디어 찾아보기]**라는 제목 밑에 주제별로 다양한 카테고리가 나타나는데, 여기서도 **[사람]**을 선택하도록 한다.

④ 원하는 클립 아트가 있다면 ☑ 표시를 하며, 다음 페이지가 지원이
되면 다음 페이지로 가서 또 다시 살펴보며 원하는 것을 모두 ☑
표시하여 선택한다. 여기서는 2개의 클립 아트만 선택하기로 한다.
선택이 다 끝났으면 화면 좌측에 위치한 [선택 바구니]에서 [2항목 다운
로드]를 클릭한다.

⑤ 다운로드 받을 웹 페이지가 나타나는데 내용을 확인하고 [지금 다운
로드] 버튼을 클릭한 후 나타나는 파일 다운로드 대화상자에서 [열기]
를 클릭한다.

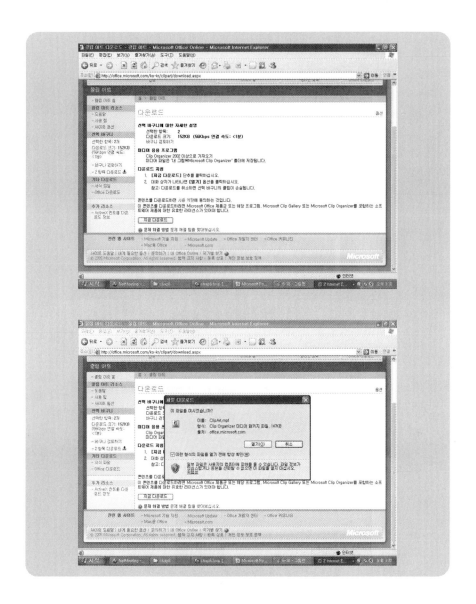

⑥ 선택했던 클립 아트가 컴퓨터로 다운로드 되는 과정이 나타나고
   다운로드가 완료되면 다운로드 받은 클립 아트의 목록들이 보이
   며, [내 모음] → [다운로드된 클립] 안에 하나의 폴더로 저장되었음을
   볼 수 있다.

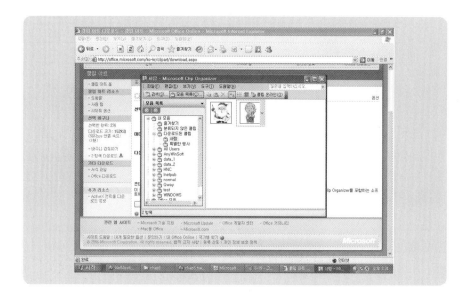

⑦ 작업 창에 하단에 위치한 **[클립 구성]** 버튼을 클릭한다.

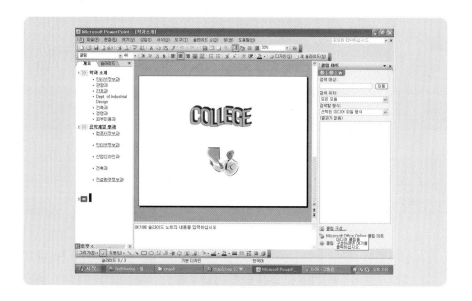

⑧ 좌측 모음 목록 리스트에서 **[내 모음]** → **[다운로드된 클립]** → **[사람]**을 클릭하면 조금 전에 웹에서 다운로드 받아 저장한 2개의 클립 아

트를 볼 수 있는데, 슬라이드에 원하는 클립 아트를 선택한 후 마우스로 드래그하여 그대로 사용하면 된다.

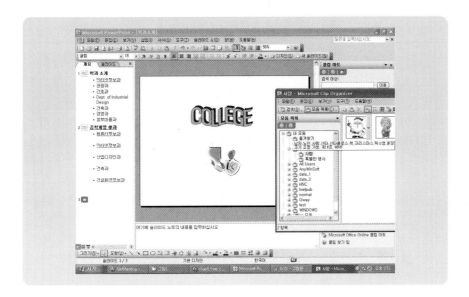

6.4 차트 삽입하기

차트란 그래프를 의미하는 것으로 텍스트로 된 자료를 차트화하면 시각적으로 좀 더 이해력을 높이는 데 효과적이기 때문에 프레젠테이션을 할 경우 많이 사용된다.

① 기존에 만들어 놓은 '학과소개.ppt' 파일을 열고 맨 마지막 슬라이드에 새로운 슬라이드를 삽입한 후 우측의 작업 창에서 슬라이드의 레이아웃을 [**제목 및 차트**]를 선택한다. 또는 빈 슬라이드인 경우 메뉴 표시줄에서 [**삽입**] → [**차트**]를 선택하여 직접 차트를 슬라이드에 삽입할 수도 있다.

② 제목에 '학과별 재학인원 분포도'라고 입력한 후, 밑에 있는 차트
모양에 마우스를 놓고 더블클릭한다.

③ 차트 작업 화면으로 바뀌면서 데이터를 입력할 수 있는 시트와 차

트 모양이 나오게 된다.

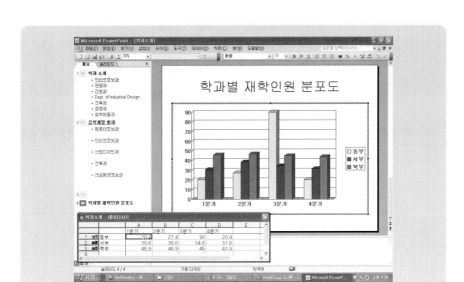

④ 데이터 시트에 이미 입력되어 있는 내용은 기본적으로 제공하는
샘플이다. 각각의 네모칸들을 셀이라고 부르며, 셀 위에 마우스를
올려 놓으면 +모양으로 변하고 셀을 선택하면 셀의 테두리가 두꺼
워진다.

학과소개 - 데이터시트		A	B	C	D	E
		1분기	2분기	3분기	4분기	
1	동부	20.4	27.4	90	20.4	
2	서부	30.6	38.6	34.6	31.6	
3	북부	45.9	46.9	45	43.9	
4						

⑤ 가로 부분을 학과명으로 수정하기 위해 마우스로 '1분기'라고 입력
된 첫 번째 셀을 클릭하여 선택한 후 '인정과'라고 입력한다. 입력
한 후 키보드에서 [Tab]을 누르면 바로 우측 옆 셀로 선택이 이동
된다.

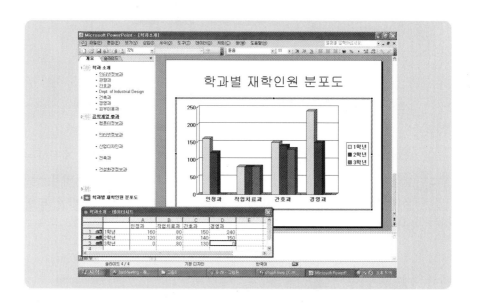

⑥ 계속해서 다음과 같이 자료를 입력한다. 입력과 동시에 차트의 내용도 입력된 자료에 따라 달라지는 것을 볼 수 있다.

⑦ 모든 것이 원하는 대로 만들어졌다면 데이터를 입력했던 시트를 닫기 위해 데이터 시트 창의 **[닫기]** 버튼을 클릭하면, 슬라이드에 완성된 차트가 삽입된다.

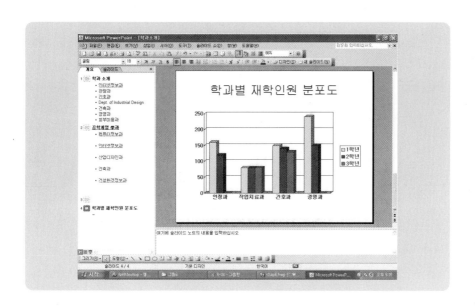

6.5 차트 종류 바꿔보기

차트는 기본적으로 3차원 세로 막대형이지만 사용자가 원하는 모양으로 얼마든지 바꿀 수 있으며 파워포인트에서는 14가지의 종류를 제공해 주고 있다.

① 차트 영역에서 더블클릭하여 차트 편집 화면으로 들어간 후 차트 영역 위에서 마우스의 오른쪽 버튼을 클릭한 후 **[차트 종류]**를 클릭한다.

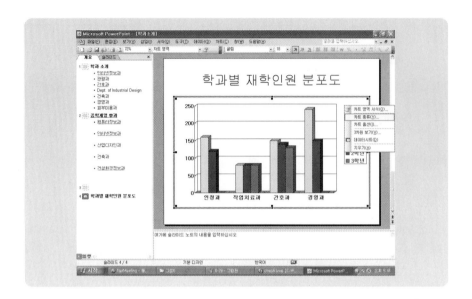

② 차트 종류 대화상자가 표시되면 원하는 차트 종류를 선택한다. 차트
의 종류는 크게 **[표준 종류]**와 **[사용자 지정 종류]**의 두 가지가 있는데, 이
중에서 사용자가 원하는 것을 선택하면 된다. 여기서는 **[꺾은선형]**에서
마지막에 있는 '3차원 꺾은선'을 선택한 후 **[확인]** 버튼을 클릭한다.

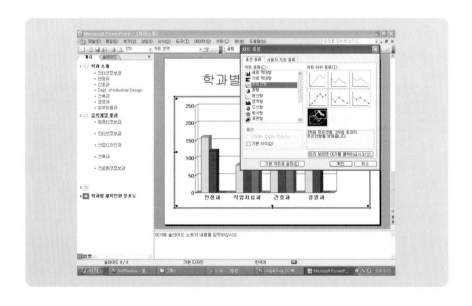

③ 차트 모양이 새로 선택한 형태로 변경되었음을 볼 수 있다.

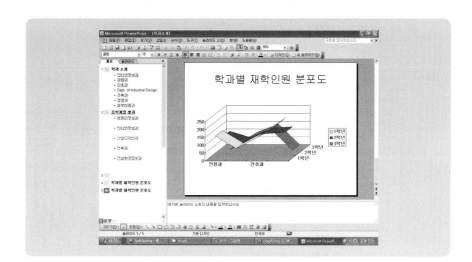

6.6 표 삽입하기

① 새로운 슬라이드를 삽입하고 오른쪽의 작업 창에서 **[제목 및 표]** 레이아
웃을 선택하여 적용한다. 또는 빈 슬라이드인 경우 메뉴 표시줄에서
[삽입] → **[표]**를 선택하여 직접 표를 슬라이드에 삽입할 수도 있다.

② 제목 밑에 위치한 표 모양의 아이콘을 더블클릭하면 표 삽입 대화
상자가 나타나는데, 여기서는 4열과 5행으로 입력하여 간단한 표
를 작성하기로 한다.

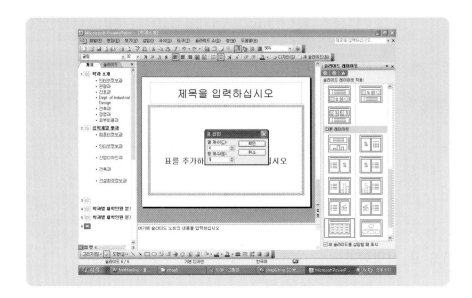

③ 슬라이드에 나타난 빈 표에 다음과 같이 내용을 입력한다.

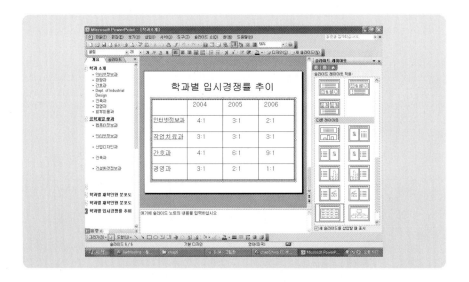

④ 내용을 입력한 후 글꼴을 바꾸기 위해 마우스로 표 전체를 드래그
 하거나 표의 테두리 부분을 클릭하였을 때, 마우스 커서가 보이지
 않으면 표 전체를 선택한 것이므로 글자 모양을 변경할 수 있다.

6.7 표 편집하기

메뉴 표시줄에서 [보기] → [도구 모음] → [표 및 테두리]를 선택하면, 표를
그리거나 마음대로 편집할 수 있는 여러 기능들이 있는 표 및 테두리 도
구 상자가 나타나게 된다.

· 표 그리기 : 연필로 선을 그리듯 마우스로 드래그하면 표 내부에
 선이 그려져 하나의 셀을 만든다.
· 지우기 : 클릭하거나 드래그하여 표 안에서 선을 지운다.
· 테두리 스타일 : 테두리 선의 모양을 지정한다.
· 테두리 두께 : 테두리 선의 두께를 지정한다.
· 테두리 색 : 테두리 선의 색을 지정한다.
· 테두리 : 선택한 영역 안에 있는 테두리의 선 스타일을 지정한다.
· 채우기 색 : 선택한 셀 범위의 색상을 지정한다.
· 표 : 표에 행과 열을 삽입한다.
· 셀 병합 : 선택한 범위의 셀들을 병합하여 하나의 셀이 되게 한다.
· 셀 분할 : 선택한 셀을 두 개의 셀로 나눈다.
· 텍스트 위치 : 셀 안에 있는 텍스트의 위치를 지정한다.
· 간격 같게 : 각 셀들의 높이와 너비의 간격을 같게 지정한다.
· 텍스트 방향 변경 : 선택한 셀에 입력되어 있는 텍스트의 방향을 바
 꾼다.

6.8 조직도 삽입하기

① 새로운 슬라이드를 삽입하고 오른쪽의 작업 창에서 **[제목 및 다이어그램 또는 조직도]** 레이아웃을 선택하여 적용한다. 또는 빈 슬라이드인 경우 메뉴 표시줄에서 **[삽입]** → **[그림]** → **[조직도]**를 선택하여 직접 조직도를 슬라이드에 삽입할 수도 있다.

② 조직도를 삽입하기 위해 슬라이드 중앙에 있는 다이어그램 또는 조직도 아이콘을 더블클릭하면, 다이어그램 갤러리 대화상자가 나타난다. 여기서 **[조직도]**를 선택하면 된다.

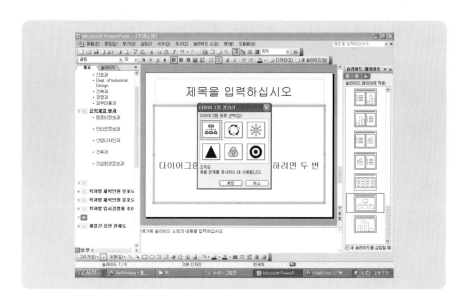

③ 슬라이드에는 앞서 선택한 조직도 다이어그램과 함께 이를 편집할 수 있는 도구 모음도 나타난다.

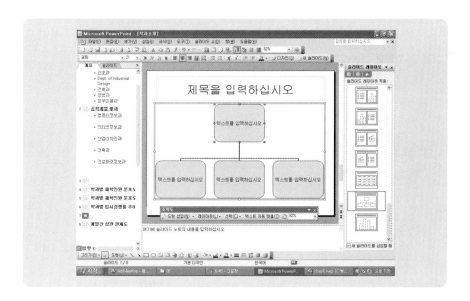

④ 조직도 안에 텍스트를 입력하기 위해 조직도 안에서 마우스를 클

릭한 후 내용을 입력하고 제목도 입력한다.

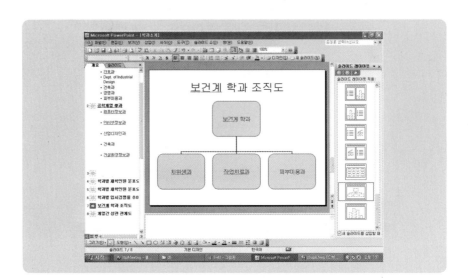

⑤ 조직도 스타일을 변경하려면 조직도를 선택하여 조직도 도구 모음
   이 나타나게 한 후, 조직도 도구 모음에서 우측에 위치한 자동 서
   식 아이콘(🔄)을 클릭하면 조직도 스타일 갤러리가 보인다. 여기서
   는 **[입체 그라데이션]**을 선택해 본다.

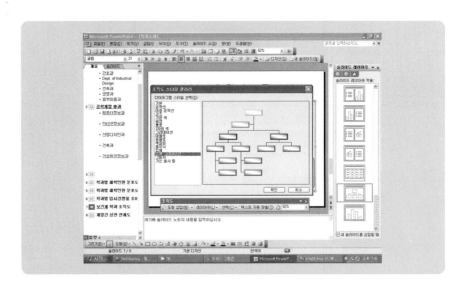

⑥ 기존의 조직도가 선택한 조직도 스타일로 변경된 것을 볼 수 있다.

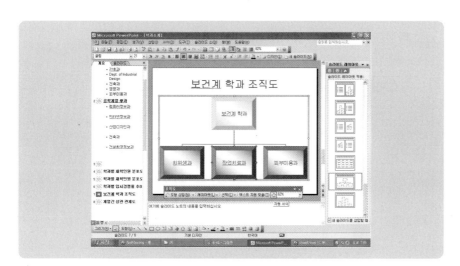

6.9 다이어그램 삽입하기

① 새로운 슬라이드를 삽입하고 오른쪽의 작업 창에서 **[제목 및 다이어그램 또는 조직도]** 레이아웃을 선택하여 적용한다. 또는 빈 슬라이드인 경우 메뉴 표시줄에서 **[삽입]** → **[그림]** → **[조직도]**를 선택하여 직접 조직도를 슬라이드에 삽입할 수도 있다.

② 조직도를 삽입하기 위해 슬라이드 중앙에 있는 다이어그램 또는 조직도 아이콘을 더블클릭하면, 다이어그램 갤러리 대화상자가 나타난다. 여기서는 **[주기형 다이어그램]**을 선택하도록 한다.

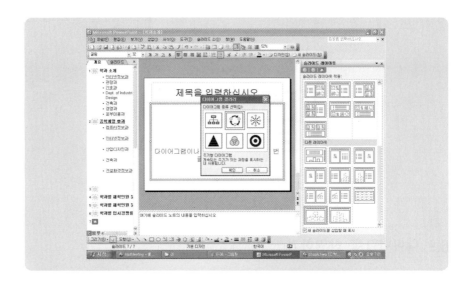

③ 슬라이드에 앞서 선택한 주기형 다이어그램과 함께 이를 편집할 수 있는 도구 모음도 나타난다.

④ 주기형 다이어그램 안에 텍스트를 입력하기 위해 다이어그램 안
　에서 마우스를 클릭한 후 내용을 입력하고 제목도 입력한다.

멀티미디어 프레젠테이션 만들기

프레젠테이션 내용에 어울리는 사진 또는 이미지 파일, 프레젠테이션 분위기를 살릴 수 있는 음악 파일이나 소리 파일, 움직이는 생생한 현장 감을 전달해 주는 동영상 파일 등의 멀티미디어 파일들을 슬라이드에 삽입하면, 한층 더 효과적으로 프레젠테이션을 진행할 수 있다. 여기서는 휴대폰, 디지털 카메라, 캠코더 등으로 얻은 다양한 형태의 멀티미디어 파일들을 어떻게 슬라이드에 삽입하여 멀티미디어 프레젠테이션을 만드는 지를 알아보기로 한다.

7.1 그림 삽입하기

① 빈 슬라이드 상태에서 화면 상단에 위치한 메뉴 표시줄의 **[삽입]** → **[그림]** → **[그림 파일]**을 선택하거나, 화면 하단에 위치한 그리기 도구 모음에서 그림 삽입 아이콘(🖻)을 클릭한다.

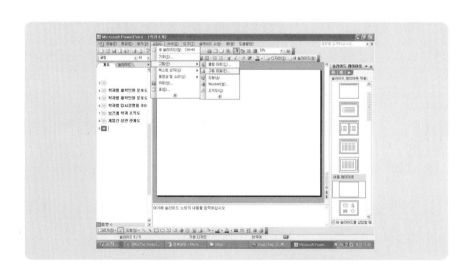

② 삽입할 그림이 저장되어 있는 폴더를 지정하고 그림을 선택한 후
[삽입] 버튼을 클릭한다. 여기서는 [내 문서] → [내 그림] → [그림 샘플]
에 기본적으로 저장되어 있는 '석양.jpg'를 선택하여 삽입한다.

③ 선택한 그림이 슬라이드에 삽입된 것을 볼 수 있다. 삽입된 그림은
마우스로 선택하여 슬라이드 내에서 자유자재로 사용자가 원하는
크기로 조절하거나 이동을 할 수가 있다. 또한 화면 하단에 위치한
그리기 도구 모음에서 텍스트 상자 아이콘(█)을 이용하여 삽입된
그림 위에 제목을 넣을 수 있다.

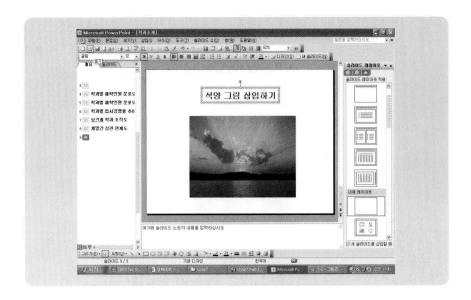

7.2 그림을 배경으로 삽입하기

① 화면 상단에 위치한 메뉴 표시줄에서 **[서식]** → **[배경]**을 선택한다.

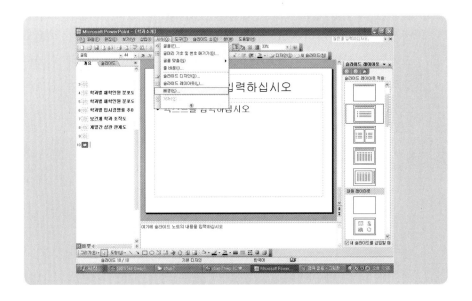

② 배경 대화상자에서 하단에 위치한 목록을 클릭하여 [채우기 효과]를 선택한다.

③ 채우기 효과 대화상자가 나타나면 [그림] 탭을 누르고 [그림 선택] 버튼을 클릭한다.

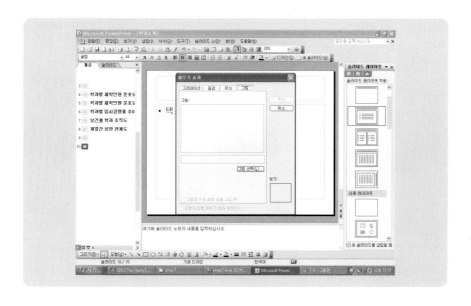

④ 원하는 그림이 저장되어 있는 폴더를 찾아 배경으로 삽입될 그림
을 선택한 후 [삽입] 버튼을 클릭한다.

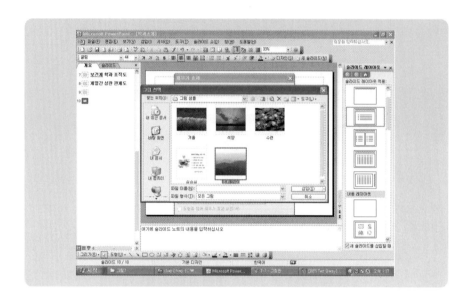

⑤ 채우기 효과 대화상자가 나타나는데, 선택한 그림이 이상 없으면
[확인] 버튼을 클릭한다.

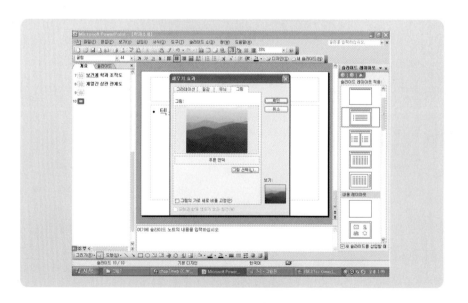

⑥ 배경 대화상자가 다시 나타났을 때 **[모두 적용]**을 하면 선택한 그림
  이 프레젠테이션 전체 슬라이드에 배경으로 들어가며, **[적용]**을 선
  택하면 현재의 슬라이드에만 배경으로 들어간다.

7.3 삽입된 그림 편집하기

슬라이드에 삽입된 그림은 그림 도구 모음을 사용해서 편집할 수 있
다. 그림 도구 모음을 불러오기 위해서는 먼저 메뉴 표시줄에서 **[보기]** →
[도구 모음] → **[그림]**에 ☑ 표시가 되도록 선택한다.

· 그림 삽입 : 새로운 그림을 삽입한다.
· 색 : 회색조, 흑백 등 4가지로 효과를 적용한다.
· 선명하게 : 클릭할 때마다 선택된 그림이 더 선명하거나 흐릿하게
  된다.
· 밝게 : 클릭할 때마다 선택된 그림이 더 밝거나 어둡게 된다.

· 자르기 : 그림의 일부분을 잘라낸다.

· 왼쪽으로 회전 : 그림을 왼쪽으로 90도 회전한다.

· 선 스타일 : 테두리 선의 두께와 모양을 바꾼다.

· 그림 압축 : 슬라이드에 삽입한 그림 파일을 압축한다.

· 그림 다시 칠하기 : 그림의 색을 바꾼다.

· 그림 서식 : 그림의 색, 선, 크기 등을 편집한다.

· 투명한 색 설정 : 비트맵 형식의 이미지에서 특정한 색깔을 투명하게 바꾼다.

· 그림 원래대로 : 그림에 설정한 여러 가지 효과를 모두 취소하고 원본 상태로 되돌린다.

7.4 소리 삽입하기

슬라이드에 음악 파일인 *.mid, *.wav, *.mp3 파일들은 물론 자신의 음성을 녹음하고 저장한 파일들도 쉽게 삽입할 수 있다.

① 앞에서 그림을 삽입한 슬라이드를 현재 슬라이드로 하고, 화면 상단에 위치한 메뉴 표시줄에서 **[삽입]** → **[동영상 및 소리]** → **[소리 파일]**을 차례로 선택한다.

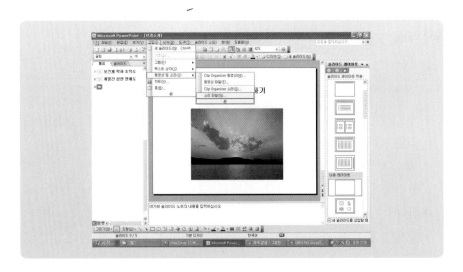

② 삽입하고자 하는 음악 파일이 저장되어 있는 폴더를 찾는다. 여기
서는 [내 문서] → [내 음악] 안에 있는 '모짜르트의 클라리넷 협주곡'
mp3 파일을 선택하도록 한다.

③ 슬라이드 쇼 실행시 소리는 어떻게 시작할 것인지를 묻는 대화상
자가 나타나는데, 이때 슬라이드의 배경 음악으로 사용하고자 한다
면 [자동 실행]을 선택한다.

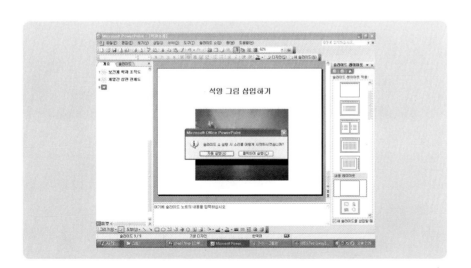

④ 지정하고 나면 슬라이드 중앙에 스피커 모양의 아이콘이 나오며, 이것은 배경 음악이 삽입되었음을 나타내고 있는 것이다. 스피커 모양의 아이콘은 크기 조절 및 이동이 가능하므로 삽입된 그림과 겹쳐지는 것을 피해 우측 상단으로 위치를 옮겨 놓는다.

⑤ 삽입된 소리를 듣고 싶으면 스피커 모양의 아이콘을 선택한 후, 마우스 오른쪽 버튼을 클릭하여 나타난 단축 메뉴에서 [소리 재생]을 선택하면 된다.

⑥ 만약 슬라이드가 표시되어 있는 동안 계속 사운드를 재생하고 싶
다면 스피커 아이콘에서 마우스 오른쪽 버튼을 클릭한 후 단축 메
뉴의 **[소리 개체 편집]**을 선택한다.

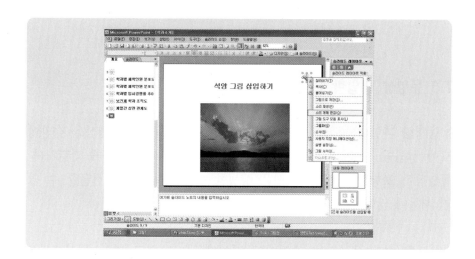

⑦ 소리 옵션 대화상자가 나타나면 재생 옵션에서 **[반복 재생]**에 ☑ 표
시가 되도록 클릭한다. 만약 프레젠테이션을 하는 동안 스피커 모
양의 아이콘을 숨기고 싶다면 여기서 **[슬라이드 쇼 동안 소리 아이콘 숨기
기]**에 ☑ 표시가 되도록 클릭하면 된다.

⑧ 삽입된 음악 파일이 그림과 함께 올바르게 작동되는 지를 확인해 보기 위해, 화면 좌측 하단에 위치한 화면 보기 전환 단추에서 현재 슬라이드로부터 슬라이드 쇼 아이콘(🖵)을 클릭하여 실행해 본다. 중단할 경우에는 키보드에서 [ESC]를 누르면 원래의 슬라이드 상태로 되돌아온다.

7.5 동영상 삽입하기

동영상 파일의 형식인 mpg, wmf, avi 등 거의 모든 동영상을 슬라이드에 삽입할 수 있고, 그 과정도 소리 파일 삽입과 비슷하게 간단하다. 동영상이 포함된 프레젠테이션은 생생한 현장감을 그대로 전달할 수 있기 때문에 많이 활용되고 있다.

① 새 슬라이드를 빈 슬라이드 레이아웃으로 하고 메뉴 표시줄에서 **[삽입]** → **[동영상 및 소리]** → **[동영상 파일]**을 차례대로 선택한다.

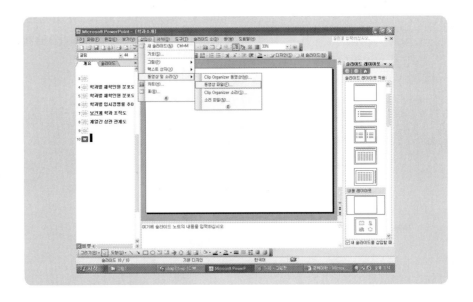

② 동영상을 선택하는 대화상자가 나타나면 삽입하고자 하는 동영상이 저장되어 있는 폴더를 찾아 원하는 동영상 파일을 선택한 후 **[확인]** 버튼을 클릭하면 된다. 여기서는 **[내 문서]** → **[내 비디오]**에 저장한 '졸업작품전시회_축하행사.wmf' 파일을 선택한 후 **[확인]** 버튼을 클릭한다.

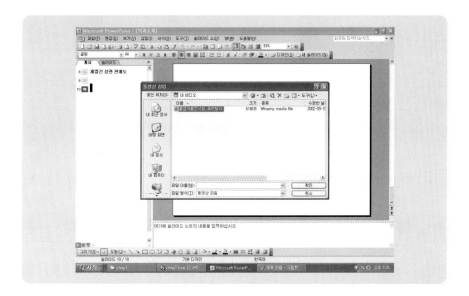

③ 슬라이드 쇼에서 동영상을 어떻게 재생할 지에 대한 대화상자가 나타난다. 이때 동영상은 앞에서 소리 파일을 삽입할 때처럼 자동으로 실행하는 것보다는 클릭하면 재생할 수 있도록 설정하는 게 더 좋은 방법이다. 따라서 **[클릭하여 재생]**을 선택한다.

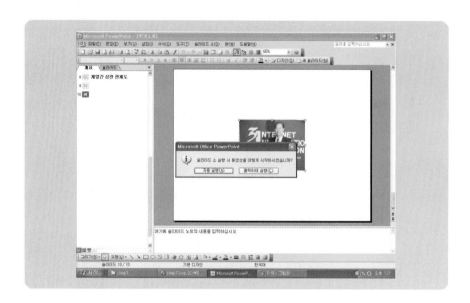

④ 지정하고 나면 슬라이드 중앙에 동영상의 초기 화면이 나타나는데, 이것은 동영상이 삽입되었음을 나타내 주고 있는 것이다. 삽입된 동영상 화면을 마우스로 클릭하여 선택한 후 슬라이드 내에서 크기 조절과 이동을 자유롭게 할 수 있다. 동영상 상단에는 그리기 도구 모음에 있는 텍스트 상자와 도형을 이용하여 동영상 제목을 넣도록 한다.

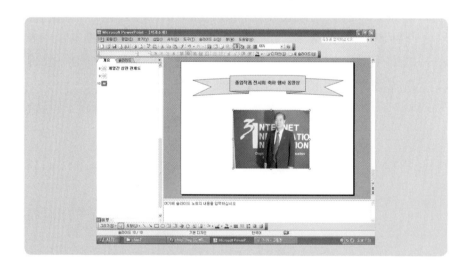

⑤ 삽입된 동영상이 제대로 되었는지를 확인해 보기 위해서는 삽입된 동영상 그림을 선택한 후, 마우스 오른쪽 버튼을 클릭하여 나타난 단축 메뉴에서 **[동영상 재생]**을 선택하면 된다. 중단하려면 마우스를 한 번 클릭하면 된다.

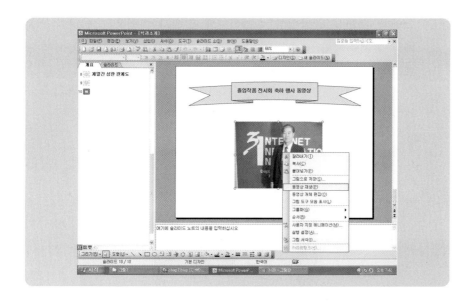

⑥ 삽입된 동영상 파일이 올바르게 작동되는 지를 확인해 보기 위해서는, 화면 좌측 하단에 위치한 화면 보기 전환 단추에서 현재 슬라이드로부터 슬라이드 쇼 아이콘(💻)을 클릭하여 실행해 본다. 실행한 상태에서 동영상이 있는 위치에 마우스를 올려놓으면 손가락 모양으로 커서가 변한다. 이 동영상을 마우스로 클릭하지 않는 이상 동영상이 재생되지 않으며 클릭과 동시에 동영상이 재생되는 것을 확인할 수 있다. 중단할 경우에는 키보드에서 [ESC]를 누르면 되고, 한 번 더 [ESC]를 누르면 원래의 슬라이드 상태로 되돌아온다.

7.6 플래시 애니메이션 삽입하기

최근 웹 디자인에서 많이 활용되고 있는 플래시로 만들어진 애니메이션 파일들도 파워포인트 슬라이드에 삽입하여 활용할 수 있게 되었다.

① 앞에서 동영상을 삽입한 슬라이드에 플래시 파일을 삽입하기 위해 메뉴 표시줄에서 [보기] → [도구 모음] → [컨트롤 도구 상자]를 차례로 선택한다.

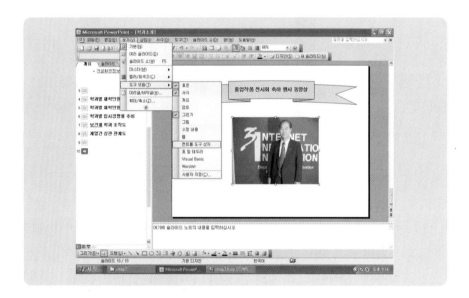

② 컨트롤 도구 상자가 표시되면 [기타 컨트롤]을 클릭한 후 스크롤바를 아래쪽으로 내려서 [Shockwave Flash Object]를 선택한다.

③ 마우스 포인터가 + 모양으로 변경되면 슬라이드에서 드래그하여
플래시 애니메이션을 표시할 영역을 지정해준다. 사각형의 영역이
표시되지만, 재생할 플래시 애니메이션을 지정하지 않았기 때문에
아무것도 표시되지 않는다.

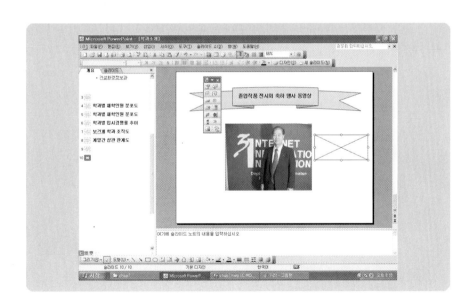

④ 재생할 플래시 애니메이션을 지정하기 위해서 사각형 영역을 선택
한 상태에서 컨트롤 도구 상자의 **[속성]** 버튼을 클릭한다.

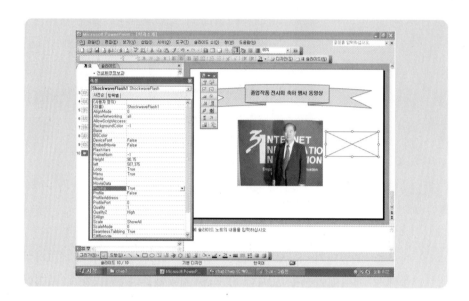

⑤ 속성 창이 표시되면 'Movie'라는 항목에 번거롭지만 플래시 파일이
저장되어 있는 전체 경로를 입력해야 한다. 여기서는 'C:₩Documents
and Settings₩normal₩My Documents₩My Videos/홈커밍데이_
환영메시지.swf'라고 입력한 후 속성 창을 닫는다.

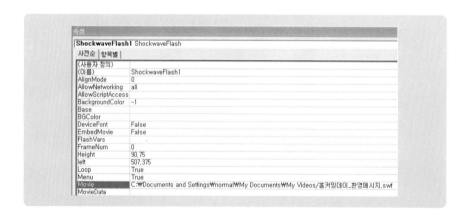

⑥ 삽입된 플래시 애니메이션 파일이 올바르게 작동되는 지를 확인해
보기 위해서는, 화면 좌측 하단에 위치한 화면 보기 전환 단추에서
현재 슬라이드로부터 슬라이드 쇼 아이콘(🖵)을 클릭하면 플래시 무
비가 자동으로 재생되는 것을 볼 수가 있다. 중단할 경우에는 키보
드에서 [ESC]를 누르면 원래의 슬라이드 상태로 되돌아온다.

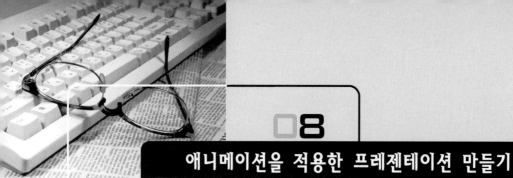

프레젠테이션에 애니메이션 기법을 적용하면 시각적, 청각적으로 주의를 집중시키는 효과를 가져오는 장점은 있으나, 무분별하게 남용하면 오히려 내용보다는 외형에 집중이 되어 역효과를 가져올 수 있다는 것도 유의해야 한다.

8.1 슬라이드에 애니메이션 설정하기

① 화면 상단의 메뉴 표시줄에서 [슬라이드 쇼] → [애니메이션 구성]을 선택하여 작업 창에 애니메이션 기본 구성들이 나타나게 한다.

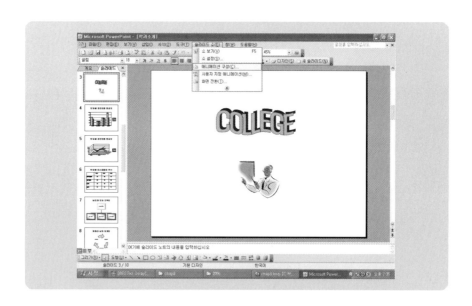

② 현재 슬라이드를 선택한 상태로 작업 창의 기본 구성에서 '선택한 슬라이드에 적용'이라는 목록 버튼을 클릭하면 적용할 수 있는 다

양한 애니메이션 효과가 나타나는데, 여기서는 [선회비행 2]를 선택한다.

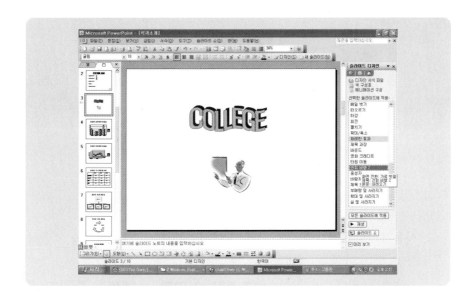

③ 작업 창 하단에 위치한 재생 버튼(▶ 재생)을 클릭하면 현재의 슬라이드에 적용한 '선행비행 2'란 애니메이션 효과를 볼 수 있다. 이 효과를 프레젠테이션 파일에 있는 모든 슬라이드에 적용시키고 싶으면 모든 슬라이드에 적용 버튼(모든 슬라이드에 적용)을 클릭하면 된다.

④ 최종적으로 확인해 보기 위해 작업 창의 슬라이드 쇼 단추(🖳 슬라이드 쇼)를 클릭하거나, 슬라이드 보기 전환 단추(🖳)를 클릭하여 슬라이드 쇼를 실행해 본다.

8.2 사용자 지정 애니메이션 설정하기

① 적용할 슬라이드를 선택한 후 메뉴 표시줄에서 [슬라이드 쇼] → [사용자 지정 애니메이션]을 선택한다.

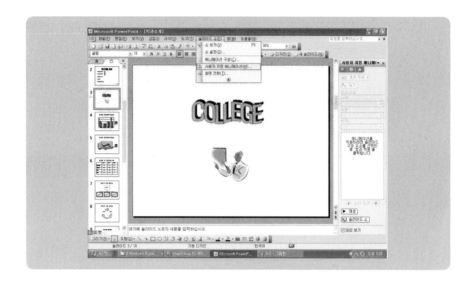

② 사용자 지정 애니메이션 작업 창이 표시되면 애니메이션을 적용하
고자 하는 개체를 선택한 후, 작업 창에서 원하는 효과를 선택하여
적용하면 된다. 여기서는 **[효과 적용]** → **[강조]** → **[회전]**을 선택하도록
한다. 슬라이드 내에서 선택한 개체에 선택한 애니메이션 효과가
적용되는 것을 볼 수 있다.

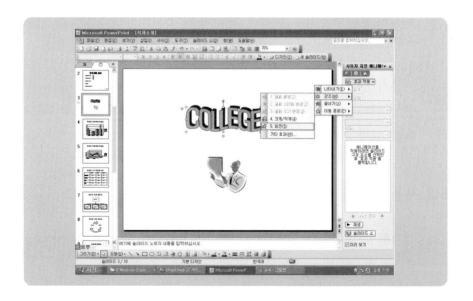

③ 애니메이션이 적용된 개체를 클릭하면, 작업 창에 현재 설정된 애니메이션 상태가 나타나게 되는데, 여기서 사용자가 원하는 애니메이션으로 부분적으로 수정할 수 있다. 또한 여기서 제거 버튼(🔔 제거)을 클릭하여 설정된 애니메이션 효과를 제거할 수도 있다.

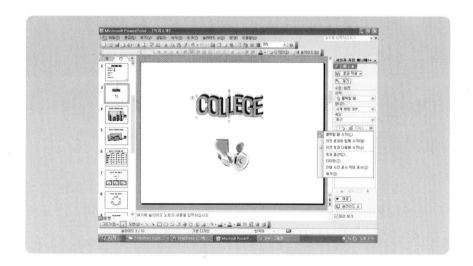

④ 작업 창 하단에 위치한 재생 버튼(▶ 재생)을 클릭하여 현재 적용된 애니메이션 효과를 확인해 볼 수도 있고, 작업 창의 슬라이드 쇼 단추(🖳 슬라이드 쇼)를 클릭하거나 슬라이드 보기 전환 단추(🖳)를 클릭하여 슬라이드 쇼를 실행해 볼 수도 있다. 단, 슬라이드쇼를 실행했을 때에는 마우스를 클릭해야만 지금 설정한 애니메이션이 동작하는 것을 볼 수 있다. 왜냐하면 애니메이션 설정시 '클릭할 때' 시작하는 것으로 선택했기 때문이다.

8.3 애니메이션 기본 옵션 설정하기

① 앞에서 작성한 도형이 그려진 슬라이드에서 왼쪽 아래 타원형 개체를 선택한 후 애니메이션에서 **[효과 적용]** → **[날아오기]** → **[기타 효과]**를 선택한다.

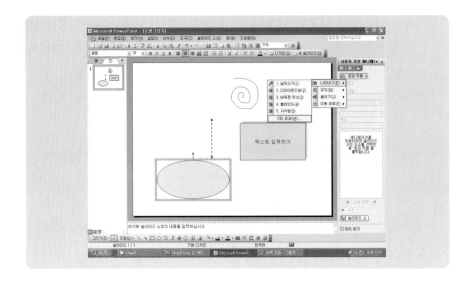

② '나타내기 효과 추가' 창에서 스크롤 바를 밑으로 내려 **[화려한 효과]** → **[바운드]**를 선택해 본다. 선택과 동시에 슬라이드에서 타원 도형 이 선택한 애니메이션 동작을 하는 것을 볼 수 있다.

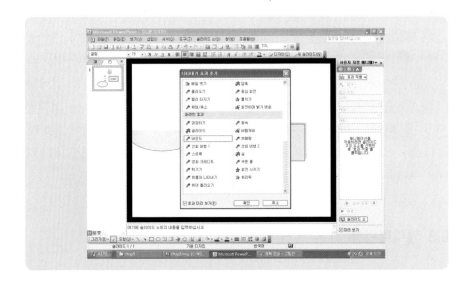

③ 이번에는 슬라이드에서 오른쪽에 있는 사각형 개체를 같은 방법으로 **[날아오기]** → **[기타 효과]** → **[온화한 효과]** → **[중심 회전]**을 선택하여

지정해 준다.

④ 이렇게 지정된 애니메이션은 지정한 순서에 따라서 작업 창에 리
스트로 보인다. 애니메이션의 순서를 바꾸고자 한다면 원하는 애
니메이션을 선택한 후 순서 조정에 나타난 ⬆(위로), ⬇(아래로)를
이용하여 위나 아래로 이동할 수 있다.

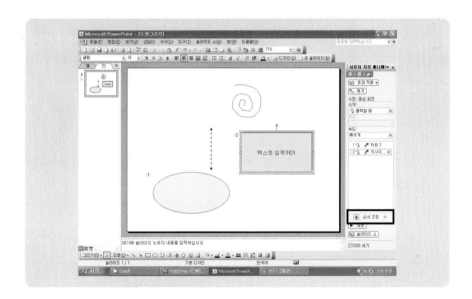

⑤ 첫 번째 애니메이션이 적용된 개체를 슬라이드가 시작하자마자 자
동으로 실행되도록 하기 위해 **[시작]** 항목의 내림 단추를 클릭하고,
[이전 효과 다음에]라고 선택한다.

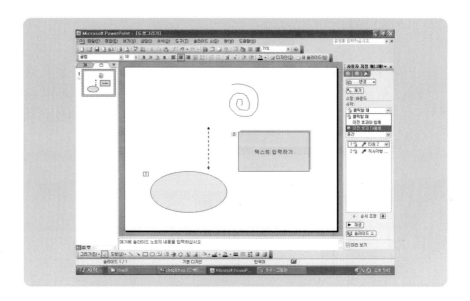

⑥ 속도에 대한 옵션을 좀 더 빠르게 변경하기 위해 속도 지정 내림
단추에서 **[빠르게]**라고 지정한다.

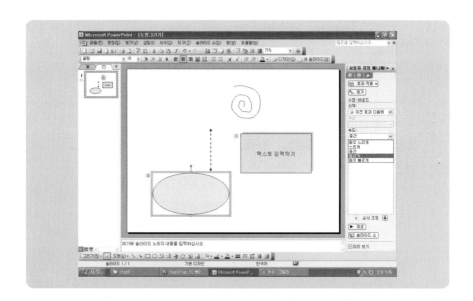

⑦ 원치 않는 애니메이션이 있다면 해당 애니메이션을 작업 창에서 선
택한 다음 **[제거]** 버튼을 클릭하면 적용된 애니메이션이 삭제된다.
또한 애니메이션의 효과를 다른 것으로 변경하기 위해서는 변경하
고자 하는 개체의 애니메이션을 선택한 후 **[변경]** 버튼을 클릭한다.

8.4 애니메이션에 효과 옵션 설정하기

① 효과 옵션을 지정할 애니메이션(앞에서 타원형 개체에 설정한 애니
메이션)을 선택하여 내림 단추를 누른 다음 **[효과 옵션]**을 선택한다.

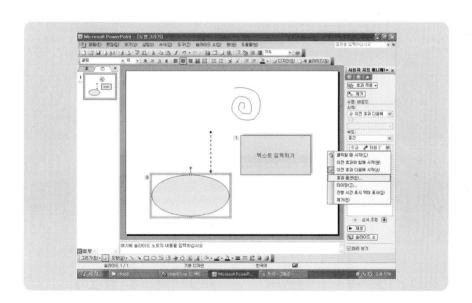

② 효과 옵션 대화상자는 효과, 타이밍, 텍스트(또는 차트) 애니메이션
탭으로 구성되어 있다. 효과에서는 소리를 **[박수]**로 선택하도록 한다.

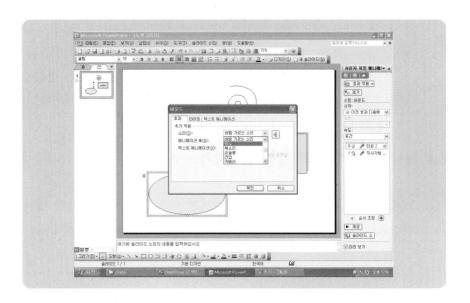

③ 타이밍 탭을 누른 후 나타나는 시작, 지연, 속도, 반복 옵션에서
사용자가 원하는 옵션을 선택하면 된다.

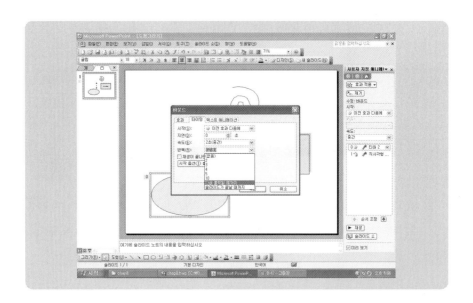

④ 텍스트 애니메이션 탭을 누른 후 텍스트 묶는 단위를 **[하나의 개체로]**

로 선택하도록 한다.

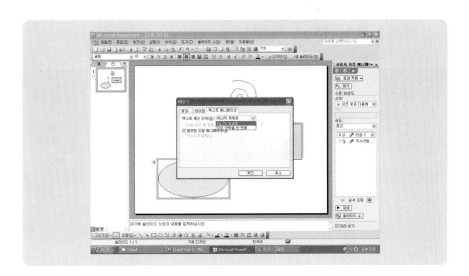

8.5 텍스트에 애니메이션 설정하기

① 현재의 슬라이드에서 '문자에 애니메이션 효과 넣기'라고 텍스트를
만들고 작업 창에서 **[효과 적용]** → **[나타내기]** → **[날아오기]**를 선택한다.

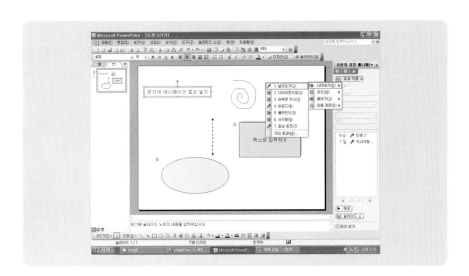

② 작업 창에서 텍스트에 설정한 애니메이션을 선택하여 내림 단추를 누른 다음 **[효과 옵션]**을 선택한 후, 효과 탭에서 '텍스트 애니메이션'에서 **[문자 단위로]**를 선택한다.

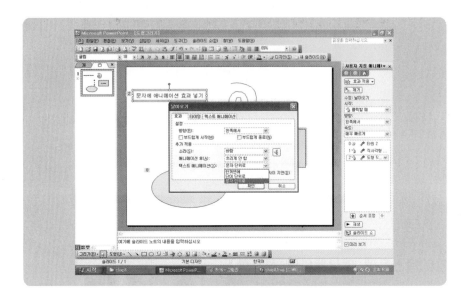

③ 작업 창의 **[슬라이드 쇼]** 버튼을 클릭하여 실행시켜 보면, 문자가 한 글자씩 적용되어 나타나는 것을 볼 수가 있다.

슬라이드 쇼를 이용하여 프레젠테이션하기

9.1 슬라이드 마스터의 화면 구성 살펴보기

슬라이드 마스터는 프레젠테이션 내에서 슬라이드의 서식과 디자인을 일관성 있게 유지시켜 주기 위해, 모든 슬라이드에 공통적으로 적용되는 서식을 미리 만들어 주는 특수한 슬라이드라고 말할 수 있다. 즉 슬라이드의 배경, 제목과 본문의 서식, 슬라이드 번호, 머리말, 꼬리말 등 슬라이드를 구성하는 요소들의 서식을 미리 지정한 서식 슬라이드를 가리켜 '슬라이드 마스터'라고 한다.

① 화면 상단의 메뉴 표시줄에서 **[보기]** → **[마스터]** → **[슬라이드 마스터]**를 선택하면 슬라이드 마스터 편집 화면이 열린다.

② 다음은 슬라이드 마스터 화면을 구성하고 있는 요소들의 설명이다.
· 마스터 제목 스타일 편집 : 슬라이드의 제목 영역에 속하며, 슬라이

드 제목의 서식을 편집하고 위치를 지정한다.

·마스터 텍스트 스타일 편집 : 슬라이드의 개체 영역에 속하며, 텍스트 입력 상자에 입력할 내용의 서식과 글머리 기호의 서식을 편집한다. 그리고 모든 슬라이드에 공통적으로 삽입하고 싶은 그림이나, 기호, 클립 아트, 차트 등의 개체를 삽입할 수 있다.

·배경 : 슬라이드의 배경에 해당하는 영역으로 한 가지 배경색을 지정하거나, 그림 또는 사진을 배경으로 지정할 수 있다.

·날짜, 바닥글, 번호 영역 : 각 영역에 직접 내용을 입력해 서식을 지정하거나, [보기] → [머리글/바닥글]을 선택한 다음 '머리글/바닥글' 대화상자에서 삽입할 내용을 지정한다.

·슬라이드 마스터 보기 도구 모음 : 슬라이드 마스터를 편집하는 데 필요한 도구를 모아 놓은 곳이다.

9.2 마스터 슬라이드에 색상 설정하기

① 메뉴 표시줄에서 [보기] → [마스터] → [슬라이드 마스터]를 선택하여 슬라이드 마스터 편집 화면이 열리면, 화면 우측 상단에 위치한 슬라이드 디자인 버튼(디자인(S))을 클릭한다.

② 작업 창에서 상단에 위치한 **[색 구성표]**를 선택한다.

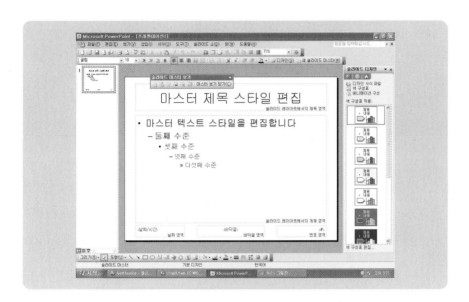

③ 작업 창 하단에 위치한 **[색 구성표 편집]**을 클릭하면 색 구성표 편집 대화상자가 나타나는데, 여기서 **[배경]** → **[색 변경]** 버튼을 클릭한다.

④ 배경색 대화상자가 열리면 슬라이드의 배경색으로 원하는 색을 선택한 후 **[확인]** 버튼을 클릭한다.

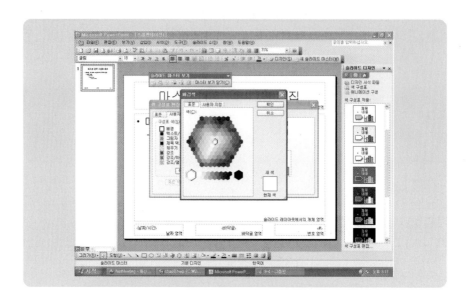

⑤ 색 구성표 편집 대화상자로 돌아온 후 **[적용]** 버튼을 클릭한다. 지정한 색으로 마스터 슬라이드가 적용되었는지를 볼 수 있다.

9.3 마스터 슬라이드 제목 영역 편집하기

① 제목 영역의 서식을 편집하기 위해 제목 영역의 텍스트 상자를 선택한 후 **[서식]** → **[글꼴]**을 클릭한다.

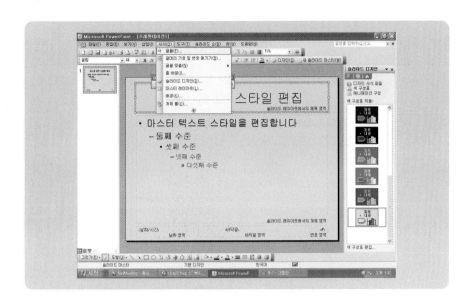

② 글꼴 대화상자가 나타나면, 한글 글꼴의 내림 단추를 클릭하여 원하는 글꼴과 색상을 선택한 다음 **[확인]** 버튼을 클릭한다.

③ 설정한대로 제목 서식이 바뀐 것을 볼 수 있다.

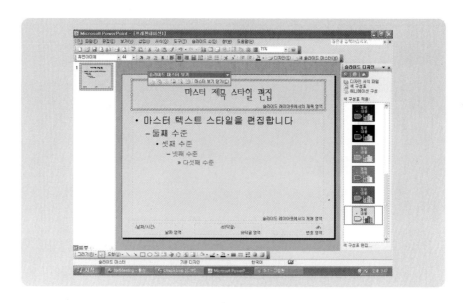

9.4 마스터 슬라이드 본문 영역 편집하기

① 본문 글상자를 선택한 후 메뉴 표시줄에서 **[서식]** → **[글꼴]**을 지정하
거나 서식 도구 상자에서 글꼴과 색상 스타일을 적용하면 된다.

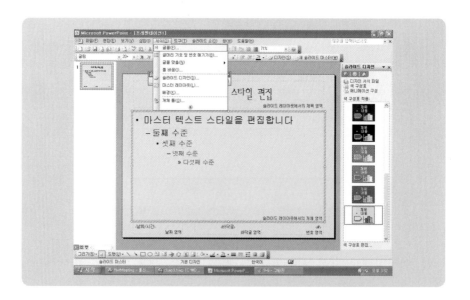

② 본문 영역에서 글머리 기호를 변경하고자 한다면 원하는 수준에서
텍스트를 블록 지정한 후 메뉴 표시줄에서 **[서식]** → **[글머리 기호 및
번호 매기기]**를 선택한다.

③ 글머리 기호 및 번호 매기기 대화상자가 나타나면 원하는 글머리
기호를 선택한 후 **[확인]** 버튼을 클릭한다.

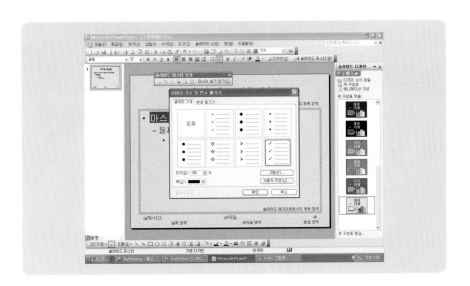

④ 모든 슬라이드의 제목과 본문 영역을 마무리하고 나면 '슬라이드 마스터 보기' 도구 모음에서 **[마스터 보기 닫기]** 도구를 클릭한다.

⑤ 슬라이드가 나타나면 제목과 부제목 텍스트 상자에 다음과 같이 입력을 하여 프레젠테이션 제목이 들어가는 첫 슬라이드를 만들 수 있다.

⑥ 새로운 슬라이드를 삽입하면 마스터 슬라이드에서 설정한 서식대
로 자동으로 나타나게 되어, 하나의 프레젠테이션 내에서 동일한
형태의 슬라이드를 계속 만들어 갈 수 있게 된다.

9.5 마스터 슬라이드에 개체 삽입하기

슬라이드에 회사의 로고나 회사명을 삽입할 때에는 직접 텍스트 상자
나 그림과 같은 개체를 마스터 슬라이드에 삽입하면 된다.

① 개체 삽입을 위해 화면 아래에 있는 그리기 도구 상자에서 선을
선택하여 그린 후, 선의 스타일과 색깔을 지정해준다.

② 회사 로고를 삽입하기 위해서는 메뉴 표시줄에서 **[삽입]** → **[그림]** →
[그림 파일]을 선택한다.

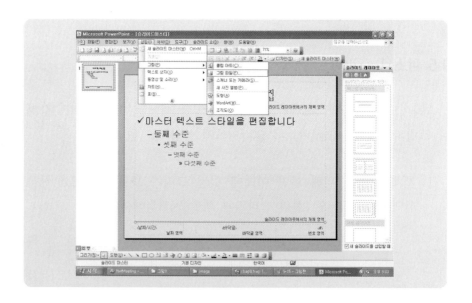

③ 그림 삽입 대화상자에서 로고로 쓰일 그림을 찾아 선택한 후 **[삽입]**

버튼을 클릭한다.

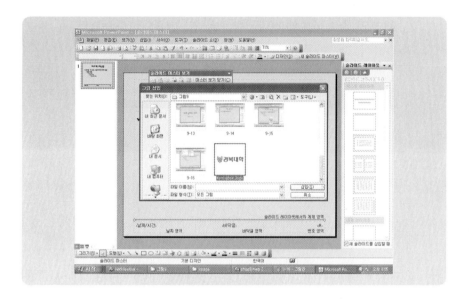

④ 로고로 삽입한 그림 파일을 슬라이드 내에 적절히 배치해준다.

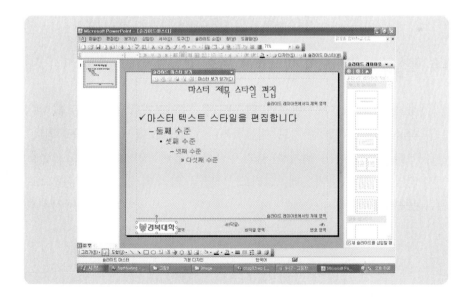

⑤ 슬라이드의 마스터 편집을 끝내고자 할 때, 마스터 슬라이드 도구
에서 **[마스터 보기 닫기]** 버튼을 클릭한다. 지금까지 만들었던 마스터
가 새로운 슬라이드를 만들 때마다 잘 적용되어 나타나는지 새로
운 슬라이드를 만들어 본다.

9.6 마스터 슬라이드에 바닥글과 번호 삽입하기

① 바닥글과 슬라이드 번호의 텍스트 상자를 그대로 사용해도 되지만
사용자가 원하는 위치로 이동하거나, 새롭게 다시 만들어도 된다.
여기서는 원하는 위치로 옮기기 위해 '날짜 영역'은 지우고 '번호
영역'의 상자는 가운데, 그리고 '바닥글 영역'의 상자는 오른쪽으로
옮긴다.

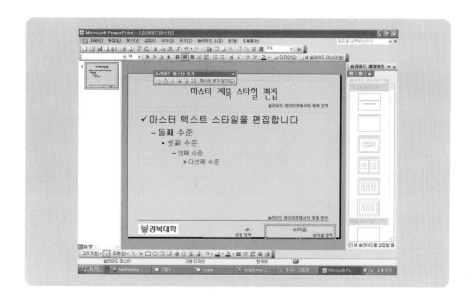

② '번호 영역'과 '바닥글 영역'을 각각 선택한 후, 바닥글과 슬라이드
번호의 글꼴 서식을 변경한다.

③ 슬라이드에 바닥글을 입력한 후 **[마스터 보기 닫기]**를 누르면 적용했던

바닥글이 나타나게 되지만 슬라이드 번호는 보이지 않는다.

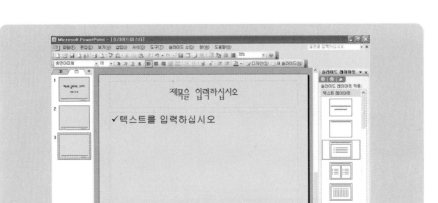

④ 슬라이드 번호를 보기 위해서는 메뉴 표시줄의 **[보기]** → **[머리글/바닥글]**을 선택한다.

⑤ 머리글/바닥글 대화상자가 나타나면 슬라이드 번호 앞에 ☑ 표시를 한 후 [모두 적용]을 클릭한다. 제목 슬라이드에는 슬라이드 번호를 표시하지 않으려면 '제목 슬라이드에는 표시 안 함'에 ☑ 를 표시한다.

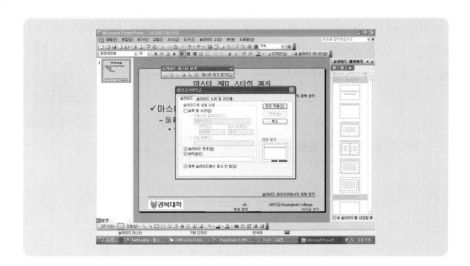

⑥ 마스터 슬라이드 도구에서 [마스터 보기 닫기] 버튼을 클릭하여 슬라이드 마스터 상태에서 빠져 나오면, 슬라이드 중앙 하단에 슬라이드 번호가 자동으로 증가하면서 나타나는 것을 볼 수가 있다.

9.7 화면 전환 효과 설정하기

화면 전환 효과는 슬라이드 쇼 실행시 다음 슬라이드로 넘어갈 때 어떤 방식으로 슬라이드가 표시되게 할지를 설정하는 것이다. 슬라이드마다 서로 다른 화면 전환 효과를 설정할 수도 있지만, 잘못하면 오히려 산만한 느낌을 줄 수도 있으니 프레젠테이션 내용이나 분위기에 맞추어 적절하게 설정하는 것이 중요하다.

① 앞에서 작성한 '학과소개.ppt'를 불러온 다음, 메뉴 표시줄에서 **[슬라이드 쇼]** → **[화면 전환]**을 선택한다.

② 작업 창 상단에 화면 전환에 대한 여러 효과들이 나오면 그 중에서 원하는 효과를 선택하면 되는데, 여기서는 **[흩어 뿌리기]**를 선택하도록 한다. 선택과 동시에 현재의 슬라이드에 선택한 효과가 동작되는 것을 볼 수 있다.

③ 선택한 화면 전환 효과를 프레젠테이션 내의 모든 슬라이드에 적
용하기 위해서는 작업 창 하단에 위치한 **[모든 슬라이드에 적용]** 버튼을
클릭한다. 설정된 화면 전환을 확인하려면 작업 창 하단에 있는
[재생] 버튼을 클릭하면 된다.

9.8 화면 전환 효과 세부옵션 설정하기

① 화면 전환 속도 설정하기 : 작업 창의 중간 위치에 있는 속도에서
내림 단추를 누르면 화면 전환을 할 때 전환하는 속도를 지정할
수 있다. 이 화면 전환 속도를 모든 슬라이드에 적용하기 위해 작
업 창의 **[모든 슬라이드 적용]** 버튼을 클릭해야 한다. 만약 모든 슬라
이드에 적용하지 않으면 현재 속도를 변경한 그 슬라이드에만 속
도가 설정되며 나머지 슬라이드는 속도가 변경되지 않는다.

② 소리 설정하기 : 작업 창 중간 위치의 속도 밑에 보면 슬라이드에
소리를 넣기 위한 내림 단추를 클릭하여 소리를 선택할 수 있다.

소리를 모든 슬라이드에 적용하기 위해 **[모든 슬라이드에 적용]** 버튼을 클릭한다. 슬라이드가 전환될 때 주의를 환기시키기 위해 소리를 설정해줄 수 있지만 너무 많은 소리는 오히려 산만한 발표가 될 수 있으므로 모든 슬라이드에 동일한 소리를 너무 자주 넣지 않도록 하는 것이 좋다.

③ 화면 전환 시점 설정하기 : 작업 창 하단에 위치한 **[마우스를 클릭할 때]**에 ☑ 표시를 풀어주고, **[다음 시간 후 자동 전환]**을 ☑로 체크한 후 5초라고 설정하면 자동으로 5초 후 화면이 전환된다.

9.9 화면 슬라이드 쇼 설정하기

① 슬라이드 쇼를 제대로 하려면 슬라이드 쇼에 들어가기 전에 여러 가지 필요한 설정을 완벽하게 해두어야 한다. 메뉴 표시줄의 **[슬라이드 쇼]** → **[쇼 설정]**을 선택한다.

② 쇼 설정 대화상자가 나타나며 여러 설정을 지정할 수 있다. 이곳에

서 원하는 여러 가지 설정을 사용자의 의도에 따라 지정한 후 **[확인]** 버튼을 클릭한다.

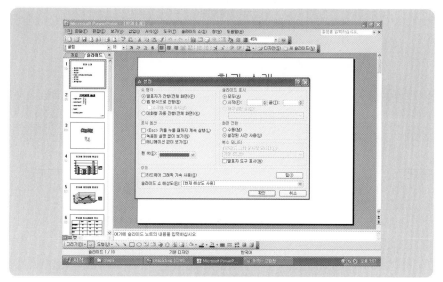

· 쇼 형식 : 슬라이드 쇼를 전체 화면으로 진행할 것인지, 웹 형식으로 진행할 것인지, 자동으로 진행할 것인지 지정한다.
· 표시 옵션 : 반복 실행, 녹음된 설명 재생, 그리고 애니메이션 실행 여부를 지정한다.
· 슬라이드 표시 : 슬라이드 쇼의 범위를 지정한다. 프레젠테이션에서 재구성한 슬라이드 쇼를 보여주어야 할 때에는 '재구성한 쇼'를 선택해야 한다.
· 화면 전환 : 마우스나 키보드를 사용하여 수동으로 화면을 전환할 것인지, 각 슬라이드에 설정된 시간에 맞춰 자동으로 화면을 전환할 것인지 지정한다.

9.10 슬라이드 쇼 실행하기

① 방법 1 : 프레젠테이션 내의 첫 번째 슬라이드를 선택한 후, 화면

좌측 하단에 위치한 화면 보기 전환단추 모음에서 현재 슬라이드로 부터 슬라이드 쇼 아이콘(🖵)을 클릭하면 슬라이드 쇼가 실행된다.

② 방법 2 : 메뉴 표시줄에서 **[슬라이드 쇼]** → **[쇼 보기]**를 선택하거나 단 축키인 〈F5〉를 누르면 슬라이드 쇼가 실행된다.

9.11 슬라이드 쇼 상태에서 단축 메뉴 실행하기

슬라이드 쇼 도중 마우스 오른쪽 단추를 누르면 단축 메뉴가 표시되며, 이를 이용하여 여러 가지 작업을 수행할 수 있다.

- 다음 : 다음 슬라이드나 애니메이션이 적용되었다면 다음 애니메이션으로 넘어간다.
- 이전 : 이전 슬라이드나 애니메이션이 적용되었다면 이전 애니메이션으로 넘어간다.
- 마지막으로 본 상태 : 이전 슬라이드의 마지막 상태로 돌아간다.
- 슬라이드로 이동 : 하위 메뉴를 이용하여 원하는 슬라이드로 한번에 이동할 수 있다.
- 재구성한 쇼 : 새롭게 재구성한 슬라이드였다면 재구성한 모습으로 보여진다.
- 화면 : 화면 상태를 설정한다. 순식간에 검정, 흰색, 또는 다른 프로그램을 실행하기 위한 전환이 필요할 때 사용한다.
- 포인터 옵션 : 펜을 통해 밑줄이나 그림을 그릴 수 있으며 그렸던 것을 지울 수도 있다.

· 일시 중지 : 프레젠테이션을 자동으로 실행하다가 일시 중지를 누르
면 정지되어 있는 상태가 된다.

· 쇼 마침 : 슬라이드 쇼를 마친다.

9.12 슬라이드 쇼 재구성하기

기존에 만들어 놓은 프레젠테이션과 비슷한 프레젠테이션이 필요한 경
우가 발생할 경우, 기존 프레젠테이션에서 원하는 슬라이드만 묶어서 슬
라이드 쇼를 재구성하여 원하는 슬라이드만 재활용하여 보여줄 수 있다.

① 메뉴 표시줄의 [슬라이드 쇼] 메뉴에서 [쇼 재구성]을 클릭한다.

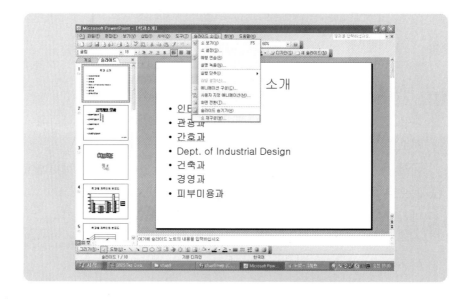

② 쇼 재구성 대화상자가 나타나면 [새로 만들기] 버튼을 클릭한다.

③ 쇼 재구성하기 대화상자가 나타나면 슬라이드 쇼 이름을 입력한 후, 좌측에 있는 슬라이드 중에서 프레젠테이션을 원하는 슬라이드를 선택한 후 [추가] 버튼을 클릭한다. 선택을 완료한 후 [확인] 버튼을 클릭한다.

④ 쇼 재구성 밑에 앞에서 입력한 재구성한 슬라이드 쇼 이름을 확인한 후 **[닫기]** 버튼을 클릭하여 쇼 재구성 대화상자를 닫는다.

⑤ 재구성한 슬라이드를 실행하기 위해서 메뉴 표시줄의 **[슬라이드 쇼]** → **[쇼 설정]**을 클릭한 후, 슬라이드 표시 항목에서 **[재구성한 쇼]** → **[도표-1]**을 선택한 후 **[확인]** 버튼을 클릭한다.

⑥ 쇼 설정을 완료하고 슬라이드 쇼를 실행하면 앞에서 재구성한 쇼
   에 포함시킨 슬라이드만 나타나게 된다. 다시 원래대로 프레젠테
   이션 내의 모든 슬라이드를 보여주고 싶으면, 쇼 설정 대화상자의
   슬라이드 표시에서 **[모두]**를 선택하면 된다.

실무에서 사용되는 실습 예제

실습예제 1

슬라이드 레이아웃을 이용한 간단한 차 문화 설명서 작성

　차 문화에 관한 설명회에서 사용할 간단한 프레젠테이션 문서를 작성해보자. 이는 파워포인트로 프레젠테이션 문서를 작성할 때 가장 일반적인 기능인 슬라이드 레이아웃과 슬라이드 디자인 서식을 이용하여 손쉽게 작성할 수 있다.

1) 완성된 예제 미리 보기

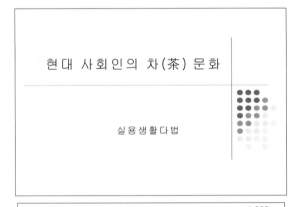

다례(茶禮)

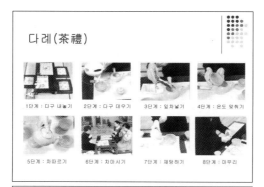

1단계 : 다구 내놓기   2단계 : 다구 데우기   3단계 : 잎차넣기   4단계 : 온도 맞추기

5단계 : 차따르기   6단계 : 차마시기   7단계 : 재탕하기   8단계 : 마무리

차의 효능

- 심신의 피로 회복효과
- 성인병 예방효과
- 방사능 방어효과
- 살균, 방부, 항충치, 항바이러스 효과
- 해독작용
- 변비 예방효과
- 숙취 제거효과
- 방취 및 탈취효과

현대인이 차를 마셔야할 이유

1. 항암 효과가 뛰어납니다.
2. 노화를 억제하고 피부를 젊게 합니다.
3. 고혈압과 동맥경화등 성인병을 예방합니다.
4. 비만을 막고 다이어트를 도와줍니다.
5. 중금속과 니콘틴 해독 작용을 합니다.
6. 피로회복과 숙취제거에 효과가 있습니다.
7. 변비를 치료하는데 좋습니다.
8. 충치를 예방하고 입 냄새를 없애줍니다.
9. 체질의 산성화를 막습니다.
10. 염증과 세균감염을 억제합니다.

茶생활을 생활화합시다.

2) 차 문화 설명서 작성법

① 새 프레젠테이션을 시작하면 제목 슬라이드가 보이는 디자인 없는
슬라이드가 나타난다.

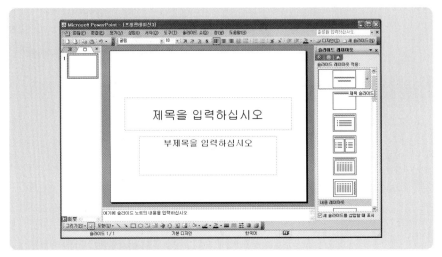

② 슬라이드 디자인을 적용하기 위해 [서식]-[슬라이드 디자인] 메뉴를 선택
하여 다음과 같은 적당한 디자인 서식 파일을 선택하여 적용한다.

③ 제목 슬라이드에서 제목과 부제목을 입력한다.

④ [삽입]-[새 슬라이드] 메뉴를 선택하면 새 슬라이드가 입력되고 [제목 및
텍스트] 레이아웃 슬라이드를 선택한다.

⑤ **[제목 및 텍스트]** 레이아웃 슬라이드에 슬라이드 제목과 텍스트를 입력한다.

⑥ 새 슬라이드를 입력하기 위해 **[삽입]-[새 슬라이드]** 메뉴를 선택하고 **[제목만]** 레이아웃 슬라이드를 선택한다.

⑦ 그림을 이용하여 내용을 편집하기 위해 **[삽입]-[그림]-[그림 파일]** 메뉴를 이용하여 그림 파일을 가져온다. **[삽입]-[텍스트 상자]-[가로]** 메뉴를

이용하여 텍스트를 입력한다.

⑧ [삽입]−[새 슬라이드] 메뉴를 선택하면 새 슬라이드가 입력되고 **[제목 및 텍스트]** 레이아웃 슬라이드를 선택한다. 제목을 입력하고 열 가지 이유를 번호 순서대로 입력하기 위해 **[번호 매기기]** 메뉴를 선택하여 번호 매기기로 변경한 후 텍스트를 입력한다.

⑨ 결론으로 마무리한다.

실습예제 2

슬라이드 디자인 서식을 이용한 계획서 작성

프리젠테이션을 작성하는 데 있어서 형식에 대한 디자인은 매우 중요하다. 파워포인트 2003에는 다양한 프리젠테이션용 슬라이드 디자인 서식이 있다. 이 디자인 서식을 잘 이용하면 다양한 프리젠테이션 자료를 쉽게 만들 수 있다.

1) 완성된 예제 미리 보기

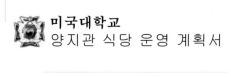

미국대학교
양지관 식당 운영 계획서

운 영 지 원 자
김 기 동

목 차

1. 운영목표와 운영자 개요

1-1. 운영목표
1-2. 운영자 개요

2. 운영계획

2-1. 기본 운영계획
2-2. 메뉴 운영 계획
2-3. 식자재 구매 계획
2-4. 위생 및 안전 관리 계획
2-5. 잔반처리 계획

3. 서비스 및 환경 개선 계획

목 차

Ⅰ. 운영목표와 운영자개요

1-1. 운영 목표

**학교 구성원(교직원, 학생)에게는 복지시설로서의 만족,
외부 방문객(일반인)에게는 학교 이미지 제고**

구내식당의 운영효과를 극대화하기 위해 기존의 단순 식사제공위주의
경영방식을 탈피하여 맛과 메뉴를 개선하고 식당 환경 서비스를 개선하여
주 고객인 교직원과 학생에게는 식사의 만족감과 복지시설의 휴식공간을
제공하고 외부의 방문객에게는 만족스러운 학교 복지 시설로서 이미지를
제고하여 학교 이미지를 향상하게 한다.

---

2. 운영 계획

2-1. 기본운영계획

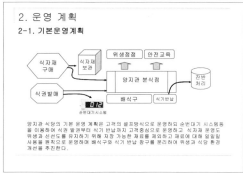

양지관 식당의 기본 운영 계획은 고객의 셀프방식으로 운영하되 순번대기 시스템등
을 이용하여 식권 발권부터 식기 반납까지 고객중심으로 운영하고 식자재 운영도
위생과 신선도를 유지하기 위해 저장 가능한 재료를 제외하고 재료에 대해 일일
사용을 원칙으로 운영하며 배식구와 식기 반납 창구를 분리하여 위생과 식당 환경
개선을 추진한다.

2-2. 메뉴 운영 계획

메뉴의 구성은 기본적으로 한식과 분식을 중심으로 메뉴를 구성하여 고객이
폭넓게 메뉴를 선택할수 있도록 하였으며 계절별 요일별 일품요리를 운영하여
새로운 메뉴를 찾고자 하는 고객에게 특별한 요리를 제공하게 한다.

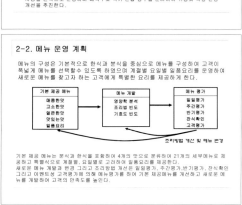

기본 제공 메뉴는 분식과 한식을 포함하여 4개의 맛으로 분류하여 21개의 세부메뉴를 제
공하고 특별식으로 계절별, 요일별로 고려하여 일품요리를 제공한다.
새로운 메뉴 개발과 변경 그리고 조리방법 개선은 일일평가,주간평가,반기평가, 잔식확인
그리고 이벤트성 고객평가에 의해 메뉴평가를 하여 기본 제공메뉴를 개선하고 새로운 메
뉴를 개발하여 고객의 만족도를 높인다.

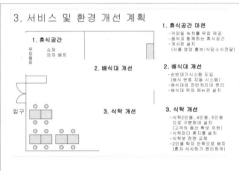

2) 계획서 작성법

① 새 프레젠테이션을 시작한 후 슬라이드 디자인 아이콘을 선택하여 적당한 디자인 서식 파일을 선택하여 적용한다.

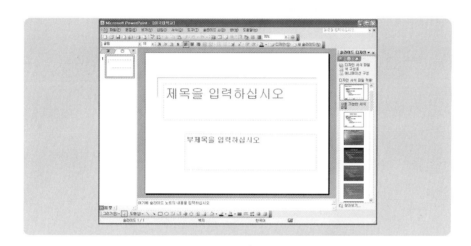

② 제목 페이지를 만들기 위해 **[슬라이드 레이아웃]**에서 제목 슬라이드를 선택한다. 제목 슬라이드에서 "제목을 입력하십시오" 영역에 제목과 부제목에 대한 문자를 입력하고 원하는 글꼴을 선택한다.

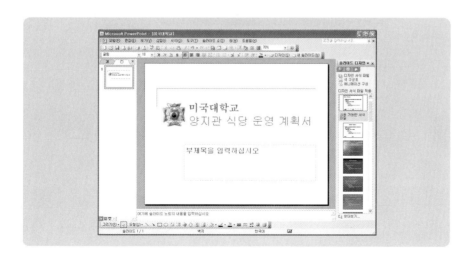

③ 새 슬라이드를 입력하기 위해 **[삽입]**-**[새 슬라이드]** 메뉴를 선택한다. 그리고 목표를 입력하기 위해 슬라이드 레이아웃에서 **[제목만]** 레이 아웃을 적용한다.

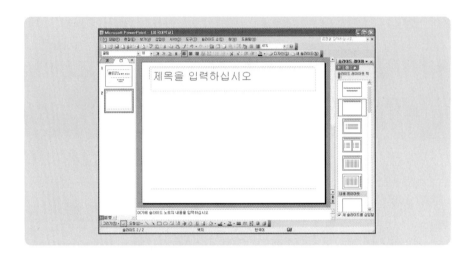

④ 제목을 입력하고 목차를 입력하기 위해 **[삽입]**-**[텍스트 상자]**-**[가로]** 메 뉴를 선택하여 목차 내용을 입력한다.

⑤ 새 슬라이드를 입력하고 도형을 이용하여 슬라이드 내용을 작성한다.

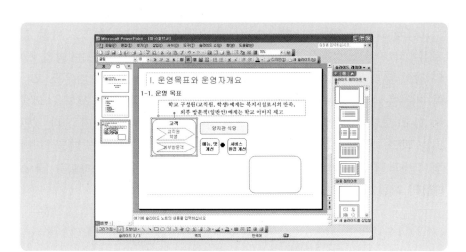

선택된 원형 사각형의 경우 도형이 보이도록 뒷배경의 색과 투명도를 변경해야 한다. 해당 도형을 더블클릭하여 도형 서식 창이 나타나면 [채우기]에서 [색]을 변경하고 뒷배경이 보이도록 투명도를 변경한다.

⑥ 다음 그림은 도형을 이용하여 그림을 작성할 때 선택된 자유 곡선으로 화살표를 만드는 방법이다. 먼저 **[도형]**-**[선]**-**[곡선]** 메뉴를 선택한다. 그림에 표시된 〈만드는 방법 1.〉과 같이 직선을 긋고 곡선으로 바꿀 끝 지점에서 마우스 오른쪽 버튼을 한 번 클릭하여 꺾으면 〈만드는 방법 2.〉와 같이 된다. 다시 곡선을 바꿀 끝 지점에서 앞과 동일하게 마우스 오른쪽 버튼을 한번 클릭하여 꺾으면 〈만드는 방법 3.〉과 같은 도형을 그릴 수 있고 도형 그리기를 끝내려면 그 지점에서 더블클릭을 하면 된다. 〈만드는 방법 4.〉와 같은 화살표를 표시하기 위해 그려진 도형을 더블클릭하면 그림과 같은 도형 서식이 나오고 **[화살표]** 메뉴에서 **[시작 스타일]**과 **[끝 스타일]**의 화살표 모양을 선택한 후 **[확인]**을 클릭하여 종료한다.

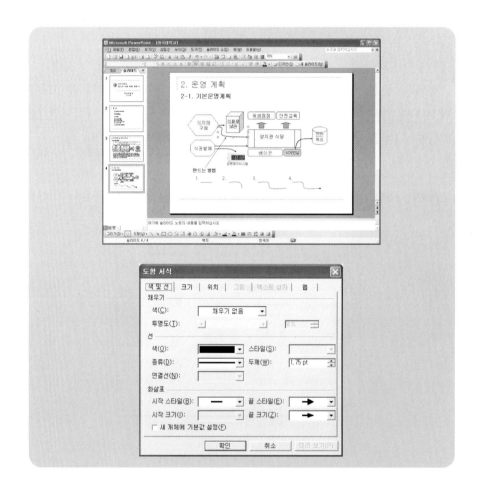

⑦ 전체 내용을 입력하고 결론을 맺고자 하는 강한 인상을 주기 위해
결론의 문구를 입력하여 마무리한다.

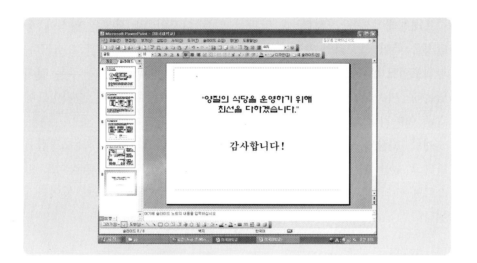

실습예제 3

마스터를 이용한 게임 기획서 작성

프레젠테이션을 작성할 때 일관성 있는 디자인 및 서식은 양식에 통일성을 주어 성공적인 프레젠테이션 문서 작성에 있어 주요한 요소이다. 파워포인트의 주요 기능 중 이러한 디자인과 서식의 통일성을 주는 것이 있는데 '마스터'라는 기능이다. 마스터 기능을 이용하면 매 슬라이드에 같은 이미지나 텍스트를 입력할 수 있도록 해준다.

예로 10장의 슬라이드 하단에 동일한 회사 마크를 입력하는 편집을 한다고 했을 때 매 슬라이드에 회사 마크를 입력하지 않고 슬라이드 마스터에 마크를 입력하면 매 슬라이드에 회사 마크가 자동으로 들어가게 된다.

1) 완성된 예제 미리 보기

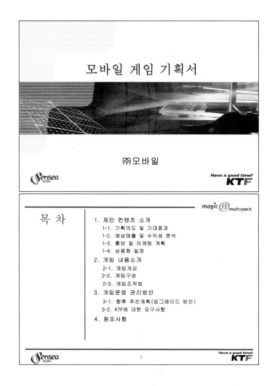

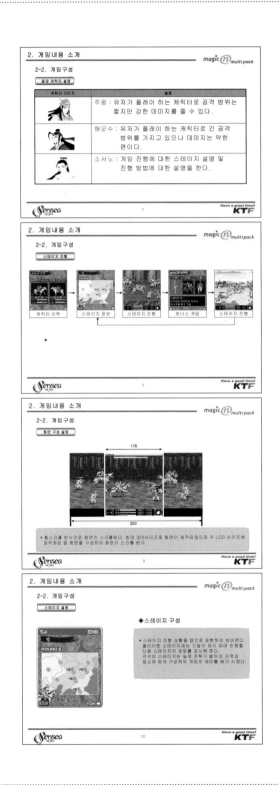

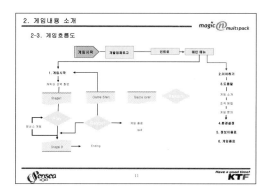

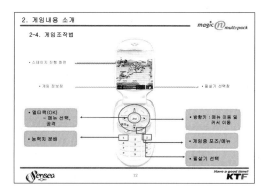

2) 기획서 작성법

Step 1 디자인 서식 적용하기

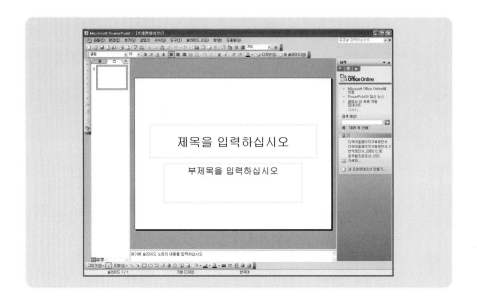

① 새 프레젠테이션이 시작된 상태에서 슬라이드 마스터 기능을 이용하여 제목 서식을 적용하고 모든 슬라이드에 동일한 디자인 서식을 적용한다. 슬라이드 마스터를 적용하기 위해 **[보기]-[마스터]-[슬라이드 마스터]** 메뉴를 선택한다.

② 슬라이드 마스터만 이용하여 반복되는 슬라이드를 편집하기 위해 번호 영역만 남기고 모든 영역을 삭제한다.

③ 프레젠테이션이 진행되는 동안 모든 슬라이드에 반복해서 나타나
야 할 그림이나 텍스트를 연속으로 표시하기 위해서 슬라이드 마
스터에 그림이나 텍스트를 표시할 수 있다. 예로 모든 슬라이드
왼쪽 하단에는 회사 로고 이지미를, 오른쪽 하단에는 텍스트로 된
회사명을 입력해 보자.

왼쪽 슬라이드 탭에서 슬라이드 마스터를 선택하고 준비되어 있는
배경 이미지(기획서-배경2~4.jpg)를 [삽입]-[그림]-[그림 파일] 메뉴를
선택하여 마스터에 적당한 크기로 배치한다. 그림과 같이 [선]을 이
용하여 화면 상단과 하단에 적당히 배치한다.

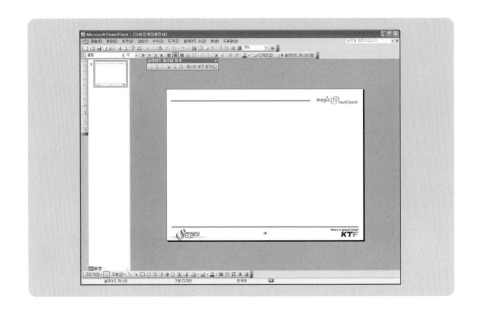

Step 2 제목 편집하기

파워포인트 기본 메뉴로 돌아오면 메뉴 첫 페이지가 보일 것이다. 그러면 메인 페이지를 만들기 위해 준비해놓은 메인 페이지 배경 이미지(기획서-배경1.jpg)를 **[삽입]-[그림]-[그림파일]** 메뉴를 선택하여 불러온다. 그리고 슬라이드 레이아웃에서 제목 슬라이드를 선택한다. 메뉴에 "제목을 입력하십시오" "부제목을 입력하십시오" 영역에 적당한 제목과 부제목을 입력하고 제목의 위치를 적절히 재배치한다.

Step 3 내용 슬라이드 편집하기

① 내용 슬라이드를 편집하기 위해 [삽입]-[새 슬라이드] 메뉴를 선택하여 새 슬라이드를 추가하고 슬라이드 레이아웃 작업 창에서 [빈 화면]을 선택하여 추가된 슬라이드 레이아웃을 변경한다.
목차 제목과 내용을 입력하기 위해 가로 [텍스트 상자] 메뉴를 선택하여 내용을 입력한다.

② **[채우기 효과]**를 이용해 도형에 그라데이션 효과를 줌으로써 디자인을 강조한다.

〈만드는 방법〉 먼저 **[도형]**-**[순서도]**-**[페이지 연결자]** 도형을 선택한 후 화살표를 오른쪽 방향으로 위치하도록 1.과 같이 도형을 90° 회전 시킨다. 2.의 도형과 같이 회전되었으며, 3.과 같은 도형 형태의 크기로 모양을 만든다.

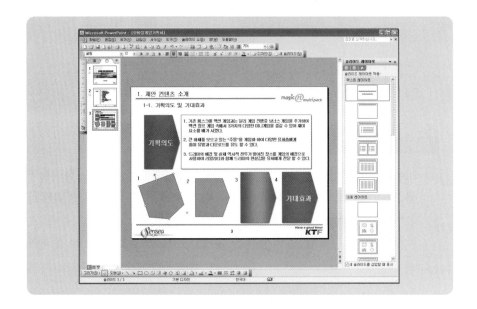

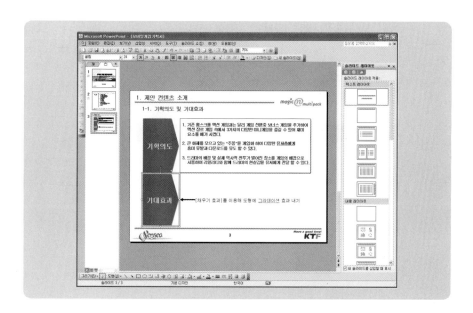

- 3.의 도형을 더블클릭하여 도형 서식 창이 나타나면 **[채우기 색]**과 **[선 색]**을 변경한다.

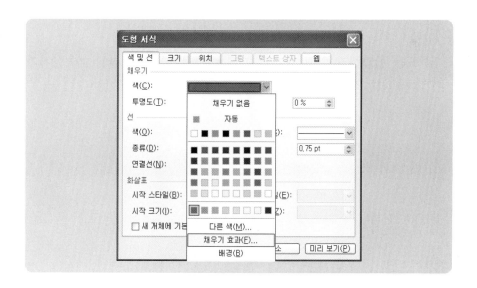

- 도형의 음영 스타일을 선택하기 위해 **[도형 서식]**-**[색]**-**[채우기 효과]**를 선택하면 채우기 효과 창이 나타난다. 채우기 효과에서 **[그라데이션]**

메뉴를 선택하고 [색], [투명도], [음영 스타일]을 적절히 선택한다. 그리고 4.와 같이 도형을 선택하고 가로 텍스트 상자를 선택한 후 텍스트를 입력한다.

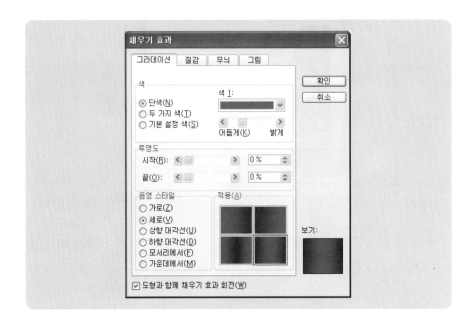

③ 표를 삽입하기 위해 [삽입]-[표] 메뉴를 선택하면 [표 삽입] 대화상자가 나타나며 작성할 표의 행과 열 개수를 입력한다.

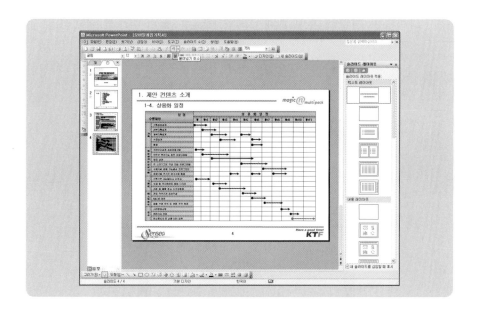

표가 작성되면 좀 더 눈에 띌 수 있도록 표에 그라데이션을 넣어 보자.
- 먼저 그라데이션을 넣기 위해 표를 블록 지정한 후 오른쪽 버튼을
  누르면 메뉴가 나타나고, **[테두리와 채우기]** 메뉴를 선택하여 **[표 서식]**
  창이 나타나면 **[채우기]** 메뉴를 선택한다.

- 채우기 색을 선택하여 누르면 하단에 **[다른색]**, **[채우기 효과]**, **[배경]** 메
  뉴가 나타나고, 그 중 **[채우기 효과]** 메뉴를 선택하여 **[채우기 효과]** 창이

나타나면 적당한 음영 스타일을 선택하고 [확인] 단추를 클릭한다.

④ 순서도 도형은 [도형]-[순서도]에서 적당한 도형을 선택하여 작성할
수 있다.

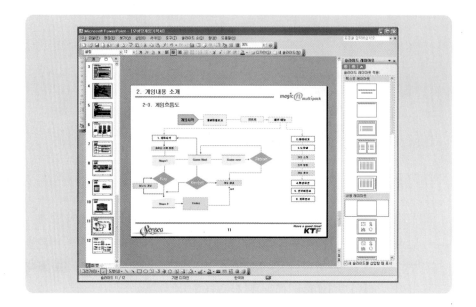

실 습 예 제 4

마스터와 디자인을 강조한 중간 보고서 작성

마스터 기능을 이용하여 슬라이드에 디자인이 강조된 KID's DMZ 중간보고서를 만들어 보자.

1) 완성된 예제 미리 보기

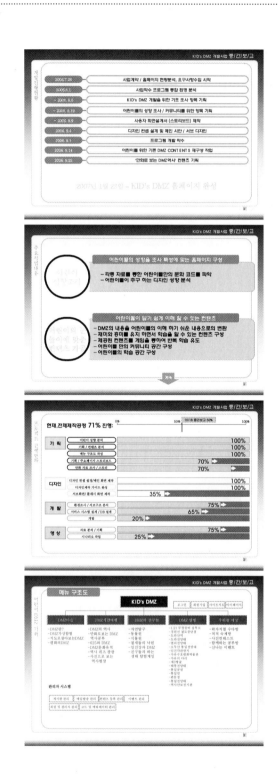

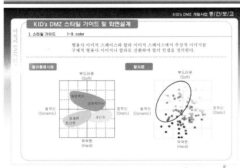

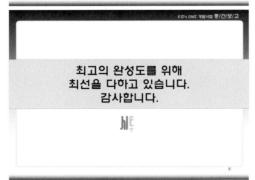

2) 중간보고서 작성법

Step 1 디자인 서식 적용하기

① 새 프레젠테이션이 시작된 상태에서 슬라이드 마스터 기능을 이용하여 제목 서식을 적용하고 모든 슬라이드에 동일한 디자인 서식을 적용한다. 슬라이드 마스터를 적용하기 위해 **[보기]-[마스터]-[슬라이드 마스터]** 메뉴를 선택한다.

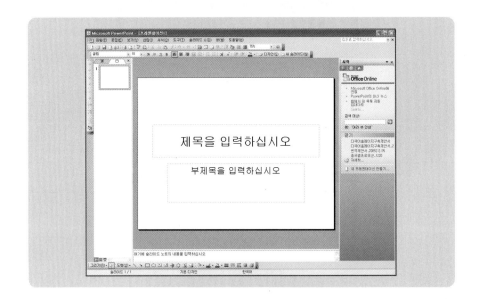

② 슬라이드 마스터를 편집하기 위해 슬라이드의 모든 영역을 삭제한다.

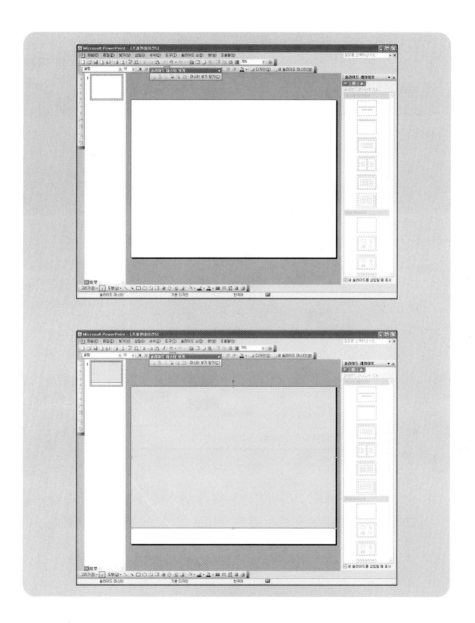

③ 왼쪽 슬라이드 탭에서 슬라이드 마스터를 선택하고 배경 이미지를
만들어 보자. 배경 이미지는 이미지 툴을 이용하지 말고 그라데이
션을 이용하여 만들어 본다. **[도형]**-**[기본 도형]**-**[직사각형]** 메뉴를 선택
하여 슬라이드의 약 90% 정도 크기의 직사각형을 선택한다.

직사각형의 색을 바꾸고 그라데이션을 주기 위해 직사각형을 더블클릭하면 도형 서식 창이 나타나면 채우기 색을 검은 색으로, 선 색을 **[선 없음]**으로 바꾸고 확인을 클릭한 다음 **[채우기 효과]**를 선택한다. **[채우기 효과]** 창에서 그라데이션을 주기 위해 음영 스타일을 다음 그림과 같이 선택한다.

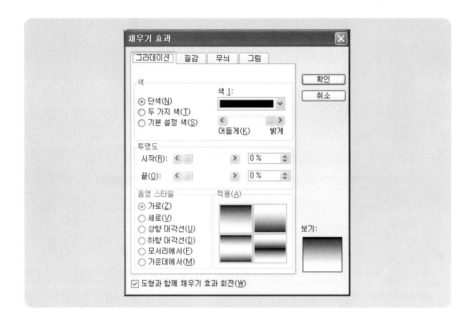

④ 슬라이드 하단에도 그라데이션을 주기 위해 사각형을 그리고 상단에 그라데이션을 나타낸 것과 같은 형태로 음영 스타일을 선택한다.

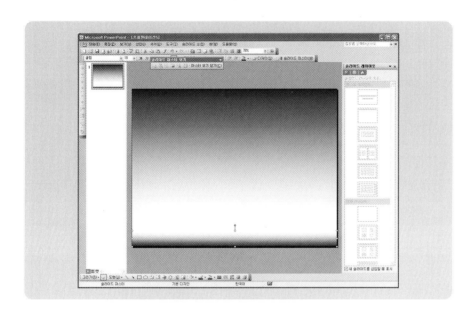

⑤ 슬라이드 상단에 슬라이드 쇼가 진행되는 동안 계속해서 보여줄 수 있는 텍스트를 입력하고 작업 영역을 만들기 위해 **[도형]**-**[순서도]**-**[대체 처리]** 도형을 선택한 후 다음 그림과 같이 도형 서식을 수정하고 **[확인]** 버튼을 클릭한다.

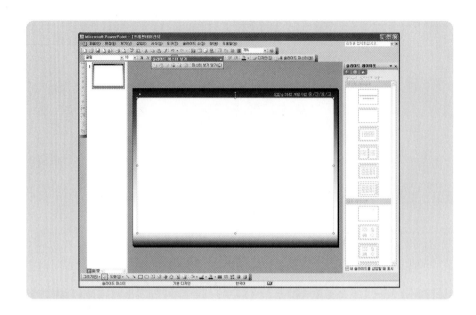

Step 2 제목 편집하기

파워포인트 기본 메뉴로 돌아오면 메뉴 첫 페이지가 보일 것이다. 그러면 메인 메뉴에서 그림과 같이 적당한 제목과 부제목을 입력하고 제목의 위치를 적절히 재배치한다.

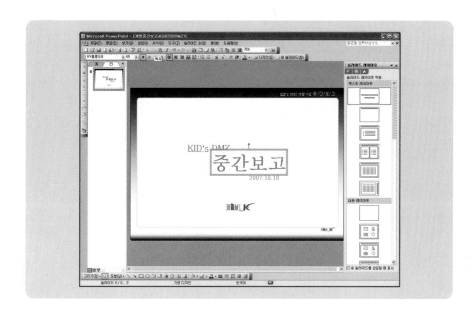

Step 3 내용 슬라이드 편집하기

① 내용 슬라이드를 편집하기 위해 **[삽입]-[새 슬라이드]** 메뉴를 선택하여
새 슬라이드를 추가하고 슬라이드 레이아웃 작업 창에서 **[빈 화면]**을
선택하여 추가된 슬라이드 레이아웃을 변경한다. 그리고 다음 그림
의 도형 서식과 같은 내용으로 도형을 그리고 텍스트를 입력한다.

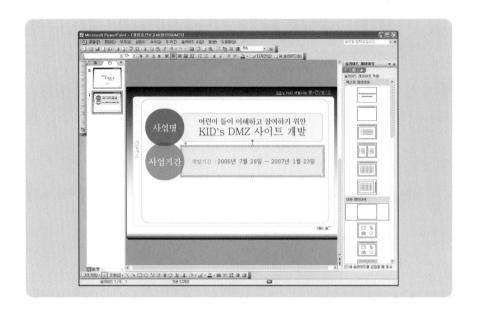

② 슬라이드의 내용을 중앙으로 집중시키기 위해 각각의 화살표에도 그
라데이션을 주어 외각은 희미하게, 중앙은 진하게 강조되도록 구성
하였다.

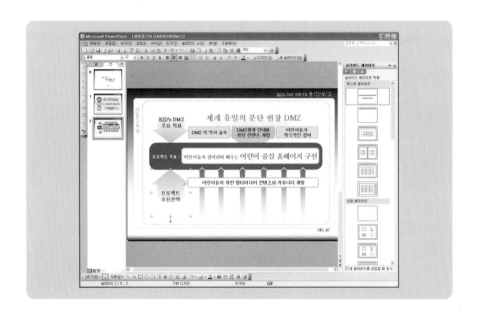

③ 원형 타입의 도형을 이용한 디자인은 [도형]-[기본 도형]-[타원]을 선택
하여 도형을 그린다. 원을 만들기 위해 다음 도형 서식 창과 같이
원형 가운데는 흰색으로 채우고 선은 두께를 두껍게 설정하여 원
을 만든다.

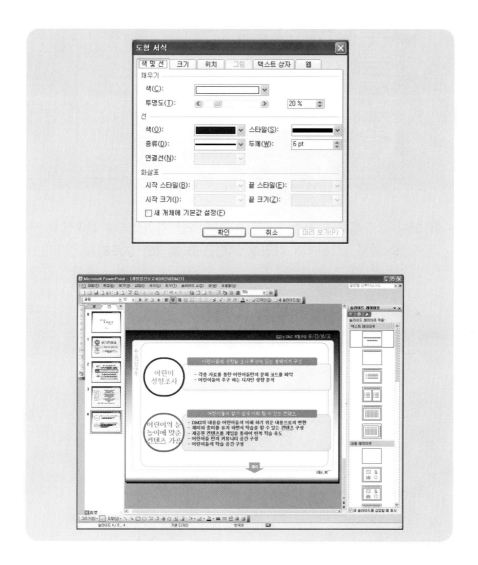

④ 배경 이미지가 보이게 하기 위해서는 도형 서식에서 투명도를 조
절하여 배경 이미지가 보이도록 한다.

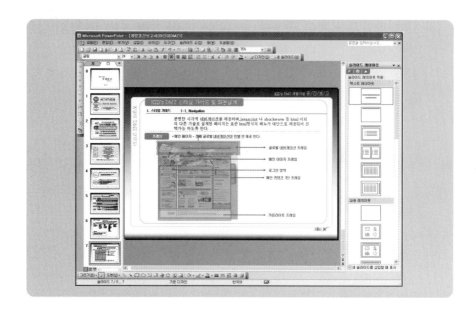

⑤ 표나 그림에서 타원형의 그림을 이용하면 자연스러운 분포도를 만
들 수 있다. 자유형의 타원형 그림은 **[도형]-[선]-[자유형]**을 선택하여
도형을 그린 후 가로, 세로로 그림을 적당히 늘리거나 줄여서 도형
의 모양을 만든다.

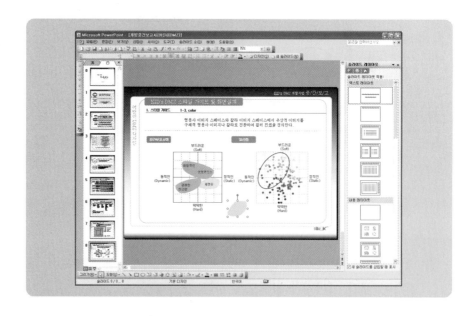

실 습 예 제 5

슬라이드 마스터와 제안 마스터를 이용한 제안서 작성

마스터를 이용하면 슬라이드에 반복되는 그림이나 텍스트를 나타내는 데 매우 편리하다. 그런데 마스터의 종류는 슬라이드 마스터, 제목 마스터, 유인물 마스터, 슬라이드 노트 마스터가 있으며 그 중 슬라이드 마스터와 제목 마스터는 마스터 기능을 표현하는 데 가장 중요한 요소이다.

1) 완성된 예제 미리 보기

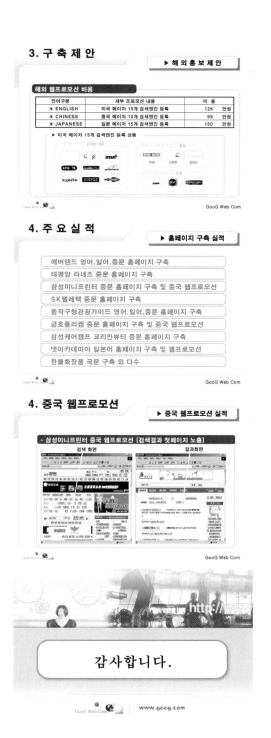

2) 제안서 작성법

Step 1 디자인 서식 적용하기

① 새 프레젠테이션이 시작된 상태에서 슬라이드 마스터 기능을 이용하여 제목 서식을 적용하고 모든 슬라이드에 동일한 디자인 서식을 적용한다. 슬라이드 마스터를 적용하기 위해 **[보기]-[마스터]-[슬라이드 마스터]** 메뉴를 선택한다.

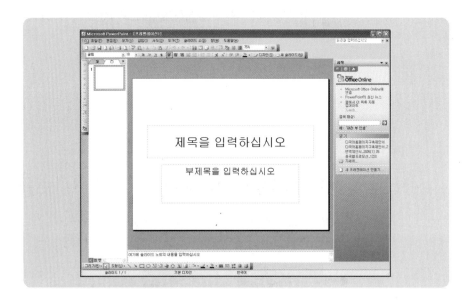

② 슬라이드 마스터에서 제목 마스터를 삽입하기 위해 슬라이드 마스터 보기 아이콘 중 새 제목 마스터 삽입 아이콘을 클릭하면 마스터 제목 스타일 편집 페이지가 생성된다.

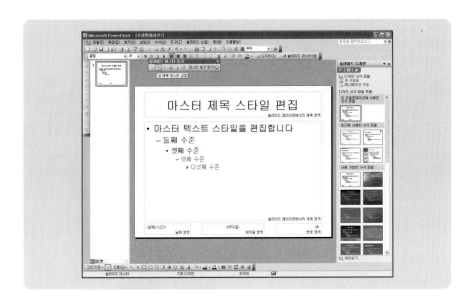

③ 왼쪽 슬라이드 탭에서 제목 마스터와 슬라이드 마스터를 선택하여
준비되어 있는 배경 이미지(back1.jpg와 back2.jpg)를 [삽입]-[그
림]-[그림 파일] 메뉴를 선택하여 각각의 마스터에 적당한 크기로 배
치한다. 입력된 이미지는 나중에 슬라이드 마스터 양식이 보이지
않으므로 이미지를 선택한 후 마우스 오른쪽 버튼을 눌러 메뉴가
나타나면 [순서]-[맨 뒤로 보내기] 메뉴를 선택하여 슬라이드 마스터 양
식이 나타나게 할 수 있다.

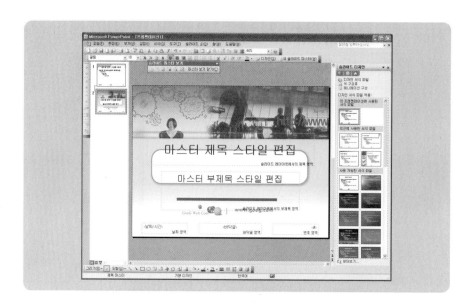

④ 프레젠테이션이 진행되는 동안에 모든 슬라이드에 반복해서 나타
나야 할 그림이나 텍스트를 연속으로 표시하기 위해 슬라이드 마
스터에 그림이나 텍스트를 표시할 수 있다. 예로 모든 슬라이드
왼쪽 하단에는 회사 로고 이지미를, 오른쪽 하단에는 텍스트로 된
회사명을 입력해보자. 그림과 같이 왼쪽 슬라이드 탭에서 슬라이
드 마스터를 선택한 후 하단에 있는 페이지 영역과 날씨 영역은
삭제하고 바닥글 영역은 오른쪽에 배치한다.

왼쪽 하단에는 회사 로고 이미지를 붙이기 위해 **[삽입]-[그림]-[그림
파일]** 메뉴를 선택하여 회로 로고 이미지를 가져온다. 그리고 오른
쪽 바닥글 영역에 회사명 텍스트를 삽입하기 위해 **[보기]-[머리글/바닥
글]** 메뉴를 선택한다.

⑤ [머리글/바닥글] 창이 나타나면 [슬라이드] 탭에서 [바닥글] 입력란에 원하
   는 텍스트(예: GooG Web Com)를 입력하고 [제목 슬라이드에 표시 안
   함]을 선택한 후 [모두 적용] 버튼을 클릭하여 제목 슬라이드를 제외
   한 모든 슬라이드에 적용한다.

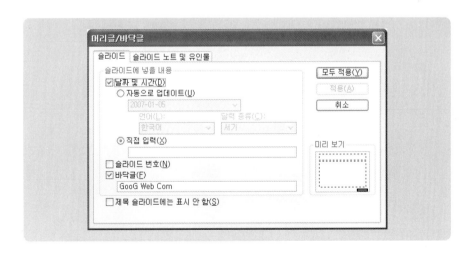

⑥ 슬라이드 마스터에 대한 편집이 완료되었으면 [슬라이드 마스터 보기]

도구 모음에서 **[마스터 보기 닫기]**를 클릭하여 기본 보기 상태로 돌아
간다. 이후 다시 마스터 편집을 원하는 경우 **[보기]**-**[마스터]**-**[슬라이드**
마스터] 메뉴를 선택하면 재편집이 가능하다.

Step 2 **제목 편집하기**

파워포인트 기본 메뉴로 돌아오면 메뉴 첫 페이지가 보일 것이다. 그
러면 메인 메뉴에 "제목을 입력하십시오", "부제목을 입력하십시오" 영역
에 적당한 제목과 부제목을 입력하고 제목의 위치를 적절히 재배치한다.

Step 3 **내용 슬라이드 편집하기**

① 내용 슬라이드를 편집하기 위해 **[삽입]**-**[새 슬라이드]** 메뉴를 선택하여
새 슬라이드를 추가하고 슬라이드 레이아웃 작업 창에서 **[제목만]**을
선택하여 추가된 슬라이드 레이아웃을 변경한다.

② 목차 페이지를 만들기 위해 "제목을 입력하십시오" 영역에 **[목차]**를 입력하고 적당한 위치에 배치시킨다. 목차 순서를 표시하기 위해 그림과 같이 원과 점선을 선택하여 표시를 한다.

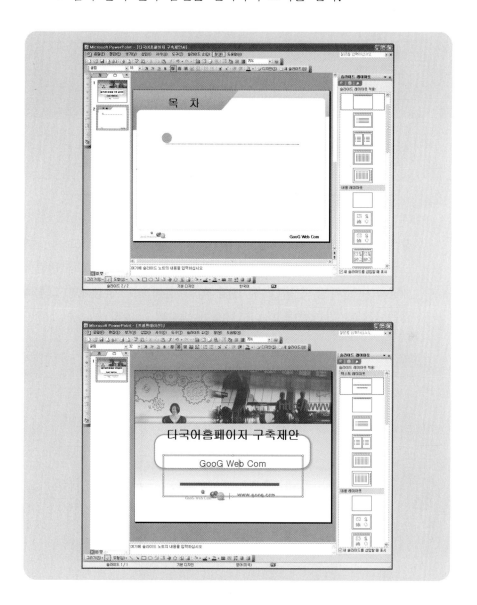

③ 목차 순서를 표시하기 위해 원과 점선을 그린 다음 텍스트 상자 아이콘을 선택하여 '1　구축의 필요성'이라고 입력한다. 문자 입력 후 글꼴 메뉴를 선택하여 글꼴 창과 같이 글꼴과 크기를 선택한다.

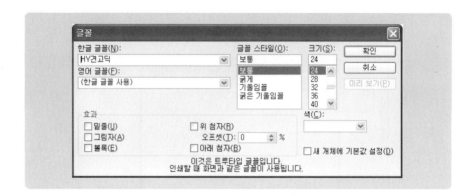

④ 같은 방법으로 나머지 메뉴에 해당하는 문자를 입력하고 적당한 그림을 배치시킨다. 목차 번호의 색을 변경하기 위해 목차 번호에 해당하는 글자만 선택한 후 **[글꼴 색]**을 흰색으로 변경하면 그림과 같은 목차가 완성된다.

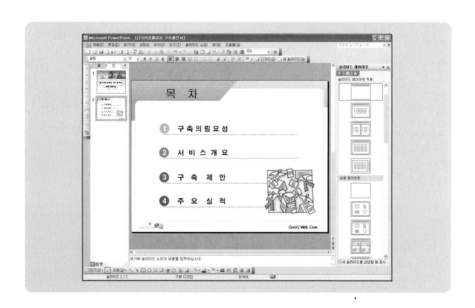

⑤ 그림자 스타일의 직사각형 도형을 이용하여 표를 만들어 보자
'▶ 홈페이지의 필요성'을 강조하기 위한 표를 만들어 보자.
먼저 **[도형]-[기본도형]-[모서리가 둥근 직사각형]**을 선택하여 1.과 같이 슬
라이드 도형을 추가한다. 추가된 슬라이드 도형을 선택하고 더블클
릭을 하면 도형 서식 창이 나타나고 채우기, 선을 다음과 같이 선
택하면 2.와 같은 도형으로 변환된다. 변형된 도형에 그림자를 주
기 위해 **[그림자 스타일]**을 선택하고 여러 그림자 형태에서 **[그림자 스타
일 6]**을 선택하면 3.과 같은 그림자 도형이 된다. 만들어진 그림자
도형을 선택하고 가로 텍스트 상자를 선택하여 4.와 같이 텍스트를
입력한다.

⑥ **[도형]-[기본 도형]-[모서리가 둥근 직사각형]**을 선택하여 슬라이드 도형을
추가하고 추가된 슬라이드 도형을 선택하여 도형 서식 창에서
[색]-[채우기 색]을 변경한다. 만들어진 도형을 선택하고 가로 텍스트
상자를 선택하여 텍스트를 입력한 후 글꼴 색을 변환한다. 그리고
지도에 해당하는 그림 파일을 **[삽입]-[그림]-[그림 파일]** 메뉴를 선택하
여 삽입한다.

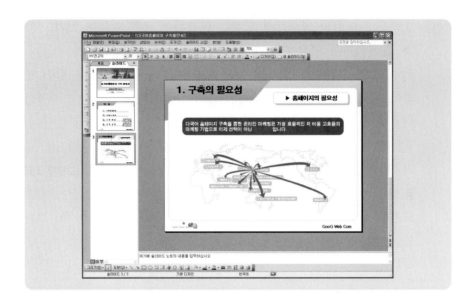

⑦ 다음과 같은 내용을 디자인하기 위해 모서리 둥근 사각형 도형을 이용하여 구성한다.

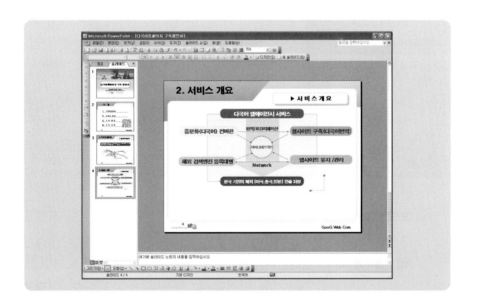

⑧ 각도를 갖는 선을 그리기 위해 [선]을 그리고 다음 도형 서식 창의 내용과 같이 선의 색과 종류, 그리고 연결선을 각도로 선택한다.

저자 소개 •••

신효영 경복대학 인터넷정보과 hyshin@kyungbok.ac.kr
정환익 경복대학 인터넷정보과 hichung@kyungbok.ac.kr
이원호 경복대학 인터넷정보과 whlee@kyungbok.ac.kr
염성주 경복대학 인터넷정보과 sjyoum@kyungbok.ac.kr

엑셀과 파워포인트 문서작성 실무와 프레젠테이션

초판 1 쇄 발행 : 2007 년 2 월 15 일
초판 3 쇄 발행 : 2008 년 8 월 13 일

지은이   신효영, 정환익, 이원호, 염성주
발행인   최규학

본문 디자인   조찬영
표지 디자인   김연아

펴 낸 곳   도서출판 ITC
등록번호   제 8-399 호
등록일자   2003 년 4 월 15 일

주 소   경기도 파주시 교하읍 문발리 파주출판단지 535-7
         세종출판벤처타운 307 호
전 화   031-955-4353
팩 스   031-955-4355
이메일   itc@itcpub.co.kr

인쇄 해외정판사   **용지** 태경지업사   **제본** 반도제책사

ISBN   978-89-90758-67-5
값   23,000 원

※ 이 책은 도서출판 ITC가 저작권자와의 계약에 따라 발행한 것이므로 본사의 허락 없이는 어떠한 형태나 수단으로도 이 책의 내용을 이용하지 못합니다.
※ 잘못된 책은 구입하신 서점에서 바꾸어 드립니다.